简明物理学导论

孟庆田　李　健　高守宝　编著

科　学　出　版　社

北　京

内 容 简 介

本书主要概述物理学各分支学科的知识体系和发展状况,阐述物理学基本原理在人类生活及科技实践中的应用.全书共七章:物理世界的奥妙、物体运动的奥秘、世界冷暖之谜、能量转化之奇、照亮人类的光、从微观到宏观的桥梁、揭开时空隧道之谜.每章后面均附有参考文献供读者参考;安排了部分练习题和思考题,供读者选做.本书在内容选择上,注重各领域的基础性和应用性;在内容编排上,注重各知识点的认知性和逻辑性;在内容呈现上,注重方式的趣味性和结构的伸缩性.

本书可作为高等师范院校物理及相关专业本科生物理学导论课程的教材,也可供相关专业教师作为教学参考.

图书在版编目(CIP)数据

简明物理学导论/孟庆田,李健,高守宝编著. —北京:科学出版社,2022.8

ISBN 978-7-03-072873-9

Ⅰ. ①简⋯　Ⅱ. ①孟⋯ ②李⋯ ③高⋯　Ⅲ. ①物理学　Ⅳ. ①O4

中国版本图书馆 CIP 数据核字(2022)第 145070 号

责任编辑:龙嫚嫚　杨　探 / 责任校对:杨聪敏
责任印制:张　伟 / 封面设计:蓝正设计

科学出版社 出版
北京东黄城根北街 16 号
邮政编码:100717
http://www.sciencep.com
北京建宏印刷有限公司印刷
科学出版社发行　各地新华书店经销

*

2022 年 8 月第 一 版　开本:720×1000　1/16
2024 年 7 月第四次印刷　印张:19 1/4
字数:388 000
定价:59.00 元
(如有印装质量问题,我社负责调换)

经常有刚入学的物理系学生问编者，大学四年要学哪些物理内容？对于这个问题，编者可以给他们讲很多，但似乎又很难回答得令人满意. 在物理专业的学生正式学习物理学专业课之前，编者认为有必要开设一门综合的课程，让他们了解大学四年要学习的内容，以回答他们什么是物理学、为什么要学习物理学、物理学主要学习哪些内容以及如何学好物理学等. 几年前，编者注意到有的高校为帮助文科生了解物理学而开设"物理学概论"课程的信息，颇受启发，就有了在高等师范院校物理专业开设类似课程的想法，但一直没有付诸实施. 一次参加大学物理教学研讨会，了解到了吉林大学张汉壮教授在高校理科生中开设"物理学导论"课程并且很受欢迎的信息，这坚定了编者编写面向物理师范生的物理学导论教材的信心. 2019 年春天，学校要求各学院开设大专业导论课，借此机会编者牵头组织开设"物理学导论"课程，力图通过教学，帮助大学新生顺利完成从初等物理到高等物理的过渡，使他们能够获得对物理学大厦的整体轮廓及发展脉络的宏观认识，了解物理学的逻辑性、历史性及实用性的特点，提升学习物理学及其他自然科学的热情，培养良好的逻辑思维能力、分析和解决问题的能力，并为后续专业课程的学习打下坚实的基础. 本教材是在课上讲稿的基础上编写而成的.

实际上，国外高校历来重视在理工科新生中开展类似物理学导论课程的教学. 比如，既有理论也有实验的美国华盛顿大学的"物理学导论"课程，无论是教学内容还是教学模式都很有特色. 该课程的实验项目内容紧扣理论教学环节并尽可能澄清课堂学习的一些问题，实验讲义以物理史实或以身边易于实践的自编故事为引子，切入原理并让学生继续展开实验. 以物理系和网络上可寻的与实验相关的科技前沿发展背景为延伸，注重学生兴趣导向. 美国塔夫茨大学罗纳德(Ronald K. Thornton)教授研究团队基于"交互式教学"的"物理学导论"课程改革也取得了很好的效果，其团队认为该教学法在班级授课的形式下，针对不同教学内容，对于参与的中学生与大学生都具有良好的适用性，特别是对于大学生，他们学习的主动性更强，教学效果更加显著. 可以这么说，为了搭建好中学物理和大学物理学习的桥梁，让更多的学生走上物理之路，"物理学导论"课程的开设已成为国外知名大学物理学教学的趋势. 然而细心的读者会发现, 国外物理学导论教材有点类似国内的普通物理教材, 包含的内容比较多, 占用的学时也较多. 如果大专业导论课占用这么多学时, 一是不现实, 二是不必要, 因为不久会有后续专业课程跟上. 因此, 我们在组织教材内容时既要考虑学生的需要, 又要考虑国内的实际情况和学生的特点, 特别是学时的要求.

需要说明的是, 对于大多数师范院校物理学专业来说, 后续学期基本都要开设物理学史课程. 该课程主要关注物理学发展的历史, 关注物理概念和规律本来的认识过程, 关注各物理学家对物理学发展所做的贡献; 在知识结构上突出历史发展线条明晰, 在呈现方式上突出以图表的形式对物理事件进行描述, 但在物理知识的逻辑性上并不是那么过分强调. 相对于物理学史课程, 大学新生即将展开学习的物理学各科内容, 则更关注各分支学科的知识结构, 注意专业知识的逻辑性和系统性, 有些内容的介绍甚至与物理学史上人们对其认知的过程是相反的. 与物理学史课程和大学物理课程相比较, 物理学导论课程有自身的特点. 特别是考虑到高等师范院校物理专业涉及的分支学科较多, 且教学方法类课程占有一定的比例, 导论的教学内容应力求精练. 为了达到更好的教学效果, 讲授时尽量从物理学的一个重要事件或现代科技中的一个重要成就(果)出发, 并能充分利用现代教育技术的优势, 体现出导论课程基础性、交叉性和趣味性强的特点, 而不是单纯从物理学史的角度介绍物理学的发展. 力争通过该课程的教学, 不仅能激发学生学习物理的兴趣, 更能让其领略物理学洋溢的理性光辉, 提高他们的自然科学素养, 并为后续课程的学习留以一定的空间和悬念.

物理学导论课程一般都是在第一学期开设的. 为保证教学的顺利进行, 达到必要的教学效果, 建议在讲授时以高中物理知识为基础, 参考本教材的内容, 循序渐进. 同时既不要讲成物理学编年史的形式, 也不要讲成系统精深的专业课, 应像科普那样, 兼具知识性和趣味性, 并努力在激发学生的求知欲方面多下些功夫. 另外, 为方便读者学习, 在每章的后面都附有相关的教学参考文献, 供需要时查阅; 另外还给出了部分复习思考题, 供读者把握学习重点时使用. 希望使用本教材的读者能够多提宝贵意见, 以便编者对本教材进行再版时进一步修改和完善.

本教材共 7 章: 第 1、2、5、6、7 章由孟庆田教授编写, 第 3、4 章由李健教授编写. 教材编写过程中, 物理学科教学论专业的高守宝老师对内容安排提出了建设性意见; 在教学过程中, 物理学专业 2019 级和 2020 级的本科生积极参与物理学导论的课堂教学实践, 为教学内容的完善提供了很大的帮助; 济南幼儿师范高等专科学校 2020 级的赵虹雨同学为本教材绘制了部分插图; 吉林大学物理学院的张汉壮教授对本教材的成稿也提供了很多资料并给出了宝贵意见; 本教材能够成书，离不开学校的教学平台，特别是学校建议开设大专业导论课程，为物理学导论教材的编写提供了机会；山东省物理学高水平学科建设项目也为本教材的编写出版提供了资助. 在此，对以上所有为教材编写提供支持和帮助的个人和团体予以衷心的感谢!

孟庆田

2021 年 6 月于山东师范大学

目　录

第1章

物理世界的奥妙

内容摘要 物理学是研究物质运动一般规律和物质基本结构的学科. 其研究对象大至宇宙、小至基本粒子, 是其他各自然科学学科的研究基础. 本章我们将从身边的物理世界出发介绍物理学研究的对象、学习物理学的重要意义、如何学好物理学以及本课程的教学安排等.

在日常生活中, 我们常遇到一些有趣的现象, 这些现象会引起我们的思考. 在夏日晴朗的夜晚, 我们仰望天空, 有时会看到流星划过, 那么这些流星是怎么产生的? 每逢假期, 我们会乘坐轮船(图 1.1)或飞机外出旅行, 这些交通工具虽然身躯庞大, 但丝毫不影响它们在水上或空中的自由航行, 那么这种庞然大物何以能让水面或天空变成自己的自由王国? 在我国, 高铁已经是大多数人出门远行的首选交通工具, 而复兴号动车组列车的又快又稳是闻名遐迩的, 那么高速运行的列车上如何保证硬币能长久竖立不倒? 现代社会, 手机是我们每个人都不能离开的通信工具, 这种工具已经渗透到我们生活的方方面面, 那么我们所需要的信息是如何发送和接收的? 我们都知道核电是一种清洁能源, 它可以提供持久的能量, 是人类解决能源问题的一种有效方式, 那么我国的核电站为何大都建设在沿海城市? 等等.

图 1.1 大海中航行的轮船

上面列举的一些现象都属于物理现象或物理学知识的应用. 什么是物理学？ **物理学是研究宇宙间各种物质存在的形式及其性质、物质的各种运动、物质的能量及其互相转化、物质的内部结构等各种物理现象、本质和基本规律的一门科学.** 因此物理学的内容非常丰富，应用十分广泛，同其他科学技术的联系极为密切，因而也成为其他自然科学的基础. 本教材将介绍物理学各基本分支学科的知识体系和发展脉络，简述物理学的基本概念、基本规律及其产生的背景和相互联系，同时介绍物理学的基本原理在人类生活、现代科技和其他自然科学中的应用.

1.1 纷繁变化的物理世界

我们周围的世界是一个变化多彩的物理世界. 从遥远的宇宙天体到地球上每个生物个体的细胞等，无不都是由物质组成的. 正是物质之间的相互作用随构成物质的性质及作用距离发生变化，才导致了物质存在的千姿百态和物理世界的丰富多彩.

1.1.1 物理世界的构成

物理学所研究的对象，即物理世界，既包括现实生活所涉及的经验世界，我们称之为**宏观世界**，也包括遥不可及的宇宙空间，我们称之为**宇观世界**(图 1.2)，还包括难以再分的基本粒子，我们称之为**微观世界**. 人们对物理世界的研究往往是从宏观世界出发，借助于牛顿(I. Newton)力学，来回答诸如飞机为何能够飞行、重物为何能自然下落、江河为何能够流动等这样的问题. 当人们进一步思考我们肉眼所能看到的物体是由哪些物质、通过什么方式构成时，就开始步入微观世界. 我国古代很早就有人开始研究物质世界的组成问题. 《庄子·天下》中大家熟知的句子"一尺之捶，日取其半，万世不竭"其实就是一种连续的物质观. 现在我们都知道构成物质的是分子，分子是由原子构成的，单质分子由相同元素的原子构成，化合物分子由不同元素的原子构成. 化学变化的实质就是不同物质的分子

图 1.2　天文学家眼中的宇观世界

中各种原子进行重新结合. 原子是化学反应中最小的微粒, 但它并不是构成物质的最小粒子, 而是由原子核和核外电子构成的. 现代物理学认为, 电子是基本粒子, 目前难以再分, 而构成原子核的中子和质子又是由各种夸克组成的(张延惠等, 2009). 以上是我们从宏观世界出发, 通过细化的方式逐渐深入到了由基本粒子构成的微观世界.

最近几十年, 一种被称作"介观物理"的研究领域悄然而生, 其研究对象指的是**介于微观和宏观之间的尺度体系, 即介观体系**, 物质粒子大小在 1 μm～1 nm, 纳米粒子、胶团、微乳液、囊泡等都属于介观体系. 对于介观尺度的材料, 系统尺度小于相干尺度, 存在很大的统计涨落, 这种介观涨落是介观材料的一个重要特征, 其微观性质和对应的宏观力学性质有很大关联, 是研究量子混沌以及量子力学和经典力学过渡关系的重要领域. 随着微电子学和纳米技术的飞速发展, 集成电路的基本器件已经到了介观的尺度, 电路的量子效应凸显, 发展固态量子信息与计算的基本原理方法与技术已经成为当务之急. 介观体系也是化学反应的策源地, 因为多数化学反应往往是在介质的表面发生的, 表面相中的电子运动规律与体相有很大区别, 它遵从介观世界的规律, 在物质表面发生的吸附、催化、化学反应等与介观世界的效应明显相关. 因此, 深入研究掌握介观世界内的电子运动规律, 对于完善关于物理世界的认识, 并在现代高科技领域占有一席之地具有重要意义.

如果从身边的宏观物体出发向远处探索, 我们会到达另一个更加神秘的物理世界. 如果不借助于其他观测手段, 我们肉眼能够看到的世界其实很有限, 除了蓝天、白云和太阳, 在晴朗的夜空, 我们还能发现星星和月亮. 当然在物理学家眼里, 世界绝没有这么小、这么简单! 他们想知道, 除了我们肉眼能看到的日月星辰, 还有其他天体存在吗? 这些天体是怎么运动的、为何会发生这样的运动? 于是他们发明了天文望远镜, 观测到了行星并发现了行星的运动规律; 借助于射电望远镜, 他们接收到了更丰富的宇宙信号, 并发现了新的星系、星系团. 这是一个妙不可言、变化莫测的宇宙世界! 相对于前面提及的微观世界和宏观世界, 这里我们称之为"宇观世界". 射电望远镜是目前观测和研究来自天体的射电波的基本设备. 利用我国自主研发的世界最大单口径、最灵敏的射电望远镜 FAST(500 m 口径球面射电望远镜), 我国的科学家已发现并认证了百余颗脉冲星. 未来 3 至 5 年, FAST 的高灵敏度将有可能在低频引力波探测、快速射电暴起源、星际分子等前沿方向催生突破, 并在探测银河系结构、超大质量黑洞甚至发现地外文明等深空奥秘方面做出独特贡献(张岚, 2017).

我们所研究的物理世界, 小到基本粒子, 大到深层宇宙, 其范围之广、内容之多, 难以用这么小的篇幅来展开论述. 为方便读者认识和了解这个广袤的世界, 我们按照研究对象的尺度范围来划分, 将其代表物体、主要特点列于表 1.1 中.

表 1.1　物理世界按照尺度范围的划分

分类	代表物体	尺度范围	主要特点
宇观世界	行星、太阳及其他星系团等宇宙天体	基本单位：l.y. (1l.y.=9.46×10^{15} m) >1.0×10^{16} m	① 万有引力起主要作用 ② 存在暗物质和暗能量 ③ 整个宇宙结构看起来非常类似于微观物质结构
宏观世界	地球上车、船、生物等肉眼可看到的物体	基本单位：m 1.0×10^{-6}~1.0×10^{16} m	① 低速运动物体遵循牛顿三大定律；接近光速物体用狭义相对论 ② 经典力学中的基本物理量是质点的空间坐标和动量 ③ 孤立物理系统的总能量和总动量数值是不变的
介观世界	细胞、石墨烯及其他纳米器件	基本单位：nm (1nm=1.0×10^{-9} m) 1.0×10^{-9}~1.0×10^{-6} m	① 呈现微观特征的宏观体系 ② 具有介观体系的 AB(Aharonov-Bohm)效应和其他量子干涉效应
微观世界	分子、原子、原子核、电子等	基本单位：Å (1Å=1.0×10^{-10} m) <1.0×10^{-9} m	① 遵循量子力学基本规律 ② 波粒二象性是微观粒子的基本特征

1.1.2　物理世界的变化

我们周围的物理世界是由物质构成的,但构成世界的物质并不是一成不变的,在不同的时间和不同的位置都会有不同的变化.辩证唯物主义告诉我们,运动变化是绝对的,静止不变是相对的,物质的运动和变化是有规律的.正是由于物质运动变化的规律性才导致了物理世界中不同的物质形态和不同的运动形式,从而构成了物理世界的多样性.

1. 不同的物质形态

物质形态的多样性是物质世界本身演化和发展的结果.**按照组成物质的分子相互作用的强弱来分,通常有气、液、固三种状态**.处于气态的物质,其分子与分子之间距离较远;对于液态物质来说,构成它们的分子彼此已靠得很近,分子一个挨着一个,其密度比气态的大得多;对于固态物质来说,构成元素是以原子状态存在的,而且固体中的原子一个挨着一个,组成一个"点阵",就像造房子的脚手架那样相互攀拉,牢牢地结合在一起,这就是固体比液体硬的原因.物理上的固态应当是指各种各样的晶体所具有的状态.在几千摄氏度以上的高温中,气态的原子开始抛掉身上的电子,于是带负电的电子开始自由自在地游逛,而原子也成为带正电的离子.温度越高,气体原子脱落的电子就越多,这种现象叫作气体的电离化.科学家把电离化的气体状态叫作"**等离子态**".除了高温以外,用强紫外线、X射线和γ射线来照射气体,也可以将气体转变成等离子态.这是**物质的第四种状态**.

除了上述四种物质形态以外,还有一些其他的物质形态.比如,普通玻璃内部结构没有"空间点阵"特点，而与液态的结构类似，存在类似晶体的结构——"类晶区"，只不过"类晶区"彼此不能移动，造成玻璃没有流动性，我们将这种状态称为**非晶态**；我们在手机、计算器、电视机等图文显示设备上经常看到的处于结晶态和液态之间的一种形态，称之为**液晶态**；在140万个标准大气压下，物质的原子就可能被"压碎"，电子全部被"挤出"原子，裸露的原子核紧密地排列，物质密度极大，形成**超固态**；在更高的温度和压力下，原子核也能被"压碎"，原子核中的质子吸收电子转化为中子，物质呈现出中子紧密排列的状态，称为**中子态**；某些物质在低温条件下表现出电阻等于零的现象，成为超导体，超导体所处的物态就是"**超导态**"；科学家很早就发现，当液态氦的温度降到2.17 K时，它可以无任何阻碍地通过连气体都无法通过的极微小的孔或狭缝，还可以沿着杯壁"爬"出杯口外，即液态氦由原来液体的一般流动性突然变化为"超流动性"，我们将具有超流动性的物态称为"**超流态**"(曹则贤，2011).

　　上面介绍的只是迄今发现的十种物态，有文献归纳说还存在着更多种类的物态. 我们相信，随着科学的发展，人们一定会认识更多的物态，解开更多的谜，并利用它们奇特的性质造福于人类.

　　2. 不同的运动形式

　　物质的形态不同，运动形式也不同. 恩格斯(F. Engels)在《自然辩证法》中按照运动方式从简单到复杂的次序，将其分为机械运动、物理运动、化学运动、生命运动和社会运动五种运动形式，当然社会运动不属于我们物理所研究的范围.

　　1) 机械运动

　　机械运动指的是物体相对于其他物体位置发生改变，它是最简单、最基本的运动形式，包括平动、振动和转动等(图1.3)，其物质基础是物体. 机械运动是由物体之间的相互作用导致的物体相对位置的变化而引起的，属于经典力学研究的范围.

图 1.3　跳水运动员在空中的平动和转动

2) 物理运动

物理运动指分子、电子和其他基本粒子的运动，其物质基础是分子、电子、基本粒子和场等. 物理运动是由这些微观粒子通过电磁场联系起来并诱导的运动，属于电磁场和量子力学研究的范围.

3) 化学运动

化学运动指一种或几种物质转变成另外一种或几种物质的运动形式，其物质基础是原子和分子. 化学运动主要是由分子内部原子间化学键的改变，导致物质分子的组成或结构变化而产生新物质的运动形式，属于化学和原子与分子物理学研究的范围.

4) 生命运动

生命运动是高级的物质运动形式，包括生长、繁殖、代谢、应激、进化、运动、行为，其物质基础是蛋白质和核酸. 生命运动是由核酸与蛋白质通过交互作用形成的具有统一结构和功能的物质系统所特有的运动形式，属于生物物理学研究的范围.

以上四种物质的运动形式从低级到高级，相互关联，构成了这个丰富多彩的物理世界.

3. 不同的运动规律

物质的形态不一样、种类不一样，运动变化的方式就不一样，从而遵循不同的运动规律. 就其发生变化的原因，无非是内因和外因. ①内因：构成物质的元素不同导致各元素之间的相互作用不同，比如构成太阳系的太阳与行星的相互作用以及组成分子的原子之间的相互作用；②外因：任何物质都不是孤立存在的，都处在周围的环境中，不可避免地存在物质与其外界环境的相互作用，比如太阳系中的行星不仅受到太阳的引力作用，也受到其他行星的相互作用，激光场中的分子会受到激光场的作用等. 物理学就是研究这些相互作用是如何施加影响的，从而给出物理世界发展变化的原因，并在此基础上进一步研究物质运动的规律.

不同的物理世界，物体运动变化的规律是不一样的，并由此形成了不同的物理学分支学科(图 1.4). ①对于宏观物理世界，宏观物体遵循牛顿三大定律及分析力学规律，相关内容属于经典力学范畴；②对于微观物理世界，微观粒子的运动状态由薛定谔(E. Schrödinger)方程来描写，相关内容属于量子力学范畴；③高速运动的物体，对于观察者来说必须考虑相对论效应，遵循相对论力学规律，相关内容属于相对论力学的范畴；④对于宇观物理世界中的物体，牛顿万有引力定律起主要作用，而宏观和微观世界中几乎见不到的广义相对论效应，在宇观世界中突出地表现出来. **从一定角度来说，宇观是一般意义下的宏观的扩展，本质还是宏观**. 实际上，在诸多微观、宏观和宇观现象中有许多是人们已有的观念和理论所无法解释的，需要我们修改旧有的观念和理论，甚至创立新的观念和理论. 客观世界永远是人类不可超越的老师！

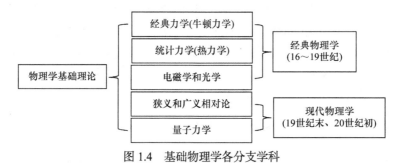

图 1.4 基础物理学各分支学科

1.2 带来聪慧、改变生活的物理学

物理学是源自于生活的科学，它是物理人对现实生活中的现象的一种高度凝练，而物理上升到一定高度则会对人类的生活产生影响. 物理和生活一直处于一种往复循环、互相影响的状况. 总体来说，物理学的发展对人类生活产生的影响有以下几个方面.

1.2.1 公民素质的提高

素质是指个人的才智、能力和内在涵养. 对大学生来说，素质是从事社会实践活动所具备的能力，而**科学素质则是指科学知识、科学态度、科学方法及创新意识等多方面的素养**. 学习物理学，可以获得有关物理世界的知识，掌握认识物理世界的方法和能力，并为社会进步做贡献. 因此，学习物理学对提高公民的科学素质有重要作用.

1. 有利于获得有关物理世界的基本知识

如我们所知，物理学是研究物质的基本结构和物质运动一般规律的科学. 在物理学的介绍中必然涉及一些基本的物理概念、规律及其在实际问题中的应用，从而构成物理学的知识基础. 在物理学的发展过程中，人们对物理世界的认识并不是与生俱来就科学的，也有一个曲折的过程. 比如，对自由落体运动、微观粒子的波粒二象性的认识等；即使是身边一些熟悉的物理现象，我们的认识也不见得正确，比如用棉絮包起来的雪糕是否更容易融化等. **物理学的任务就是介绍有关物理世界的知识，如何获取这些知识去认识物理世界，如何提高认识和改造世界的能力**. 通过物理学习中的观察、思考及应用训练，人们不仅可以获取物理知识，更重要的是能够提高获取这些知识的能力，并利用掌握的这些知识和能力去改造世界. 我们学习了力学知识, 知道了力是使物体的运动状态发生变化的原因, 并掌握了在力的作用下物体运动变化的规律, 那么对自然界的认识就非常清晰了, 在这个过程中我们也获得了认识世界的能力, 并利用这个能力去改造世界. 我们都知道核能是一种清洁的能源, 但核能是怎么来的, 学习物理以前我们并不清楚. 学习了原子物理以后, 对爱因斯坦(A. Einstein)的质能关系有了一定的认识, 就能知道原子核的质量变化与释放能量的关系, 也就为人们获取能源指明了一个方向, 从而去主动地创造条件获取这些能源.

2. 有助于了解物理思想及物理观念的变革

许多对物理学史的研究表明, 物理学每一个重大理论的发展, 多数是建立在基本概念和思想方法的演变基础之上. 20 世纪是物理学发展最快的世纪, 这一时期的物理思想和观念的变革最为引人注目. 例如, 从人们对光的本性的认识发展过程中就很容易看出物理观念的转变过程. 开始牛顿、惠更斯(C. Huygens)等在经典物理学的框架内分别提出了"微粒说"和"波动说", 分别认为光是物质粒子和机械波. 这两种学说虽然都能解释一些光学现象, 但在解释另一些光学现象时却遇到很大的困难, 致使两种学说的争论长达一个多世纪; 杨氏双缝实验(图 1.5)使波动说略占上风, 但不久就被新的物理现象——光电效应——所否定; 直到爱因斯坦大胆地将量子观点引用过来, 提出光量子说, 才成功解释了光电效应. 对光的本性的认识发展过程使得人们不得不转变观念, 将经典物理中无法统一的波与粒子在微观世界里统一起来, 形成了现在人们认识到的"**波粒二象性**", 即微观粒子是既具有粒子性又具有波动性(但不是经典的波, 也不是经典的粒子)的特殊客体.

科学发现是一个非常复杂的过程, 直到现在人们也很难把这个过程说清楚. 但有一点可以肯定, 那就是由于科学发现是具有创造性的东西, 所以往往在科学发现的过程中, 并没有什么逻辑推理可言, 越是具有创造性的东西越是如此. 对

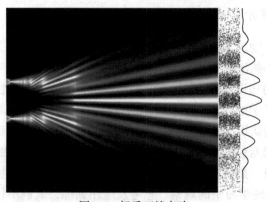

图 1.5　杨氏双缝实验

于那些根本性变革的创造,可能就更无逻辑推理可言了,如能量子概念、相对论、电流磁效应、电磁感应、大统一理论等,有许多是建立在科学信念或人的思想观念之上的.虽然科学家在完成科学发现后,能够将其融入物理知识体系中,但这也是建立在对物理规律重新认识的基础上的.在物理学习中多关注这样的例子,对于培养创新意识,将来从事其他科研工作都是非常有意义的.

3. 有助于培养科学态度

科学态度是指人对自然、对科学本身的基本看法,包括科学的自然观、世界观、价值观与审美观等.科学态度对人的认识与实践活动有决定性的导向作用,是科学素质的核心要素.在人们认识世界和改造世界的过程中,难免会遇到这样或那样的问题,解决了这些问题,人类的生活才能进步.但如何认识和解决问题,则是由人的能力和素养决定的.科学的态度能够使人以正确的方式认识世界,在解决问题的过程中科学决策,防止误入歧途,从而最终提高人们的科学素养.

在物理学史上有许多生动的事例可以说明科学态度对于认识世界的重要性.比如,物理学家是比较欣赏物理世界中美的思想的,物体因受到引力作用所做的圆周运动就是物理美的一个体现.哥白尼(M. Kopernik)就是在亲自进行天文观测并在大量数据的基础上提出了日心说,认为太阳系的行星在各自的圆形轨道上绕太阳转动,其轨道大致在同一平面上,公转方向也一致(图 1.6).开普勒(J. Kepler)尽管十分喜爱哥白尼的圆运动模型的美,但他还是抓住哥白尼关于火星偏心圆轨道理论与第谷(T. Brahe)观测数据的 8′误差不放,以科学家一丝不苟的态度,宁可痛苦地放弃天体运动一定是匀速圆周运动这一古已有之的美学原则,也不允许自己用一些无根据的假设去掩盖这个矛盾,最终正确勾画出天体运行的宏伟蓝图.

一个相反的例子就是"永动机"的制造."永动机"是一类所谓不需外界输入能源、能量或在仅有一个热源的条件下便能够不断运动并且对外做功的机械.

图 1.6 行星围绕太阳的运动

图 1.7　滚珠"永动机"模型

虽然人们为了设计这样的机器付出了许多辛苦，但事实证明他们无一例外地都归于失败，原因就在于他们违反了自然界最普遍的一个规律——**能量转化与守恒定律**. 著名科学家达·芬奇(L. da Vinci)早在 15 世纪就提出过"永动机"不可能的思想，他曾设计过一种滚珠转轮，如图 1.7 所示，利用隔板的特殊形状，使右边的重球滚到比左边的重球离轮心更远些的地方. 本以为两边重球的不均衡作用会使轮子沿箭头方向转动不息，但结果却是否定的. 他从许多类似的设计方案中认识到"永动机"的尝试是注定要失败的，并在一本书中这样写道："永恒运动的幻想家们！你们的探索何等徒劳无功！还是去做淘金者吧！"然而，15 世纪以后的好几百年里，制造"永动机"的活动却从未停止过. 为何会出现这种情况？主要原因还是这些"永动机"的制造者们对能量守恒这种宇宙间普遍适用的定律还缺乏科学的尊重！而学习物理学就是养成这种科学态度的最基本途径.

4. 有助于学习科学方法

科学素质的核心是学习能力，而能力与方法是密不可分的. **科学方法是人们在认识和改造世界中遵循或运用的、符合科学一般原则的各种途径和手段，包括在理论和应用研究、开发推广等科学活动过程中采用的思路、程序、规则、技巧和模式**. 掌握科学方法的过程往往也是培养能力的过程，解决问题的过程也是能力外显的过程. 与任何特殊的科学理论相比较，科学的方法对人类的价值观影响极大. 英国科学家玻恩(M. Born)在获诺贝尔奖时曾说："我荣获 1954 年的诺贝尔奖与其说是我工作里包括了一个自然现象的发现，倒不如说是那里面包括了一个自然现象的新的思想方法基础的发现."科学技术的发展充分证明了物理学的方法与理论形式一直是其他学科效仿的榜样. 大学物理课程教材涉及几十位物理学家，他们在取得伟大成就的过程中，所运用的科学研究方法和实验构思精巧绝伦，为我们提供了取之不尽的科学方法教育素材. **物理学中所涉及的科学方法丰富多样，除了观察法和实验法外，还有科学抽象、理想实验、比较与分类、分析与综合、归纳与演绎及物理假说等方法**，这些方法都离不开物理思维(张宪魁 等，2007).

思维方法的一个重要特点是其具有迁移性，即在物理学中习得的思维方法能够用于处理其他科学或社会问题. 比如学生通过学习, 了解了伽利略(G. Galileo)利用逻辑推理与理想实验相结合的方法得到了落体运动规律, 从而否定了统治人们上千年的亚里士多德(Aristotle)的观念, 也开创了研究自然规律的科学方法——抽象思维、数学推导和科学实验相结合. 这种方法到现在仍然一直是物理学乃至整个自然科学最基本的研究方法, 它的灵活使用不但标志着物理学的真正开端, 也有力地推进了人类科学认识的发展, 近代科学研究的大门从此打开. 学习物理学, 了解和认识这个过程, 掌握发现物理学规律的基本方法, 对于处理其他科学问题甚至社会和生活问题具有重要意义, 对我们科学素质的培养也具有重要的现实意义.

5. 有利于培养学生的创新素质

物理学的发展史就是一部创新史, 它的每一个新发现、新理论的形成, 都蕴含着科学家的创新活动. 在物理学习中了解和认识物理学家们一系列的创造性活动, 对于培养学习者的创新素质将起到重要作用. 人们对原子结构的认识可以很好地说明这个问题. 1897 年汤姆孙(J. J. Thomson)发现了电子, 这一重大发现使人们认识到原子是有结构的, 它不是最小的终极粒子. 因此, 人们创造性地提出了各种原子模型, 其中较有影响的是汤姆孙的枣糕模型. 这一模型被卢瑟福(E. Rutherford)的α粒子散射实验(图 1.8)所否定, 于是出现了卢瑟福的核式结构模型. 该模型虽然解释了一些现象, 但在对原子的稳定性进行解释时却发生了与经典电磁理论的矛盾. 为此, 玻尔(N. H. D. Bohr)又创造性地将普朗克(M. Planck)的量子概念引入原子结构理论, 提出了著名的玻尔原子模型. 但由于这一模型是半经典、半量子化的, 所以在解释比氢原子稍复杂的原子行为时遇到了很大的困难. 索末菲(A. Sommerfeld)引入电子的椭圆轨道对玻尔理论进行了修正, 并把爱因斯坦的相对论应用于高速运动的电子, 一个较为完善的原子结构理论才得以形成. 可见

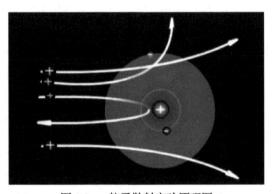

图 1.8　α粒子散射实验原理图

人们对原子结构的认识经过了不少人的创新活动, 才使得对问题的认识一步步接近真理. 该问题的解决离开了任何前人的创新性成果都是行不通的.

在物理学习的过程中, 我们不能只注重结论而忽视物理规律发现的过程, 特别要重视物理学家发现物理规律的创新思维过程. 多思、多想、多做, 对于培养学习者科学内在的精神气质, 包括创新意识和创造精神, 具有重要作用. 在物理学发展过程中, 人类对每一个物理现象的认识过程, 不仅存在因科学思维而带来的成功喜悦, 也可能存在因错误观念所导致的失败艰辛. 物理学史所展示的富有人情味的认识过程, 具有丰富的创新思想、创新精神和智慧, 认识和了解这些过程无疑对培养学习者的创新素质起到潜移默化的积极作用.

1.2.2　能力技术的进步

自伽利略时代以来, 物理学突飞猛进, 在力学、电磁学、热学、光学、声学、原子结构、粒子结构等方面都取得了突破. 这些理论成果转换为科学技术, 给人类社会生活带来了巨大的变革. 人类的高科技技术, 如火箭发射、无线通信、核能发电等, 其根本是物理学原理. 物理学在探索未知的物质结构和运动基本规律中的每一次重大突破都带来了物理学新领域、新方向的发展, 并导致新的分支学科、交叉学科和新技术学科的产生. 从这个层面上来说, **物理学是科学技术进步的源泉**, 极大地推动着人类文明的不断进步. 现代科学技术的发展, 使科学与生产的关系越来越密切. 科学技术作为生产力, 越来越显示出巨大的作用. 近代物理学的巨大进步相继推动了各个领域中高新技术的突破, 其影响正持续深入和扩大, 对社会现代化进程的迅速推进起着不可估量的作用.

1. 物理学是科学技术的先导

从历史上看, 物理学对世界三次大的科技革命起到了非常关键的作用. **第一次科技革命**始于 18 世纪 60 年代, 其主要标志是蒸汽机的广泛应用, 这是牛顿力学和热力学发展的必然结果; **第二次科技革命**发生于 19 世纪 70 年代, 主要标志是电力的广泛应用和无线电通信技术的实现, 这是麦克斯韦(J. C. Maxwell)电磁理论的建立带来的光辉成果; **第三次科技革命**发生在 20 世纪中期, 由于 X 射线、放射性、原子结构、电子波粒二象性的发现, 诞生了相对论和量子力学, 奠定了近代物理学的基础. 近代物理学所揭示的新概念和新规律, 刷新了世界面貌, 促进了原子能、计算机、航天、激光、红外线、超导、通信、纳米等高新科学技术的广泛应用; 就在第三次科技革命方兴未艾之际, 我们悄然迎来了**第四次科技革命**——以人工智能、机器人技术、量子信息技术、虚拟现实、可控核聚变、新材料、清洁能源以及生物技术为主的全新科技革命, 包括但不限于工业 4.0 侧重的制造业革新, 其核心是网络化、信息化与智能化的深度融合. 第四次科技革命的发生与第三次科技革命密切相关: 在理论方面, 得益于量子力学在现代科技中的应用; 在技术方面, 得益于大数据、人工智能、传感器及基因技术等的发展. 正是物理学推动着现代科学技术的不断进步.

2. 物理学与高科技

对于 20 世纪的物理学与社会的关系, 人们已经达成共识: **20 世纪是物理学的世纪**. 这一共识来自于有目共睹的物理学对高科技的影响和对提高社会生活品质的贡献.

基于相对论和量子理论的物理学的各个分支学科的发展产生了 20 世纪的新技术. 核物理与量子物理导致原子弹和氢弹的出现以及核能与核技术的发展; 半导体物理导致晶体管、集成电路、计算机的出现以及信息与通信技术的发展; 量子光学是激光技术、光学通信、光学工程的科学基础; 原子分子物理、材料科学、量子化学导致人工新材料的产生; 天体物理学与宇宙科学是宇航技术的科学基础, 它们导致了新的宇宙观的形成.

20 世纪物理学的发展也促进了其他学科的发展. ①化学: 物理学促进了量子化学、化学热力学和化学反应动力学的发展; 物理学的方法、仪器与探测技术在化学中得到了广泛的应用, 使化学研究发生了质的飞跃. ②生物学: 物理学与生物学相结合, 产生了生物物理学、量子生物学等交叉学科; 物理学的方法、仪器与探测技术在生物学中得到了广泛的应用, 使生物学逐步成为精密的、定量的科学. ③数学: 广义相对论、量子理论促进了非欧几何、泛函分析和希尔伯特空间理论、微分几何与纤维丛理论、拓扑学、量子群、非对易几何等数学分支的发展. 计算机的出现还使机器证题和计算数学得到空前发展.

3. 我国近些年取得的物理科技成就

我国曾为世界科技的发展做出过突出贡献, 但近代以来由于经济、社会和文化等原因, 我国的科学技术曾远落后于西方. 中华人民共和国成立后, 特别是改革开放以来, 我国现代科学技术以惊人的速度向前发展, 在生物工程、电子技术、自动化技术、新材料、新能源、航空航天、海洋工程、激光、超导、通信等新技术领域取得了一系列新的科技成就, 而且许多成就都与物理学的应用有着非常密切的关系. 下面仅仅列出最近十年几个有影响的科技成就加以说明.

1) 实现量子反常霍尔效应

2013 年 4 月 10 日, 清华大学和中国科学院物理研究所联合宣布薛其坤院士领衔的团队成功观测到量子反常霍尔效应. 量子反常霍尔效应的实现既是理论物理领域的突破, 又具有极高的商用价值. 量子霍尔效应是整个凝聚态物理领域最重要、最基本的量子效应之一. 我们使用计算机的时候，会遇到计算机发热、能量损耗、速度变慢等问题. 这是因为常态下芯片中的电子运动没有特定的轨道以及电子之间的相互碰撞导致能量损耗. 而量子霍尔效应则可以对电子的运动制定一个规则，让它们在各自的跑道上"一往无前"地前进，这就好比一辆高级跑车，常态下是在拥挤的农贸市场中前进，而在量子霍尔效应下，则可以在"各行其道、互不干扰"的高速路上前进(图 1.9). 量子霍尔效应的产生需要非常强的磁场，而量子反常霍尔效应的美妙之处是不需要任何外加磁场，在零磁场中就可以实现量子霍尔态,更容易应用到人们日常所需的电子器件中. 现代芯片处理器消耗约 100 W 的功率，其中约有 80%浪费在晶体管材料的能耗. 量子反常霍尔效应可以解决电子设备的发热问题，让元器件集成密度大大提高，上千亿次的计算机能够集成浓缩成一部 Pad 掌上计算机，或者迷你 Pad，走进寻常百姓家，这是完全有可能的. 该发现被著名物理学家杨振宁称为诺奖级的科研成果.

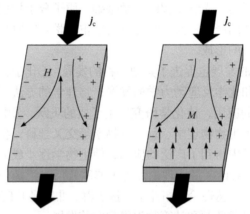

图 1.9　量子反常霍尔效应研究取得重要成果

2) 人造金刚石硬度首次超越天然钻石

金刚石在现代工业中用途广泛，是机械与电子工业切割打磨、矿山和地质钻探以及建筑建材工业必不可少的工具和材料. 由于天然金刚石罕见且价值不菲(高纯度的金刚石就是钻石)，因此人造金刚石行业就成为制造业的最基本部门之一. 作为"世界工厂"的中国，在人造金刚石领域已经走在世界前列. 1963 年，中国科学家成功合成了我国第一颗人造金刚石，前后用了两年多时间，圆了国内外许多人的百年梦想，走完了工业发达国家用了十多年才走完的路程. 2010 年人造金刚石产量已占据世界总产量的 70%以上. 2014 年中国极硬材料合成再获突破，据当年 6 月出版的《自然》(Nature)杂志介绍，中国材料科学家燕山大学田永君教授领导的研究团队，与吉林大学马琰铭教授和美国芝加哥大学王雁宾教授合作，在高温高压下成功合成出硬度两倍于天然金刚石的纳米孪晶结构金刚石块材. 这样的超硬新材料，更是圆了世界科学界和产业界的共同梦想.

3) C919 下线，ARJ21 交付

2015 年 11 月 2 日，我国自主研制的 C919 大型客机总装下线；11 月 29 日，ARJ21 国产喷气式支线客机首架飞机正式交付成都航空公司. 中国人的"大飞机梦"正在无限逼近现实. 大型客机的研发和生产制造，是一个国家航空水平的重要标志，也是一个国家制造业实力的一把"标尺"，涉及数学、物理、化学等多个学科领域的通力合作. 几十年来，我们因种种原因错失研制自己大飞机的机遇，长期处在"造不如买，买不如租"的时代. 而今，如同响当当的"高铁实力""核电出海"，大飞机也在抢占全球科技经济发展"制高点"上带给我们更多自信.

4) 世界最大单口径射电望远镜落成

2016 年 9 月 25 日，世界最大单口径射电望远镜——500 m 口径球面射电望远镜(简称 FAST，图 1.10)在贵州省平塘县克度镇落成启用，开始接收来自宇宙深处的电磁波. 这台被誉为"中国天眼"的望远镜是由我国天文学家南仁东院士于 1994 年提出构想，历时 22 年建成的，具有我国自主知识产权、世界最大口径、最灵敏的射电望远镜.

在 FAST 未建成之前，全球已建成最大的单口径射电望远镜是美国的阿雷西博. FAST 与之相比，综合性能提高约 10 倍. FAST 竣工以来，截止到 2020 年 3 月 23 日，我国的科学家已发现并认证的脉冲星达到 114 颗. 最先被确认的脉冲星发现于 2016 年 8 月 22 日，这是我国天文望远镜首次发现脉冲星. 中国科学院国家天文台的科学家根据观测数据制作出了它的声音效果，让世人得以聆听到这来自宇宙深处的"心跳". 自 1967 年发现第一颗脉冲星以来，人类发现的脉冲星家族有 2600 多个成员了，FAST 让脉冲星家族有了"中国星". 著名物理学家杨振宁参观了 FAST，他说，"中国天眼"将会对世界天文学持续做出非常大的贡献，希望在十年、十五年之内，能听到天文学术发现的重大消息.

图 1.10　世界最大单口径射电望远镜(简称 FAST，又称"中国天眼")

5) "墨子号"卫星完成量子纠缠实验

2017 年 8 月 10 日，中国科学家在首颗量子科学实验卫星"墨子号"上完成了一项特殊实验：从地面到太空的**量子隐形传态**. 中国科学院院士、量子卫星首席科学家潘建伟说，量子隐形传态是量子通信的一个重要内容，它利用量子纠缠可以将物质的未知量子态精确传送到遥远地点，而不用传送物质本身.

"墨子号"的地星量子隐形传态实验成果发表在国际权威学术期刊《自然》杂志上.《自然》杂志审稿人称赞实验结果"代表了远距离量子通信持续探索中的重大突破"，"目标非常新颖并极具挑战性，它代表了量子通信方案现实实现中的重大进步". 这是潘建伟院士研究团队继 2013 年测量出量子纠缠的速度下限比光速高四个数量级(可理解为 3×10^9 km/s)之后的又一重大研究成果.

6) 紫外超分辨光刻装备研制成功

微纳光刻技术是现代先进制造的重要方向，是信息、材料等诸多领域的核心技术，其水平高低也是体现一个国家综合实力的标志. 然而，由于历史原因，我国在此领域长期落后于并受制于西方发达国家；另外一方面，光学超材料、变革性光学等诸多颠覆性技术的出现，迫切需要发展专用的微纳制造工具. 2018 年 11 月 29 日由中国科学院光电技术研究所承担的国家重大科研装备研制项目"超分辨光刻装备研制"顺利通过验收. 该项目组结合实际应用需求，通过技术的延伸，实现了系列化的超分辨光刻装备研制，解决了多种微纳功能材料和器件的加工难题，并实现了相关器件的制造，诸多器件已在多家科研院所和高校的重大研究任务中取得应用. 装备的所有技术指标均达到或优于实施方案规定的考核指标要求，关键技术指标达到超分辨成像光刻领域的国际领先水平.

7) "嫦娥四号"探测器成功着陆在月球背面

2019 年 1 月 3 日 10 时 26 分，"嫦娥四号"探测器成功着陆在月球背面东经 177.6°、南纬 45.5°附近的预选着陆区(图 1.11)，并通过"鹊桥"中继星传回了世界第一张近距离拍摄的月背影像图，揭开了古老月背的神秘面纱. 这也是 2013 年"嫦娥三号"成功着陆月球正面之后，中国探测器再度造访月球，并因此成为世界上第一个在月球正面与背面均成功完成探测器软着陆的国家. 此次任务实现了人类探测器首次月背软着陆、首次月背与地球的中继通信，开启了人类月球探测新篇章. 作为"嫦娥四号"探测器成功着陆月球背面的三大关键因素，"鹊桥"中继星、7500 N 的变推力发动机和悬停避障着陆，每个环节和因素都蕴含着丰富的物理学基本原理.

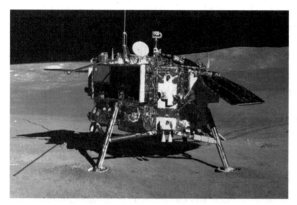

图 1.11　"嫦娥四号"探测器成功在月球背面着陆

8) 北斗卫星导航定位系统完成组网

随着我国自主建设的北斗卫星导航定位系统(简称北斗)完成组网,中国北斗正式走向世界,服务全球. 从双星定位到布局寰宇,从面对国际垄断到实现弯道超车,北斗发展的每一步都写下了自主创新的生动注脚. 2020 年 6 月 23 日上午 9 时 43 分,我国在西昌卫星发射中心用长征三号乙运载火箭,成功发射北斗系统第五十五颗导航卫星,暨北斗三号最后一颗全球组网卫星,卫星顺利进入预定轨道,后续将进行变轨、在轨测试、试验评估,适时入网提供服务. 至此北斗三号全球卫星导航系统星座部署比原计划提前半年全面完成(图 1.12). 此次发射任务取得圆满成功标志着北斗三号全球星座部署全面完成,也标志着北斗卫星导航定位系统"三步走"战略任务圆满收官. 这是我国从航天大国迈向航天强国的重要标志,也是"十三五"期间我国实现第一个百年奋斗目标过程中航天领域完成收官的首个国家重大工程.

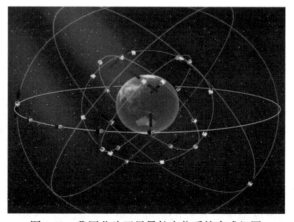

图 1.12　我国北斗卫星导航定位系统完成组网

1.2.3 生活方式的变化

如前所述，物理学的发展影响着人们的思维方式，使人们认识世界的态度和方法发生变化；物理学的发展所带来的科技进步也改变着人们的生活方式. 物理学作为自然科学的重要分支，其发展在促进人类精神文明进步的同时，对人类物质文明进步的影响则显得更直接、更实在. 如果说发现物理规律是每一个物理学家孜孜以求的短期目标的话，那么促进人类进步则是他们为之奋斗的最终目的. 我们生活在一个现代社会里，能深切感受到物理学给我们的生活所带来的影响. 正是物理学中看似普通的热原理、光原理、电磁原理等，才使我们的生活变得如此丰富有趣，也使得整个社会和人们的生活、思想观念发生如此大的变化. 让我们从身边的每一件事情说起，看看物理学到底离我们有多近！

1. 衣

人们把物理学运用到衣服中，最具有代表性的就是一种叫**红外线保暖衣的衣服**. 它通过红外线来加热，就像人们通常使用红外线产生热的原理来加热物品一样，而这种衣服就是通过红外线来加热的. 科学家研究表明，红外线产生的热对人身体保暖效果较好，所以保暖衣会采用红外线的热原理来制作. 还有一款名为 Sensoria 的袜子，可以通过纺织结构的压力传感器及其配套的磁性卡扣电子元件，实现与智能手机应用程序的对话. 它可以计算穿戴者的步数、速度、燃烧的热量、高度、步行距离及节奏等，这对于专业跑步者来说非常受用，可以帮助识别易受伤害的跑步方式，如脚跟着地. 应用程序可以像教练一样通过音频提示穿戴者，帮助穿戴者实现既定的训练目标，提高训练效果并降低重复错误习惯的风险.

2. 食

大家对"分子美食学"可能还不熟悉，简单说就是用科学的方式去理解食材分子的物理、化学特性，然后创造出"精确"的美食. 与传统的美食学不同，"分子美食学"是通过对烹饪过程中的食物进行观察，认识其温度升降与烹调时间的长短关系，加入不同的物质，令食物产生各种物理与化学变化，在充分掌握之后再加以解构、重组与运用，做出的食物从外表上可以欺骗食客们的视觉，然而吃下去却是满口的惊喜. 食物做好后，如何储存才方便食用？为方便上班族在外吃到可口的饭菜，科学家设计出了红外辐射加热节能饭盒，这是一种通过激发红外辐射对饭盒进行加热的便携式加热器. 它的内部结构包括三层铝合金、电阻丝和能够产生红外辐射的材料，所以在通电后，会把电能转化为热能，起到加热食物的作用. 由于加热温度适中，食物的营养基本不会流失，这样上班族也可以享用到可口的饭菜，而且饭盒可以在室内室外使用，在上班族中很受欢迎.

3. 住

　人们早就对 **21 世纪住宅**是什么样做过展望. 现在我们已经进入 21 世纪的第三个十年, 可以说对这种新时代住宅已经有了基本的了解. 21 世纪住宅最大的特点是通过计算机系统将住宅内所有的高科技结合在一起, 使之能够从整体上发挥最佳的服务功能(图 1.13). 在这些住房内都有一个专门的计算机控制室, 就像在实验室或工厂里的计算机总控室一样. 这套计算机系统不仅能够对整座房屋进行总体控制, 还可以使主人通过互联网络, 在世界上任何地方对居室进行远距离遥控, 使居室更加舒适、方便、安全. 比如, 对居室安全的控制, 除了有一套红外线装置对四周进行安全监控外, 通过计算机或电视, 主人在室内就可以看到来访者是谁, 该装置还能把来访者的声音、图像一一记录下来. 如果是亲朋好友来访又正巧主人不在家, 那也没有关系, 因为主人可以坐在办公室甚至几千千米外的旅馆里, 通过互联网络(包括手提式计算机)或电视机看到来访者, 并能够亲自为他开门. 随着经济的发展和人们生活水平的提高, 21 世纪住宅会更加现代化, 为人们的生活带来更大的方便.

图 1.13　新时代住宅

4. 行

　科学技术的发展对人们出行的影响实在是太大了, 我们的感受也最为深刻! 小到每天都要骑的共享单车, 大到稍远出行乘坐的高铁和磁悬浮列车(图 1.14), 无一不与物理密切相关. 目前的共享单车使用了新一代**物联网技术**, 通过智能手机 App, 让用户随时随地可以定位并使用最近的单车, 骑行到达目的地后, 就近停放在路边合适的区域, 关锁即实现电子付费结算. 国内第一个使用物联网技术的共享单车公司——北京摩拜科技有限公司于 2015 年 1 月在北京成立, 之后风靡全国, 并先后进入新加坡、英国、意大利、日本、泰国、韩国等 19 个国家, 为更多人的出行带来方便, 也给城市倡导绿色出行提供了可持续发展的智能解决方案.

而磁悬浮列车是现代社会交通工具的杰出代表，它的速度很快，可以达到 350～500 km/h. 列车在磁力的作用下，悬浮在轨道上 1 cm 的地方，列车开动时不与地面接触，腾空运行，磁悬浮列车的阻力只有空气阻力，所以装有电磁铁的磁悬浮列车才会在空中行驶. 这也给人们出行带来了很大的便利. 我国在 20 世纪 80 年代初开始对低速常导型磁悬浮列车进行研究. 2016 年，由中车株洲电力机车有限公司牵头研制的速度达 100 km/h 的长沙磁浮快线列车上线运营，被业界称为中国商用磁浮 1.0 版列车. 2018 年 6 月，中国首列商用磁浮 2.0 版列车在中车株洲电力机车有限公司下线，设计速度提升到了 160 km/h，并采用三节编组，最大载客 500人. 2019 年 5 月 23 日 10 时 50 分，中国速度达 600 km/h 的高速磁浮试验样车在青岛下线，这标志着中国在高速磁浮技术领域实现重大突破.

图 1.14　磁悬浮列车

5. 乐

　　近年来，第五代移动通信系统 5G 不仅成为通信业和学术界讨论的热点，也成为我们每个人关注的话题. 5G 的发展来自于对移动数据日益增长的需求. 随着移动互联网的发展，越来越多的设备接入到移动网络中，新的服务和应用层出不穷，2021 年，全球移动互联网用户数量已达 42 亿人，而移动通信网络的容量需要在当前的网络容量上增长 1000 倍. 移动数据流量的暴涨将给网络带来严峻的挑战，而 5G 移动通信网络就是在这种情势下发展起来的. 观察一下我们身边的一切，从虚拟教室到云上办公，从远程医疗到智慧交通，发现 5G 技术给我们生活带来的变化实在太大！如果你有一部智能手机，除了能享受上述提到的工作和生活便利外，你还能充分享受到 5G 高带宽、低时延等所带来的其他便利：你可以高速上网下载视频，随时随地观看高清影视；你可以在任何有网络的地方欣赏音乐会和体育赛事直播而不必亲临现场；你还可以与你的小伙伴在网上沉浸体验各种游戏(虽然我们不提倡这种沉浸式游戏)等. 5G 生活，方便又快乐!

综上所述,随着人们对物理学和其他自然科学研究的不断深入,对自然界的认识也越来越深刻. 人们认识世界的目的是发现规律,并利用这些规律为人类服务. 的确,几千年来科学家利用物理规律做出的发明创造对社会生产力的推动力量是惊人的,所导致的每一次科学技术革命都会给人类社会生活带来深刻的变化. 但不可否认的是,物理学的发展也给人类带来了一系列不良影响,如核武器、激光武器等用于战争会给人类带来灾难等. 物理学的任务就是揭示客观规律,没有益害之说. 物理学给社会生活带来影响的正面性和负面性完全取决于人类如何利用物理规律. 如果利用相对论和核技术来开发核电,则是为人类社会生活造福;如果利用这些理论来制造原子弹并投入使用,则会给人类社会带来灾难.

1.3　如何学好物理学

物理学是一门以观察和实验为基础的科学,在此基础上形成物理概念,利用思维抽象物理规律,并利用规律来解决实际问题. 观察是人们认识客观世界的基本方法. 对于物理学这门以实验为基础的学科,观察更是一种重要手段. 人们通过观察自然现象和物理实验过程,并分析思考,探究物质的基本结构和物质运动的一般规律,获取物理知识,将其应用于生产和生活实践. 因此要学好物理学,必须从以下几个方面入手.

1.3.1　敏于观察,勤于思考

1. 在观察思考中获取物理知识

我们周围的物理世界丰富多彩、变化多端. "鹰击长空,鱼翔浅底,万类霜天竞自由",无不隐含着丰富的物理知识. 如果我们养成了观察思考的习惯,那么学习物理知识就容易得多. 物理教学中的演示实验和学生实验,是获取物理知识的重要环节,也是学习和掌握观察研究方法的重要途径. 在观察演示实验时,要引导学生注意物理变化的发生过程、产生的条件和特征,从中得出规律性的东西,就是引导学生掌握获取物理知识和能力的基本方法. 而学生实验则是遵循人们认识物理世界的过程,亲自实验,通过观察、记录、分析和思考,自觉地去探索和发现物理规律. 比如,人们在学习了振动和波后知道,声音的频率只与发声物体的振动频率有关,然而当我们在铁道旁听到鸣着汽笛的火车经过的声音频率先由低到高又由高到低时,不由地要怀疑这个思想. 带着这个疑问去做**多普勒**(C. A.

Doppler)**效应**实验，能够得到"声音的频率会随声源与声音接收器的相对速度的变化而变化"的结论，也就能够解释前面的疑问了.

2. 在观察思考中巩固和应用物理知识

图 1.15　排球的发球

在初步掌握基本物理知识以后，要使这些知识巩固、深化，仍然要依赖于进一步的观察和思考. 首先是对一些物理实验现象和日常生活中的自然现象进行观察，由浅入深，由表及里，从现象到本质，进行分析讨论，从而更深刻地理解已学到的知识。例如，在学完"动量定理"内容后，对作用力与动量关系仍不清晰，可在教师的指导下观看排球比赛录像片，关注运动员的发球(图 1.15)，然后讨论发球的速度大小与哪些因素有关，最后能够得出"在动量变化一定的情况下，手掌与球的接触时间越短，对球的作用力越大，球所获得的加速度越大"的结论. 如果能够在课外活动时间将上述理论运用到实践中，则体会更深刻，效果更明显.

自行车是我们经常使用的交通工具，在校园里还停着许多共享单车呢! 如果你是个有心人，当你骑自行车时肯定会遇到这样的问题：快速行驶的自行车，当用前闸刹车时，后轮会不由得跳起来. 这是什么原因？仔细分析车和人的受力情况，会发现前轮受到阻力而突然停止，但车上的人和后轮没有受到阻力. 根据惯性定律，人和后轮要保持继续向前的运动状态，所以后轮会跳起来. 因而当我们骑车速度较快时，若要刹车必须前后轮同时刹，这样既高效又安全. 另外你会注意到，自行车后面都有红色的尾灯，它不能发光，有什么作用呢？分析尾灯的结构后你会发现它起警示作用. 原来自行车的尾灯是由很多蜂窝状的"小室"构成，每个"小室"又由三个约成 90°的反射面组成. 这样在晚上骑车时，后面汽车的灯光射到自行车尾灯上时就会产生反射光，由于红色醒目，就可以引起汽车司机的注意.

日常生活中有太多与物理有关的现象. 如果我们养成了多观察、勤思考的习惯，无疑对学习和巩固物理知识大有裨益!

1.3.2　数理结合，乐于应用

物理是一门精确的科学，与数学有密切的关系. 物理学又是一门基础科学，是整个自然科学技术和现代技术发展的基础，在现代生活、生产、科学技术中有广泛的应用. 但在应用物理知识解决实际问题时，一般或多或少总要运用数学运算进行推理，而且处理的问题越高深，应用的数学知识也就越多，所以能**熟练地运用数学知识处理物理问题，是学好物理的必要条件**. 应用数学处理物理问题，有时是数字运算，有时是符号运算，即既要重视定量运算，也要重视定性和半定量的分析及推理.

1. 数学方法在分析解决物理问题中的重要作用

数学和物理两门学科具有密切的联系. 数学知识对于物理学科来说，绝不仅仅是一种数量分析和运算工具，更主要的是物理概念的定义工具和物理定律、原理的推导工具；另外，运用数学方法研究物理问题本身就是一种重要的抽象思维，因此，数学也是研究物理问题进行科学抽象和思维推理的工具. 数学方法在物理学习中的重要作用主要有：①培养在实验的基础上，运用数学方法表达物理过程、建立物理公式的能力. 在研究物理现象的过程中，只有把实验观测和数学推导这两种手段有机地结合起来，才能获得关于某种现象的全面的、内在的、本质的认识，这是研究物理的基本方法之一. ②培养应用数学知识来推导物理公式的能力. 物理学中常常利用数学知识研究问题，比如用极限概念研究位移、速度、加速度问题，用矢量运算法则研究一些物理量的合成和分解等. 物理学中还常常运用数学知识来推导物理公式或从基本公式推导出其他关系式. 数学方法在分析和解决物理问题中的这些应用有利于学习者理解和领会物理知识间的内在联系.

2. 要善于运用数学工具表达物理概念和规律

数学是定义物理概念、表达物理规律的最简洁、最精确、最概括、最深刻的语言，许多物理概念和规律都要以数学形式(公式或图像)来表述，也只有利用了数学表述，才便于进一步运用它来分析、推理、论证，才能广泛地定量说明问题和解决问题. 例如理想气体的等温变化，可以通过实验概括总结出**玻意耳定律(Boyle's law)**，也可以用数学语言将该定律叙述为 $pV = c$(恒量)的形式，同时还可以用函数图像将该定律表达出来——在这个过程中抽象思维很重要. 在物理学中进行抽象思维的时候，数学是不可缺少的工具，它可使人们从已知的物理定律或理论出发，利用数学的逻辑推理方法推导出新的规律或建立新的理论(图 1.16).

图 1.16　爱因斯坦用简单的数学语言将物理学中的质能关系表达了出来

培养利用数学工具解决物理问题的能力要注意以下几个方面：①数学基础要打牢. 从大学物理到理论物理，要用到许多高等数学知识，"数学物理方法"这门课也集中展现了数学和物理的关系. ②运用数学知识表达物理规律时，一定要弄清物理公式或图像所表示的物理意义，不能单纯地从抽象的数学意义去理解物理问题，要防止单纯从数学的观点出发将物理公式"纯数学化"的倾向. ③表达物理概念或规律的公式都是在一定条件下成立的，在运用数学解决物理问题时，一定要弄清物理公式的适用条件和应用范围. ④运用数学知识来推导物理公式或从基本公式导出其他关系式时，要注意有些物理定律虽然可以从别的物理定律推导出来，但表达的物理过程可能不一样，要注意分析各自的特点. 总之，提高运用数学工具解决物理问题的能力要贯穿在学习和应用物理知识的全过程.

本 章 小 结

本章我们主要从物理世界的构成、物理世界丰富多彩的原因、物理学发展对人类进步的贡献、如何学好物理学等几个方面来引领大家逐渐走进物理世界，从而展示物理世界的奥妙以及如何去认识这些奥妙为人类服务. 随后的这几章，我们将分别从经典力学、理论力学、量子力学、热力学及统计物理学、电磁学、光学、原子与分子物理学、凝聚态物理学、相对论力学等几个方面来探索大学物理学习中所要接触的物理世界，并具体揭示物理学的奥秘，以帮助大家能够在这个丰富多彩的物理世界里自由翱翔.

参 考 文 献

曹则贤, 2011. 物质的形态[J]. 现代物理知识, 23(4): 3-12.
张岚, 2017. 探测宇宙深空的天眼——射电望远镜[J]. 物理通报, 11: 126-128.
张宪魁, 李晓林, 阴瑞华, 2007. 物理学方法论[M]. 杭州: 浙江教育出版社.

张延惠, 林圣路, 王传奎, 2009. 原子物理教程[M]. 2 版. 济南: 山东大学出版社.

复习思考题

(1) 简述物理世界千姿百态的原因.

(2) 简述物理学与其他自然科学的关系.

(3) 结合自己的实际情况，探讨如何才能学好物理学.

第 2 章

物体运动的奥秘

　　内容摘要　组成我们这个世界的物质，不论大小，每时每刻都在以各自的规律运动着，从而构成了物质世界的丰富性和多样性.探索物质世界运动的奥秘也是人类不懈的追求.本章从我们身边的物理现象(从宏观到微观)和科技实践出发，介绍经典力学、理论力学和量子力学的主要内容，从而帮助大家破解物体运动的奥秘.

　　我们已经知道，世界是由物质构成的，物质是运动的，物质运动是有规律的——这是辩证唯物主义的思想.作为物理人，对于我们所研究的物理世界，必然会问这样一个问题：物体为什么会运动？物体运动有什么规律？每逢开运动会，不管是田赛还是径赛，我们在对运动员力与美的展示深感叹服的同时，也会不由地问类似这样的问题：撑杆跳运动员如何才能借助于撑杆跳得更高(图 2.1)？参加短跑的运动员怎样才能跑得更快？等等.这些问题都需要借助于物理学去分析物体运动状态发生变化的原因并给出物体运动的规律后，才能找到令人信服的答案.

图 2.1　撑杆跳运动员借助撑杆跳得更高

本章我们将分别从宏观和微观的角度来探索物理世界中物体运动的奥秘，并简单介绍研究机械运动的**牛顿力学**、**分析力学**以及研究微观运动的**量子力学**的基本内容，以帮助大家了解分析物体运动状态发生变化的原因所需要的基本物理知识.

2.1　苹果为什么会下落——经典力学

苹果为什么会下落? 据说三百多年前，儿时的牛顿坐在伍尔斯索普庄园里的一棵苹果树下，受到一只恰巧砸到他头上的苹果的启发，提出了这个问题并由此发现了**万有引力定律**(图 2.2). 不管牛顿被苹果砸中的桥段是后人杜撰出来的还是真有其事，但有一点是肯定的：牛顿在生活和实践中发现，正是由于地球的引力才导致了物体的下落，并由此相继发现了万有引力定律和其他经典力学定律，从而奠定了经典力学的基础.

图 2.2　苹果下落引起牛顿的思考

经典力学是力学的一个分支，其研究对象是宏观低速运动的物体. 简单来说，**经典力学体系是以空间、时间、质量和力四个绝对化的概念为基础，以牛顿三定律为核心，以万有引力定律为最高综合，并用微积分来描述物体运动的因果律，是一门立足在实验和观察基础上的结构严谨、逻辑严密的科学体系.** 虽然经典力学以牛顿运动定律为基础，但在其建立的过程中，许多物理学家、天文学家包括哥白尼、布鲁诺(G. Bruno)、伽利略、开普勒等，做了很多艰巨的工作. 而牛顿是在前人研究和实践的基础上，经过长期的实验观测、数学计算和深入思考，提出了力学三大定律和万有引力定律，把天体力学和地球上的物体的力学统一起来，建立了系统的经典力学理论，也成为现代物理学发展的开端. 对于自己取得的诸多成就，牛顿曾说过一句著名的话："如果说我比别人看得更远些，那是因为我站在巨人的肩膀上."

经典力学的建立,使力学的基本概念被广泛地应用于物理学中的声学、光学、热学、电磁学各分支,并对这些分支起到了巨大的推动作用. 即使到了今天,在牛顿的时间、空间和质量概念,甚至牛顿的引力原理已被爱因斯坦体系取代了的情况下,牛顿科学仍然在许许多多科学和日常生活经验领域占据着至高无上的地位(Cohen, 1985). **从经典力学中派生出的许多分支学科,比如天体力学、工程力学、材料力学、生物力学、弹道学等,对人类社会的发展进步起了极其重要的作用**. 本节中我们以质点为研究对象,从运动学和动力学两个角度简单介绍经典力学的有关内容.

2.1.1 质点运动的形式——运动学

物体的运动是绝对的,静止则是相对的,这是辩证唯物主义的基本观点,也是我们认识物理世界的出发点. 人们对物理世界的研究就是从观察物体的运动开始的. 从苹果下落到行星的运动,正是由于物体位置和状态的变化引起了人们的注意,才有了对其运动规律的认识. 那么如何描述物体的运动?

1. 参考系、位移、速度和加速度

1) 参考系

描述物体的运动必须选择一个基准,这个被选择为基准的物体或物体群就是**参考系**. 在高速运行的高铁上,你偶尔向窗外看一下,会发现车外的景色在飞速向后运动;而使用无人机拍摄的高铁运行的影像则看起来是高铁和地面都在动——这是因为无人机被不自觉地选为参考系. 原则上讲,参考系是可以任意选择的,参考系选择的不同,物体的运动情况就不一样. 选择什么样的参考系完全看研究问题的方便.

要定量地描述物体的运动,就必须在参考系上建立适当的**坐标系**. 在力学中常用的是**直角坐标系**,根据需要也可选用**极坐标系、自然坐标系、球面坐标系或柱面坐标系**. 总的来说,**在参考系选定后,无论选择何种坐标系,物体的运动性质都不会改变. 然而坐标系选择得当,可使计算简化**. 比如,对做直线运动的物体,选择直角坐标系就非常方便,而选择极坐标系就没有必要了;而研究平面内的曲线运动,则选择极坐标系更方便处理.

2) 位移

选择好坐标系,那么物体在任意时刻的**位置矢量**(简称位矢)就能确定. 比如,我们选择三维直角坐标系(图 2.3),物体在 t 时刻的位矢就可以写为

$$r(t) = x(t)\boldsymbol{i} + y(t)\boldsymbol{j} + z(t)\boldsymbol{k} , \tag{2.1}$$

其中 $\boldsymbol{i}$、$\boldsymbol{j}$、$\boldsymbol{k}$ 分别表示位矢 $\boldsymbol{r}(t)$ 在三维方向上的单位矢量，而 $x(t)$、$y(t)$、$z(t)$ 是其相应的投影. 如果 t_1 时刻的位矢是 $\boldsymbol{r}(t_1)$，t_2 时刻的位矢是 $\boldsymbol{r}(t_2)$，那么，当时间变化 $\Delta t = t_2 - t_1$ 时，位置的变化 $\Delta\boldsymbol{r} = \boldsymbol{r}(t_2) - \boldsymbol{r}(t_1)$ 称为**位移矢量**，简称**位移**. 在国际单位制中，位移的单位是 m.

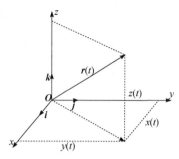

图 2.3　直角坐标系下的位置矢量

3) 速度和加速度

速度　描述质点的运动，不仅要知道其位移，还必须要知道质点运动的快慢程度，即物体运动的速度. 我们将位移 $\Delta\boldsymbol{r}$ 与时间 Δt 的比值定义为**平均速度**

$$\overline{\boldsymbol{v}} = \frac{\Delta\boldsymbol{r}}{\Delta t}. \tag{2.2}$$

要精确知道质点在某一时刻或某一位置的实际运动状态，应使 Δt 尽量小，即 $\Delta t \to 0$. 为此我们利用平均速度的极限值来定义**瞬时速度**(简称**速度**)

$$\boldsymbol{v} = \lim_{\Delta t \to 0} \frac{\Delta\boldsymbol{r}}{\Delta t} = \frac{\mathrm{d}\boldsymbol{r}}{\mathrm{d}t}. \tag{2.3}$$

这里我们用了大家已经熟悉的微分符号. 显然速度等于位矢对时间的一阶导数. 在直角坐标系下，速度及其大小可分别表示为

$$\left.\begin{array}{l} \boldsymbol{v} = v_x\boldsymbol{i} + v_y\boldsymbol{j} + v_z\boldsymbol{k} \\ v = \sqrt{v_x^2 + v_y^2 + v_z^2} \end{array}\right\} \tag{2.4}$$

其中 $v_x = \dfrac{\mathrm{d}x}{\mathrm{d}t}$，$v_y = \dfrac{\mathrm{d}y}{\mathrm{d}t}$，$v_z = \dfrac{\mathrm{d}z}{\mathrm{d}t}$. 在国际单位制中，速度的单位是 m/s.

加速度　只要位矢 $\boldsymbol{r}$ 和速度 $\boldsymbol{v}$ 已知，那么质点的运动状态就确定了. 当速度矢量也随时间改变时，其改变的快慢我们用**加速度**来描写.

如果在 Δt 时间内速度变化了 $\Delta\boldsymbol{v}$，则将比值 $\dfrac{\Delta\boldsymbol{v}}{\Delta t}$ 称为 t 时刻附近 Δt 时间内的**平均加速度**，即

$$\overline{\boldsymbol{a}} = \frac{\Delta\boldsymbol{v}}{\Delta t}. \tag{2.5}$$

同样，质点在某时刻或某位置的**瞬时加速度**(简称**加速度**)等于该时刻附近 Δt 趋近于零时的平均加速度的极限，即

$$a = \lim_{\Delta t \to 0} \frac{\Delta \mathbf{v}}{\Delta t} = \frac{\mathrm{d}\mathbf{v}}{\mathrm{d}t} = \frac{\mathrm{d}^2 \mathbf{r}}{\mathrm{d}t^2}. \tag{2.6}$$

可见，加速度是速度对时间的一阶导数，也是位矢对时间的二阶导数. 在直角坐标系下，加速度及其大小可分别表示为

$$\left.\begin{aligned} \mathbf{a} &= a_x \mathbf{i} + a_y \mathbf{j} + a_z \mathbf{k} \\ a &= \sqrt{a_x^2 + a_y^2 + a_z^2} \end{aligned}\right\} \tag{2.7}$$

其中 $a_x = \dfrac{\mathrm{d}v_x}{\mathrm{d}t} = \dfrac{\mathrm{d}^2 x}{\mathrm{d}t^2}$，$a_y = \dfrac{\mathrm{d}v_y}{\mathrm{d}t} = \dfrac{\mathrm{d}^2 y}{\mathrm{d}t^2}$，$a_z = \dfrac{\mathrm{d}v_z}{\mathrm{d}t} = \dfrac{\mathrm{d}^2 z}{\mathrm{d}t^2}$. 在国际单位制中，加速度的单位是 $\mathrm{m/s^2}$. 另外为方便起见，以后我们对速度和加速度采用如下标记，即

$$\mathbf{v} = \frac{\mathrm{d}\mathbf{r}}{\mathrm{d}t} = \dot{\mathbf{r}}, \quad \mathbf{a} = \frac{\mathrm{d}\mathbf{v}}{\mathrm{d}t} = \dot{\mathbf{v}} = \ddot{\mathbf{r}};$$ 相应地，$v_x = \dot{x}$，$a_x = \ddot{x}$，….

2. 匀速直线运动和匀变速运动

1) 匀速直线运动

如果质点的速度 $\mathbf{v}$ 不随时间变化，则称质点做**匀速直线运动**，此时速度矢量 $\mathbf{v}$ 是个常量. 比如，在平直道路和铁路上匀速行驶的汽车、高铁等，它们速度的大小和方向都不随时间改变，可以认为做匀速直线运动. 某些运动的物体，虽然在较长一段时间内并不是匀速的，但在一定的时间和空间内，却可以认为做匀速直线运动，比如空中飞行的飞机，其巡航阶段可以认为是匀速直线飞行.

2) 匀变速运动

如果质点的速度 $\mathbf{v}$ 发生变化，且单位时间内速度的变化一样，即加速度 $\mathbf{a}$ 不随时间改变，则称质点做**匀变速运动**. 比如，正在启动运行中的高铁是在做匀加速直线运动，而正在进站的高铁是做匀减速直线运动. 不管是匀加速还是匀减速，加速度都是常量. 做匀变速运动的物体(质点)的速度时刻在变化，包括速度大小的变化和速度方向的变化，其对应的运动轨迹可能是直线或曲线. 比如，水平抛出的物体，其加速度不变，但速度(大小和方向)时刻发生变化，这种匀加速运动就是曲线运动，即抛物线运动(图 2.4).

3. 曲线运动

1) 曲率和曲率半径

若质点的运动轨迹为曲线，则称为**曲线运动**. 为了描述曲线的弯曲程度，通常引入曲率和曲率半径的概念. 对曲线上任意两点 P_1 和 P_2 各引一条切线(图 2.5)，这两条切线的夹角为 $\Delta\theta$；P_1 和 P_2 两点的弧长为 Δs，则 P_1 点的**曲率**定义为

$$k = \lim_{\Delta s \to 0} \frac{\Delta \theta}{\Delta s} = \frac{\mathrm{d}\theta}{\mathrm{d}s}. \tag{2.8}$$

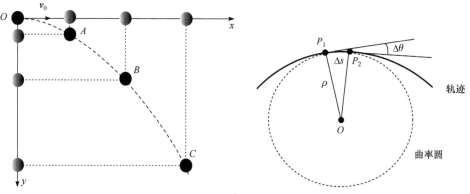

图 2.4　物体做平抛运动的运动轨迹　　　　图 2.5　曲率、曲率圆和曲率半径

　　一般情况下，曲线在不同点处有不同的曲率. **曲率越大，则曲线弯曲得越厉害**. 显然同一圆周上各点的曲率相同. 如果过曲线上某一点作一个与该点曲率相同的圆，则称它为该点的**曲率圆**，而其圆心 O 和半径 ρ 分别为曲线上该点的**曲率中心**和**曲率半径**，且有

$$\rho = \frac{1}{k} = \frac{\mathrm{d}s}{\mathrm{d}\theta}. \tag{2.9}$$

2) 圆周运动

　　质点做圆周运动时，由于其轨道的曲率半径处处相等，而速度方向始终在圆周的切线上，因此常采用以平面极坐标为基础的角量描述圆周运动(图 2.6). 在这种描述中，以圆心为**极点**，并任引一条射线为**极轴**，那么质点位置对极点的矢径 r 与极轴的夹角 θ 就叫作质点的**角位置**，用 $\mathrm{d}\theta$ 表示矢径在 $\mathrm{d}t$ 时间内发生的**角位**

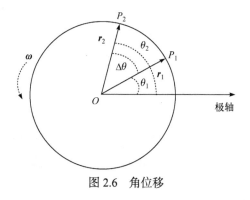

图 2.6　角位移

移. 角位移既有大小又有方向，其方向的规定为：用右手四指表示质点的转动方向，与四指垂直的大拇指则表示角位移的方向，即满足右手螺旋定则.

同前面引进速度、加速度的方法一样，也可以引进**角速度**和**角加速度**，并分别定义为

$$\omega = \lim_{\Delta t \to 0} \frac{\Delta \theta}{\Delta t} = \dot{\theta} , \tag{2.10}$$

$$\alpha = \lim_{\Delta t \to 0} \frac{\Delta \omega}{\Delta t} = \dot{\omega} = \ddot{\theta} . \tag{2.11}$$

当质点做半径为 R 的圆周运动时，只有角位置是时间 t 的函数，这样只需一个坐标(即角位置 θ)就可描述质点的位置，这和质点的直线运动颇有些类似. 因此，可类比匀变速直线运动的方法建立起描述匀角加速圆周运动的公式：

$$\left. \begin{aligned} \omega &= \omega_0 + \alpha t \\ \theta &= \theta_0 + \omega_0 t + \frac{1}{2}\alpha t^2 \\ \omega^2 - \omega_0^2 &= 2\alpha\left(\theta - \theta_0\right) \end{aligned} \right\} \tag{2.12}$$

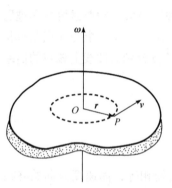

如果质点做圆周运动的线速度用 v 来表示，则有

$$\left. \begin{aligned} \mathrm{d}s &= R\mathrm{d}\theta \\ v &= \dot{s} = R\dot{\theta} = R\omega \end{aligned} \right\} \tag{2.13}$$

图 2.7　角速度矢量与线速度矢量
的关系

显然角速度的方向就是角位移的方向(图 2.7). 按照矢量的矢积法则，角速度矢量与线速度矢量之间的关系为

$$\boldsymbol{v} = \boldsymbol{\omega} \times \boldsymbol{r} . \tag{2.14}$$

圆周运动是曲线运动的特例，但由此引进的角位移、角速度、角加速度等概念在处理曲线运动问题时具有普适性(赵近芳 等，2017).

2.1.2　质点运动的规律——动力学

以上我们介绍了对质点运动的描述. 实际上相对于质点的运动来说，人们更关心质点为什么会运动，运动的规律如何，这正是牛顿等物理先哲一直努力去探索的问题，而经典力学的动力学部分正是研究这部分内容，并以牛顿定律的形式将答案给出.

1. 力的种类

我们已经知道，**力**是物体之间的相互作用. 根据力的性质，我们将常见的力划分为**重力、弹力、摩擦力、电磁力、核力**等. 作为一种群众性体育活动，拔河比赛大家应该都参加过(图 2.8)，对重力、弹力和摩擦力之间的关系以及在拔河比赛中的合理应用可以说非常熟悉. 电磁力我们也比较熟悉，它是电荷、电流在电磁场中所受力的总称，电磁学中将会有详细的介绍. 核力是使核子组成原子核的作用力，这是一种很复杂的相互作用，原子能的应用与之有密切关系，原子物理学中将有介绍.

图 2.8　拔河比赛中的用力

按照力的作用效果分，有压力、支持力、动力、阻力、向心力、回复力等. 同种性质的力可产生不同的效果；同种效果可由不同性质的力产生. **按作用方式分，有场力、接触力**. 万有引力(重力)、电磁力均属于场力；弹力、摩擦力均属于接触力. **按研究对象分，有外力和内力**. 在多个物体组成的系统中，系统内物体之间的相互作用力是内力，由系统之外的物体对这个系统的作用力称为外力. **按照作用距离分，有长程力和短程力**. 长程力随距离的增加而缓慢减小，如静电力、万有引力等平方反比力都是长程力；短程力的作用范围很小，影响力随距离的增加而急速减小，如核子间的核力. 目前物理学界公认世界存在**四种基本的相互作用**，其按强弱来排列的顺序是：**强相互作用、电磁相互作用、弱相互作用、引力相互作用**. 在宏观世界里，能显示其作用的只有两种：引力和电磁力. 以上任何一种力都能在这四种相互作用中找到自己的位置.

2. 开普勒三定律

人们对物体运动的研究是从天体观测开始的. 浩瀚的天空中繁星闪烁，这些星体如何运动很早就引起了天文学家的注意. 从希腊天文学家托勒密(C. Ptolemy)的地心说到波兰天文学家哥白尼的日心说, 经过科学家漫长的探索过程, 意大利天文学家布鲁诺甚至为捍卫日心说付出了生命的代价, 直到由德国天文学家开普勒在总结丹麦天文学家第谷所观察与收集的精确天文资料的基础上, 经过大量分析和计算, 用了大约 10 年的时间, 到 1619 年总结出了行星运动定律, 即**开普勒三定律**(图 2.9).

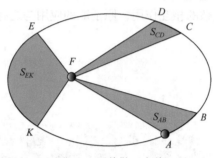

图 2.9　开普勒三定律

1) 开普勒第一定律

也称轨道定律——每一个行星都沿各自的椭圆轨道环绕太阳运动, 而太阳则处在椭圆的一个焦点中.

2) 开普勒第二定律

也称面积定律——在相等时间内, 太阳和运动中的行星的连线(向量半径)所扫过的面积都是相等的. 用公式表示为

$$S_{AB} = S_{CD} = S_{EK} . \tag{2.15}$$

3) 开普勒第三定律

也称周期定律——绕以太阳为焦点的椭圆轨道运行的所有行星, 其椭圆轨道半长轴的立方与周期的平方之比是一个常量. 用公式表示为

$$\frac{a^3}{\tau^2} = K . \tag{2.16}$$

哥白尼的日心体系经过布鲁诺、开普勒等的工作已经有了很大的发展, 但真正决定性的证据来源于伽利略的望远镜天文观测, 尤其是在 1610 年伽利略对金星进行长达三个月的观测, 发现了金星的相位现象, 给出了支撑日心说理论的决定性证据. 然而长达 1400 余年的天体观测规律给人们留下的问题是, 什么样的力会使星体做椭圆轨道运动? 即所谓的**开普勒问题**. 直到 1687 年万有引力定律的公开发表, 这个问题才得以圆满解决, 并把地面上的物体运动的规律和天体运动的规

律统一了起来,对以后物理学和天文学的发展具有深远的影响(张汉壮 等, 2017).

3. 牛顿运动定律, 万有引力定律

通过我们的观察和生活体验, 都能发现这样的规律: 如果物体的运动状态发生改变, 肯定是受到一定力的作用, 那么物体受力和物体运动状态的改变有什么关系? 牛顿运动三大定律能给出答案.

1) 牛顿第一定律(惯性定律)

设想有一宇宙飞船远离所有星体, 它的运动便不会受到其他物体的影响. 这种不受其他物体作用或离其他物体足够远的质点称为"孤立质点". **牛顿第一定律指出: 孤立质点将永远保持其原来静止或匀速直线运动状态.**

物体保持原有运动状态的特性称为**惯性**. 任何物体在任何状态下都具有惯性, 因而惯性是物体的固有属性(图 2.10). 牛顿第一定律又称**惯性定律**. 通常把孤立质点相对于它静止或做匀速直线运动的参考系称为**惯性参考系**, 简称惯性系.

图 2.10　惯性定律和惯性现象

2) 牛顿第二定律, 万有引力定律

物体受到合外力的作用, 其运动状态会发生变化, 这种变化的快慢用加速度来描写. 而**牛顿第二定律**则描述了物体所受合外力的大小与运动状态变化快慢的关系, 它指出:

物体受到力作用时获得的加速度 a 的大小与合外力 F 的大小成正比, 与物体的质量成反比; 加速的方向与合外力的方向相同. 用公式表示为

$$a = k\frac{F}{m}, \tag{2.17}$$

式中的比例系数 k 与单位制有关. 在国际单位制中, $k=1$, 因而牛顿第二定律有时写成 $F = ma$ 的形式. 由上式可以看出, 当 $F = 0$ 时, 加速度 $a = 0$, 即物体的

运动状态不发生变化；而且同样的外力作用在不同质量的物体上，质量越大，加速度越小，即运动状态越不容易改变. 所以说，**质量是物体惯性大小的量度**，故这里的质量又称**惯性质量**.

现在回到"苹果落地"传说故事. 苹果落地引起牛顿思考的问题是，苹果向下的加速运动一定是地球对苹果的作用力而引起的. 基于之前伽利略已经发现的抛体运动相当于一个匀速的水平运动和一个落体的加速运动的叠加，牛顿进一步设想，从高山上水平抛出一个物体，当抛出的水平速度不断增加时，抛体会越射越远；若速度达到一定程度且忽略大气阻力，抛体会做圆周运动而永远不会到达地面. 由此牛顿推测，月球围绕地球的运动可能就是这样引起的，从而认为苹果和地球之间、月球和地球之间的力是同一种性质的力，并基于惯性定律和牛顿第二定律，利用几何方法获得了做圆周运动的物体的受力与半径成平方反比的关系.

牛顿进一步设想，既然月球绕地球公转可以这样来解释，那么地球和其他行星绕太阳的公转为什么不能类似地来说明呢？所以牛顿又把思路推广到行星绕日的运动以及任何星体的运动，直至任何物体之间，从而建立了万有引力定律，并在他之后出版的《自然哲学的数学原理》中公开发布了这些研究成果. 万有引力定律告诉我们：

任何两个物体之间都有引力的作用，其作用大小与两个物体的质量、距离有关，用公式表示为

$$\boldsymbol{F} = -G\frac{m_1 m_2}{r^2}\boldsymbol{r}_0, \tag{2.18}$$

该公式就是**万有引力定律**的表达式. 式中 $G = 6.67408(31)\times 10^{-11}\mathrm{N\cdot m^2/kg^2}$ 称为引力常量，r 为两物体(质点)间的距离，负号表示 m_1 对 m_2 的引力方向总是与 m_2 对 m_1 的引力方向相反；而 m_1、m_2 则称为**引力质量**. 牛顿等许多人的实验都证明，**引力质量与惯性质量相等**，以后使用时不再区分.

万有引力定律和牛顿运动定律的建立，使天上、地下物体的运动规律有了统一的描述，奠定了物理学的力学基础，使力学有了精练完美的表达，成为系统完整的科学. 正如恩格斯所说，"牛顿完成了人类科学史上的第一次总结".

3) 牛顿第三定律

我们都有这样的体验，当用力推另一个物体时，另一个物体也同时会给我们一个力的作用，我们称这对力为**作用力和反作用力**. 这一对力的性质和大小、方向有何关系？**牛顿第三定律**给出了回答. 它指出：

当物体 A 以力 $\boldsymbol{F}_1$ 作用在物体 B 上时，物体 B 也必定同时以力 $\boldsymbol{F}_2$ 作用在物体 A 上；$\boldsymbol{F}_1$ 和 $\boldsymbol{F}_2$ 大小相等，方向相反，且力的作用线在同一条直线上，即

$$F_1 = -F_2 . \tag{2.19}$$

由于作用力和反作用力分别作用在不同的物体上，因而不是一对平衡力. 但它们是属于同一种性质的力，即如果作用力是摩擦力，反作用力一定也是摩擦力.

以上介绍的牛顿三定律对惯性系中的质点模型成立，并在宏观(不考虑量子效应)、低速(不考虑相对论效应)的情况下适用.

4. 动量及动量守恒定律

牛顿在研究碰撞过程中所建立的牛顿第二定律并非前面所介绍的形式 $F = ma$ ，而是

$$F = \frac{\mathrm{d}}{\mathrm{d}t}(mv), \tag{2.20}$$

这里 v 是质点运动的速度，如果质量是常量的话，上式与 $F = ma$ 是等价的. 然而由近代物理知识可知，**惯性质量与物体的运动状态有关**，不能看成常量，所以式(2.20)比式(2.17)更具有普适性. 牛顿认为，"mv"是一个独立的"运动之量"，由质量和速度共同确定，我们通常简称为**动量**，并用 p 表示. 显然动量是个矢量，方向与速度的方向一致，单位是 $\mathrm{kg \cdot m/s}$. 这样式(2.20)就可以写为

$$F = \frac{\mathrm{d}p}{\mathrm{d}t} . \tag{2.21}$$

由上式得

$$F\mathrm{d}t = \mathrm{d}p = \mathrm{d}(mv), \tag{2.22}$$

两边积分得

$$\int_0^t F\mathrm{d}t = \int_{p_0}^p \mathrm{d}p = p - p_0 . \tag{2.23}$$

将力对时间的积分 $\int_0^t F\mathrm{d}t$ 定义为力的**冲量** I，则有**动量定理**

$$I = \int_{p_0}^p \mathrm{d}p = p - p_0 , \tag{2.24}$$

即**作用于物体上的合外力的冲量等于物体动量的增量**，而式(2.22)是动量定理的微分形式. 动量定理告诉我们，在动量变化一定的情况下，作用时间越短，作用力越大；反之亦然.

由式(2.23)可知，如果物体所受的合外力 $F = 0$，则物体动量的增量为零，从而有

$$p = p_0 \quad \text{或} \quad mv = mv_0 . \tag{2.25}$$

也就是说，一个孤立的力学系统(不受外力作用)或合外力为零的系统，系统内质点间的动量可以交换，但系统的总动量保持不变，这就是**动量守恒定律**.

　　动量守恒定律是牛顿定律的自然结果，但却是比牛顿定律更为普遍的规律，在日常生活中人们也自觉或不自觉地应用这个规律来处理一些问题，例如，人们在打台球时，可以通过调节球杆击球时用力的大小与方向，让被击小球获得一定的动量去碰撞另一小球(图 2.11). 在某些过程中，特别是微观领域里，牛顿定律虽然不再成立，但只要计及场的动量，动量守恒定律依然成立(赵近芳 等，2017).

图 2.11　动量守恒定律在台球运动中的运用

5. 功和能，机械能守恒定律

1) 功和能

　　功　功的概念我们在初中就学过. 在力学中，我们将恒力所做的功定义为恒力 $\boldsymbol{F}$ 在位移方向上的投影与该物体位移 $\Delta\boldsymbol{r}$ 的乘积，写成矢量标积的形式为

$$W = \boldsymbol{F} \cdot \Delta\boldsymbol{r} . \tag{2.26}$$

功是标量，只有大小没有方向. 由上式，其大小可写为

$$W = F|\Delta r|\cos\theta , \tag{2.27}$$

其单位是 J，上式中 θ 是作用力的方向与位移方向的夹角. 若夹角 θ 是钝角，功是负值，则说是克服阻力做功，否则称某力做正功.

　　以弹簧振子为例(图 2.12)，如果 O 点是弹簧振子的平衡位置，拉力将弹簧振子拉到 B 的位置，此时振子受到的回复力(弹性力)

$$F = -kx , \tag{2.28}$$

其中 k 为劲度系数，单位是 N/m，负号表示弹性力的方向总是指向弹簧的平衡位置. 显然弹性力是变力，随偏离平衡位置的位移而变. 变力做功(或克服变力做功)要采用积分的形式. 比如，弹簧振子从 O 点被拉到 B 点，弹力做功

$$W = \int_{x_0}^{x} \boldsymbol{F} \cdot \mathrm{d}\boldsymbol{x} = \int_{x_0}^{x} -k\boldsymbol{x} \cdot \mathrm{d}\boldsymbol{x} = -\left(\frac{1}{2}kx^2 - \frac{1}{2}kx_0^2 \right). \tag{2.29}$$

上式表明, 弹簧弹性力做功只与始末位置有关, 而与弹簧的中间形变过程无关.

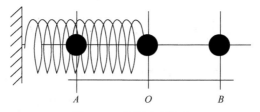

图 2.12　弹簧振子模型

在物理学中, 除弹性力外, 重力、万有引力、静电力、分子力等做功也具有类似的特点, 即做功大小只与物体的始末位置有关, 而与具体路径无关, 或者说, 当在这些力的作用下物体沿任意闭合路径绕行一周, 它们的功值均为零. 我们把这种性质的力统称为**保守力**. 相反, 如果某力做功与路径有关或该力沿任意闭合路径的功值不等于零, 则称这种力为**非保守力**, 例如摩擦力、爆炸力等.

能　物体具有做功的本领, 我们说它具有**能**. 在力学中所涉及的能包括**动能**和**势能**, 而动能和势能统称为**机械能**. 大家在观看冬季奥运会自由式滑雪 U 型场地比赛项目中, 运动员就充分利用了自身动能和势能的相互转化, 以达到腾空更高、完成动作更完美的目的(图 2.13). 下面我们通过力对物体做功后物体运动状态的变化来讨论功和能的关系.

图 2.13　运动员在自由式滑雪 U 型场地比赛中

设有一质点沿任一曲线运动, 在曲线上任取一微元 d$\boldsymbol{r}$, 则力 $\boldsymbol{F}$ 在这段元位移上做的功为

$$dW = \boldsymbol{F} \cdot d\boldsymbol{r} = \frac{d(m\boldsymbol{v})}{dt} \cdot \boldsymbol{v}dt = m\boldsymbol{v} \cdot d\boldsymbol{v} = d\left(\frac{1}{2}mv^2\right). \tag{2.30}$$

若质点由位置 1 运动到位置 2，速率由 v_1 增至 v_2，则力 $\boldsymbol{F}$ 做功为

$$W_{1-2} = \int_1^2 dW = \int_{v_1}^{v_2} d\left(\frac{1}{2}mv^2\right) = \frac{1}{2}mv_2^2 - \frac{1}{2}mv_1^2. \tag{2.31}$$

如果把 $\frac{1}{2}mv^2$ 看作一个独立的物理量，显然它与力在空间上的积累有关系，我们称之为质点的**动能**．动能是标量，并与参考系的选择有关．现在令 $E_k = \frac{1}{2}mv^2$，则式(2.31)可写成

$$W_{1-2} = E_{k2} - E_{k1}. \tag{2.32}$$

上式表明，外力对质点所做的功等于质点动能的增量．这就是我们常用的**动能定理**．

前面讨论过，保守力做的功仅取决于相互作用两物体的初末态的相对位置，如弹力做功

$$W = -\left(\frac{1}{2}kx^2 - \frac{1}{2}kx_0^2\right). \tag{2.33}$$

而功总是与能量的改变量相联系的，因此上述由相对位置决定的函数必定是某种能量的函数形式，我们称之为**势能**，并用 E_p 来表示．这样式(2.29)就可以写为

$$\int_0^1 \boldsymbol{F}_{保} \cdot d\boldsymbol{x} = -\left(E_{p1} - E_{p0}\right) = -\Delta E_p. \tag{2.34}$$

上式取不定积分，给出

$$\Delta E_p = -\int \boldsymbol{F}_{保} \cdot d\boldsymbol{x} + c, \tag{2.35}$$

式中 c 是一个由系统零势能点决定的积分常数．对于弹簧弹性力，若取弹簧自然伸长处为坐标原点和弹性势能零点，则弹性势能可以写为

$$E_{p弹} = \frac{1}{2}kx^2. \tag{2.36}$$

同样的道理，如果取地球表面为重力势能零点，则质量为 m 的物体在离地面高为 h 处的重力势能为

$$E_{p重} = mgh. \tag{2.37}$$

2) 机械能守恒定律

为简单起见, 我们以物体在重力场中做自由落体运动为例来讨论这个问题. 假设一个质量为 m 的物体在重力的作用下由高度 h_1 处下落到高度 h_2 处, $h = h_1 - h_2$, 速度由 v_1 增加到 v_2, 重力做功 $W = mgh = mg\left(h_1 - h_2\right)$. 根据动能定理, 有

$$mg\left(h_1 - h_2\right) = \frac{1}{2}mv_2^2 - \frac{1}{2}mv_1^2, \tag{2.38}$$

移项得

$$mgh_1 + \frac{1}{2}mv_1^2 = mgh_2 + \frac{1}{2}mv_2^2. \tag{2.39}$$

上式等号左边是位置 h_1 处的机械能, 右边是位置 h_2 处的机械能. 该式表明, **在只有重力做功的情况下, 物体的机械能是守恒的**. 对于弹簧振子来说, 弹性势能的变化引起的振子动能的变化也能给出相同的规律.

严格的推导给出, 在保守力系统既与外界无机械能交换, 系统内部又无机械能与其他形式能量转化的情况下, 系统的机械能是守恒的, 这就是**机械能守恒定律**. 该定律表明, 动能和势能可以通过保守力做功相互转化, 但在转化过程中机械能必须保持不变. 大量事实证明, 若系统的机械能发生了变化, 必然伴随着等值的其他形式能量(如内能、电磁能、化学能、生物能及核能等)的增加或减少. 这说明能量既不能消失也不能创生, 只能从一种形式转变成另一种形式, 比如水电站就是将水能转化为电能的综合工程设施(图 2.14). 也就是说, 在一个孤立系统内, 不论发生何种变化过程, 各种形式的能量之间无论怎样转换, 系统的总能量将保持不变. 这就是**能量转化和守恒定律**.

图 2.14　三峡水电站

6. 振动和波

看一个机械运动的具体实例.

　　夏天，当你在平静的河面掷下一颗石子，会发现圈圈波纹向四周扩散. 看着逐渐远去的水波，你的思绪是停留在欣赏山清水秀的美景，还是定格在感叹渐渐消逝的时光? 此时或许很少有人会思考，如此多情的水波是怎么形成的呢? 仔细分析一下水波的产生过程，可以发现它由两部分组成：首先是石子带动附近的水上下振动，然后是这种振动在水中进行传播形成水波(图 2.15). 物理学中机械振动和机械波的相关内容能够给出详细的分析，这里介绍一下基本思想.

图 2.15　水波的产生

1) 简谐振动

仍然以弹簧振子为例. 当振子偏离平衡位置的位移为 x 时，受到的弹力为

$$F = -kx. \tag{2.40}$$

如果不计阻力(摩擦力、空气阻力等)，按照牛顿第二定律，该弹力提供了振子运动的合外力，从而有振子的运动微分方程

$$-kx = m\ddot{x}. \tag{2.41}$$

令

$$\omega^2 = \frac{k}{m}, \tag{2.42}$$

则有

$$\ddot{x} + \omega^2 x = 0. \tag{2.43}$$

　　如某力学系统的动力学方程可归结为式(2.43)的形式，且式中的 ω 仅决定于振动系统本身的性质，则该系统的运动即为**简谐振动**. 微分方程(2.43)的解可以写为

$$x = A\cos(\omega t + \varphi_0), \tag{2.44}$$

式中 A 称作振动的**振幅**，它是物体作简谐振动最大位移的绝对值；ω 是**角频率**，它表示振子在 $2\pi\mathrm{s}$ 时间内完成全振动的次数；φ_0 是**初始相位**，而把 $\varphi = \omega t + \varphi_0$ 称作简谐振动的**相位**.

式(2.44)两边对时间微分，可得弹簧振子的速率表达式

$$v = \omega A \sin\left(\omega t + \varphi_0\right). \tag{2.45}$$

分别由以上两式得谐振子的**振动势能和振动动能**

$$E_{\mathrm{p}} = \frac{1}{2}kx^2 = \frac{1}{2}kA^2\cos^2\left(\omega t + \varphi_0\right), \tag{2.46}$$

$$E_{\mathrm{k}} = \frac{1}{2}mv^2 = \frac{1}{2}m\omega^2 A^2\sin^2\left(\omega t + \varphi_0\right) = \frac{1}{2}kA^2\sin^2\left(\omega t + \varphi_0\right). \tag{2.47}$$

上式中我们利用了式(2.42). 显然，我们能够得到**谐振子的总能量**为

$$E = E_{\mathrm{p}} + E_{\mathrm{k}} = \frac{1}{2}kA^2 = \frac{1}{2}m\omega^2 A^2. \tag{2.48}$$

上式表明，谐振子系统在振动过程中机械能守恒，这是因为作简谐振动的系统都是孤立的保守系统. 另外还表明，**简谐振动的总能量正比于振幅的平方和系统固有角频率的平方**.

2) 受迫振动和共振

上述介绍的简谐振子是一种理想模型，振子所受的弹力 $F = -kx$ 是系统的内力，且不计摩擦阻力的影响，一旦离开平衡位置开始运动便会不停地振动下去. 真实的振动肯定受到外力的作用，不管是受到阻力的作用，振幅越来越小，还是受到周期性策动力的作用维持等幅振动. 前者我们称之为**阻尼振动**，后者称之为**受迫振动**. 比如，我们荡秋千时，如果荡起来后不再给以外力，则秋千振荡幅度会逐渐变小，直到停止；而当施以周期性策动力时才能维持秋千的等幅振荡(图 2.16).

我们以弹簧振子为例研究弱阻尼谐振子系统的受迫振动. 假设振子所受的弱介质阻力与速度的一次方成正比，即

图 2.16　荡秋千

$$f = -\gamma \dot{x}, \tag{2.49}$$

而周期性策动力取如下形式:

$$F = F_0 \cos pt. \tag{2.50}$$

此时外力作用下的弱阻尼谐振子系统的动力学方程可以写为

$$m\ddot{x} = -kx - \gamma \dot{x} + F_0 \cos pt, \tag{2.51}$$

令 $\omega_0^2 = \dfrac{k}{m}, 2\beta = \dfrac{\gamma}{m}, f_0 = \dfrac{F_0}{m}$ ，可得

$$\ddot{x} + 2\beta \dot{x} + \omega_0^2 x = f_0 \cos pt, \tag{2.52}$$

该微分方程的解为

$$x = A_0 \mathrm{e}^{-\beta t} \cos(\omega t + \varphi_0) + A\cos(pt + \varphi). \tag{2.53}$$

　　上式中积分常数 A_0 和 φ_0 由初始条件决定且第一项随着时间的推移很快衰减为零，第二项才是稳定项. 故式(2.52)的稳定解为

$$x = A\cos(pt + \varphi). \tag{2.54}$$

可见，**稳定受迫振动的频率等于策动力的频率**.

　　将上式代入式(2.52)，可得到稳定受迫振动的振幅为

$$A = \frac{f_0}{\sqrt{\left(\omega_0^2 - p^2\right)^2 + 4\beta^2 p^2}}. \tag{2.55}$$

由上式可以看出，在阻尼系数 γ 和策动力振幅一定的情况下，稳定受迫振动的振幅与系统的固有频率 ω_0 及策动力频率 p 有关. 而且很容易算出，当策动力频率

$$p_\tau = \sqrt{\omega_0^2 - 2\beta^2} \tag{2.56}$$

时，受迫振动的振幅达到最大，我们将这种现象叫作**共振**. 特别地，当不考虑阻尼时，发生**共振**的条件可以写为 $p_\tau = \omega_0$，即**策动力的频率与系统的固有频率相等**.

　　共振现象在光学、电学、无线电技术中应用极广. 此外，如何避免共振对桥梁、烟囱、水坝、高楼等建筑物的破坏，也是设计制造者必须考虑的问题.

　　3) 机械波及声波

　　当我们坐在河边用脚尖点击平静的水面时，脚尖带动附近的水质元发生振动. 振动所具有的能量会在连续介质中传播，导致四周水面泛起涟漪并向外传播形成

水面波. 同样, 音叉振动时, 引起周围空气的振动并在空气中传播形成**声波**. 我们把振动在介质中的传播称作**机械波**. 机械波的产生需具备两个条件: ①有作机械振动的物体, 即波源; ②有连续的介质(从宏观来看, 气体、液体、固体均可视为连续介质).

按照振动方向与传播方向之间的关系, 机械波可以分为横波和纵波(图 2.17). 振动方向与传播方向垂直的叫作**横波**(又称 S 波), 它在介质中传播时, 介质中层与层之间将发生切变, 而这种切变只有固体能够承受, 因此**横波只能在固体中传播**. 振动方向与传播方向平行的叫作**纵波**(又称 P 波). 质点纵波所具有的这种振动特点, 在介质中会形成**疏密波**, 并引起介质产生容变. 固体、液体、气体都能承受容变, 因此**纵波能在所有物质中传播**.

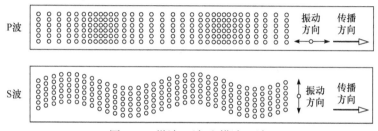

图 2.17　纵波(P 波)和横波(S 波)

4) 描述波动的几个物理量

波速　仔细观察参与波动的每一个质点可以发现, 这些质点都在自己的平衡位置附近作上下振动, 只是相位不同且依次落后, 即**波动是振动状态(相位)的传播**. 振动状态在单位时间内传播的距离叫作**波速**, 用 u 表示. 对于机械波, 波速通常由介质的性质决定.

周期　波动周期是指一个完整的波形通过介质中某点所需的时间, 用 T 表示.

频率　波动频率即为单位时间内通过介质中某固定点完整波的数目, 用 ν 表示. 显然它是周期的倒数. 当波源相对于介质静止时, **波动周期即为波源的振动周期**, 波动频率即为波源的振动频率, 从而有

$$T = \frac{2\pi}{\omega} = \frac{1}{\nu}. \tag{2.57}$$

波长　如前所述, 同一时刻沿波线上各质点的振动相位是依次落后的, 我们把同一波线上相邻的相位差为 2π 的两质点之间的距离叫作**波长**, 用 λ 表示. 波源作一次全振动, 波传播的距离就等于一个波长, 因此波长反映了波的空间周期性. 显然, 波长、波速、周期和频率具有如下关系:

$$\lambda = uT = \frac{u}{\nu}. \tag{2.58}$$

该公式不仅适用于机械波，也适用于电磁波.

5) 波动方程

前面介绍了质点的振动方程. 在给出了波动的概念后，我们试图推导质点振动传播的波动方程. 假设有一平面简谐波(图 2.18)，在理想介质中沿 x 轴正方向以速度 u 传播(若 u 为负值代表向左传播)，那么 x 轴即为某一波线. 在此波线上任取一点为坐标原点，开始计时时该点的相位为 φ_0，则原点的振动方程为

$$y_0 = A\cos(\omega t + \varphi_0). \tag{2.59}$$

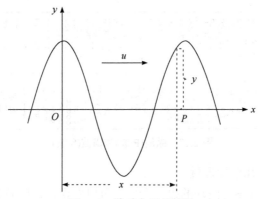

图 2.18　波动方程的推导

设 P 为 x 轴上任意一点，坐标为 x，而用 y 表示该处质点偏离平衡位置的位移，则原点的振动状态传到 P 点所需要的时间为 $\Delta t = \dfrac{x}{u}$，因此 P 点在 t 时刻将重复原点在 $\left(t - \dfrac{x}{u}\right)$ 时刻的振动状态，其振动方程为

$$y = A\cos\left[\omega\left(t - \frac{x}{u}\right) + \varphi_0\right]. \tag{2.60}$$

上式就是沿 x 轴正方向传播的平面简谐波的**波动方程**，又称**波函数**. 如果 $t = t_0$ 为给定值，则位移 y 只是坐标 x 的函数，波函数变为

$$y = A\cos\left[\omega\left(t_0 - \frac{x}{u}\right) + \varphi_0\right], \tag{2.61}$$

此式给出了在 t_0 时刻波线上各质点离开各自平衡位置的位移分布，称为 t_0 时刻的**波形方程**.

将 $\omega = 2\pi v$, $u = \dfrac{\lambda}{T} = \dfrac{\omega}{2\pi}\lambda$ 代入上式，整理后可得

$$y = A\cos\left[\frac{2\pi}{\lambda}(ut - x) + \varphi_0\right], \tag{2.62}$$

式中 $k = \dfrac{2\pi}{\lambda}$ 称为**波矢**，它表示在 2π 角度范围内所具有的完整波的数目.

6) 波的叠加和干涉

当 n 个波源激发的波在同一介质中相遇时，观察和实验表明，各列波在相遇前和相遇后都保持原来的特性(频率、波长、振动方向、传播方向等)不变，与各波单独传播时一样，这就是**波的独立传播原理**；而在相遇处各质点的振动则是各列波在该处激起的振动的合成(图 2.19)，这就是**波的叠加原理**. 比如，在嘈杂的公共场所，各种声音都传到人的耳朵，但我们仍然能将它们区分开来；天空中有许多频率的手机信号，当我们用手机同朋友联系时，对方却只能接收我们发出的信息，这些实例都反映了波传播的独立性.

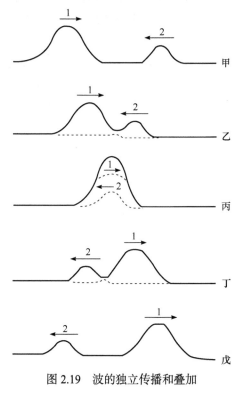

图 2.19　波的独立传播和叠加

在一般情况下，n 列波的合成波既复杂又不稳定，也没有实际意义. 然而如果

两列波频率相同、振动方向相同、在相遇点的相位相同或相位差恒定,则在合成波场中会出现某些点的振动始终相加,另一些点的振动始终减弱(或完全抵消),这种现象称为**波的干涉**.满足上述条件的波源叫作**相干波源**.相干波源发出的波称为**相干波**.利用式(2.62),能够方便地推导出对于满足干涉条件的两列波各自单独传播到某点处,两个分振动的相位差满足什么条件时能够发生干涉加强(**相长**)或干涉减弱(**相消**).

7) 多普勒效应

节假日我们外出旅行,驻足在火车站上,会发现由远处疾驰而过的火车的汽笛声频率先由低到高再由高到低,常常会思考这种声音频率的变化是怎么引起的.回答这个问题涉及前面所介绍的有关波源的运动状态.在前面的讨论中,我们实际上是假设波源和观察者相对于介质都是静止的,这时观察者接收到的波的频率与波源的振动频率相等.为简单起见,现在选介质为参考系,考虑观察者不动而波源运动的情况.

假定波源 S 的振动频率为 ν_S,其运动发生在波源与观察者的连线上,且以速度 ν_S 相对于介质运动.设波在介质中的传播速度为 u,它只取决于介质的性质,与波源的运动与否无关,这时波源 S 的振动在一个周期内向前传播的距离就等于一个波长,即 $\lambda = uT$.但由于波源向着观察者运动, ν_S 为正,在一个周期内波源也在波的传播方向上移动了 $\nu_S T$ 的距离而到达 S' 点(图 2.20),结果使一个完整的波被挤压在 $S'O$ 之间,这就相当于波长减少为 $\lambda' = \lambda - \nu_S T$.因此观察者在单位时间内接收到的完整波形数,即观察者接收到的频率为

$$\nu'_B = \frac{u}{\lambda'} = \frac{u}{\lambda - \nu_S T} = \frac{u}{uT - \nu_S T} = \frac{u}{u - \nu_S}\nu_S > \nu_S. \tag{2.63}$$

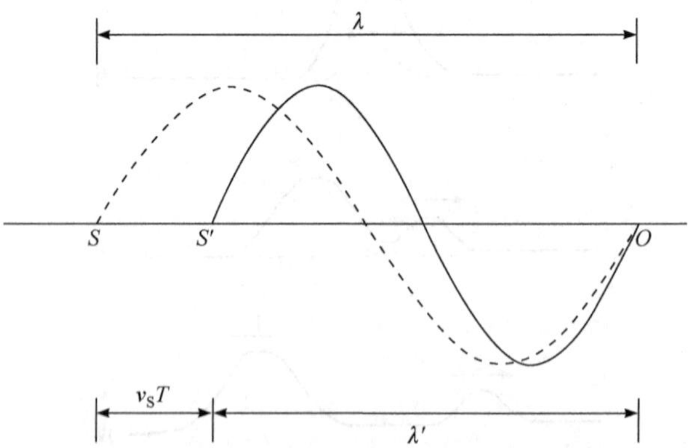

图 2.20　多普勒效应公式推导

从上式中可以看出,当波源向观察者运动时,观察者接收到的频率为波源振

动频率的 $\dfrac{u}{u-v_{\mathrm{S}}}$ 倍,比波源频率要高. 若波源远离观察者运动,此时 v_{S} 应取负值,因而观察者接收到的频率 v'_{B} 将小于波源的振动频率.

上面我们是假设观察者不动. 如果波源不动而观察者运动或者二者都运动,也能得出类似的结论. 这种观察者接收到的波的频率与波源的振动频率不同的现象是由多普勒于 1842 年发现并提出来的,故称为**多普勒效应**,它是一切波动过程的共同特征. 利用多普勒效应,我们很容易解释疾驰而过的火车的汽笛声频率发生变化的现象.

不仅机械波有多普勒效应,电磁波也有多普勒效应. 与机械波不同的是,因为电磁波传播不需要介质,故在电磁波的多普勒效应中,观察者的接收频率是由光源和观察者的相对速度决定的. 可以证明,当光源和观察者在同一直线上运动时,观察者接收到的频率为

$$v_{接近} = \sqrt{\dfrac{1+v/c}{1-v/c}}\,v \tag{2.64}$$

和

$$v_{远离} = \sqrt{\dfrac{1-v/c}{1+v/c}}\,v. \tag{2.65}$$

由式(2.64)可知,当光源向着观察者运动时,接收到的频率变大,这种现象称为"**蓝移**";相应地根据式(2.65),当光源远离观察者运动时,接收到的频率变小,这种现象称为"**红移**". 天文学家就是将来自星球的光谱与地球上相同元素的光谱进行比较,发现星球光谱几乎都发生了红移,说明星球都在远离地球而运动. 这一结果已成为所谓"大爆炸"的宇宙理论的重要证据之一(赵近芳 等,2017).

多普勒效应在科学技术中还有很多其他重要应用. 比如,利用声波的多普勒效应可以测定声源的频率、波速等;利用超声波的多普勒效应来诊断心脏的跳动情况;利用激光的多普勒效应可以冷却原子和分子. 此外,多普勒效应还可以用于报警、检查车速等.

2.2　大桥如何飞南北——理论力学

随着我国经济和社会的发展,我国已经成为世界上首屈一指的建筑大国和制造大国,一大批让世人震撼的建设项目和国之重器相继问世,比如港珠澳大桥、北盘江大峡谷大桥(图 2.21)、"中国天眼"等. 这些人类历史上的建筑奇迹,虽然造型各异,但有一点是共同的,即它们凝结着建筑工人的汗水,凝聚着建筑师们

独具匠心的智慧和技术. 而本节内容将要介绍的理论力学，则是这些智慧和技术的高度抽象.

图 2.21　北盘江大峡谷大桥

理论力学是研究物体的机械运动及物体间相互机械作用的一般规律的学科. 它以牛顿三大定律为基础，利用数学演绎和逻辑推理的方法，研究速度远小于光速的物体其空间位置随时间的变化，其内容包括**静力学、运动学和动力学**，是一门理论性较强的技术基础课. 本课程的理论和方法对于解决现代工程问题具有重要意义.

2.2.1　具有一定形状的物体——刚体及其运动

在 2.1 节的内容里，我们主要以质点为研究对象，介绍了质点的运动规律. 然而真实的物体并不是质点，而是有一定的大小和形状. 比如，开运动会时，运动员所掷的铁饼和标枪就不能当作质点来对待，必须考虑这些器械的大小和形状，并把握好用力的技巧，才能将其投掷得更远；我国执行与“天宫二号”空间实验室交会对接任务的“神舟十一号”载人飞船返回舱是做成不倒翁形状的，由于受到大气层的影响，在返回地面时其运行轨迹也必须按照这种形状进行测算和跟踪，等等. 为了方便地描写具有一定大小和形状的物体，我们引进了刚体的概念，并研究刚体的平动和转动.

1. 刚体的平动和转动

1) 刚体和自由度

内部任何两点的距离在运动中保持不变的物体就叫**刚体**. 同质点一样，刚体当然也是理想模型，因为不管多么刚硬的物体，在一定的外界条件下，总是能发生形变，因而真实物体在运动中任何两点的距离保持不变是不可能的. 但我们所关注的对象不管是从外界条件来看，还是从研究的内容来看，这种形变往往不需要考虑，因而刚体模型就成了研究相关问题的首选模型.

　　理论力学中, 确定物体的位置所需要的独立坐标数称作物体的**自由度**. 显然, 当物体受到某些限制时, 其自由度必然会减少. 一个质点在空间自由运动时, 它的位置由三个独立坐标确定, 所以质点的运动有三个自由度. 假如将质点限制在一个平面或一个曲面上运动, 它有两个自由度. 刚体在空间的运动既有平动也有转动(见后), 其自由度有六个, 即三个平动自由度 x、y、z 和三个转动自由度 θ、φ、ψ.

　　2) 平动和转动

　　刚体的任一运动都可以分解成两种基本的运动, 即平动和转动.

　　平动　若刚体任意两点的连线在运动中保持其方向不变, 这种运动称为**平动**. 比如, 游乐园中慢速转动的摩天轮上, 小车斗的运动就可以看作是平动(图 2.22), 因为摩天轮在转动过程中, 坐在小车斗内的游客头总是朝上, 也不会发生左右摇摆. 显然在平动中刚体上每点的位移、速度和加速度都是相同的, 这时在刚体上任取一确定点作为基点, 基点的运动即可代表整个刚体的运动. 显然平动刚体的自由度 $s = 3$.

图 2.22　摩天轮中小车斗的平动

　　转动　刚体在运动过程中, 若有两个点不动, 则刚体的运动称为**转动**, 将这两个不动点的连线称为**转动轴**; 如果这两个不动点的连线始终保持不动, 则称之为固定转动轴, 简称**固定轴**; 刚体绕固定轴的转动称为**定轴转动**. 刚体做定轴转动时, 其上的任一点均绕固定轴做圆周运动. 比如, 图 2.22 所示的摩天轮, 若将整个摩天轮看作一个刚体, 虽然整个刚体在转动, 但中心轴的位置却是不动的, 这个中心轴就是一个固定转动轴. 若将每一个车斗都看作一个质点, 则这些车斗都在围绕固定轴做定轴转动.

　　我们家里经常使用电风扇. 当正常工作中的电风扇突然切断电源时, 风扇要继续转动一段时间才能静止. 这种描述回转物体保持其匀速圆周运动或静止的特性的物理量就叫**转动惯量**, 一般用 I 来表示这个物理量, 它是刚体绕轴转动时惯性的量度, 在转动动力学中的角色相当于线性动力学中的质量. 一个质量为 m 的质量元绕一固定轴做半径为 r 的圆周运动时，其转动惯量是 $I = mr^2$，由此可以计算出一个质量为 m、半径为 R 的均匀圆环绕与圆环平面垂直并通过圆心的轴转动时的转动惯量是 $I = mR^2$；而一个质量为 m、半径为 R 的均匀圆盘绕与圆环平面垂直并通过圆心的轴转动时的转动惯量是 $I = \dfrac{1}{2}mR^2$.

2. 刚体的平面平行运动

我们小时候都玩过投沙包的游戏. 仔细分析一下沙包的运动情况，可以发现沙包的运动可以看作是沙包质心的平动和沙包整体绕质心的转动. 如果沙包可以近似看作刚体的话，可以发现刚体上任何一点都在一个平行于固定平面的平面内运动，我们将这种运动称作**平面平行运动**，见图 2.23. 刚体做平面平行运动时，刚体上垂直于固定平面的任一直线永远与固定平面垂直，因此其上各点的运动情况完全相同. 于是刚体的运动就可以用一个平行于固定平面的截面在其自身平面内的运动来代表.

1) 自由度

实际上如图 2.23 所示，如果我们取刚体的质心 C 为基点，则刚体的平面平行运动可以分解为随基点的平动和绕基点的转动，而绕基点的转动实际是绕过基点且与固定平面垂直的轴的定轴转动. 显然刚体做平面平行运动时，其自由度 $s = 3$，包括固定平面内描述基点的两个平动自由度 (x_C, y_C) 和绕固定轴的一个转动自由度 φ. 在基点描述法中，随基点的平动可用基点速度 v_C 和加速度 a_C 来描述，而绕基点的转动可用角速度 ω 和角加速度 α 来描述.

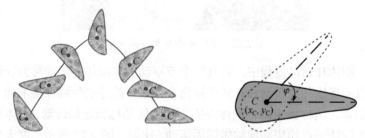

图 2.23　刚体的平面平行运动及其自由度

2) 动力学方程

如果刚体的质量为 m，集中在质心上，所受到的合外力为 $F = \sum\limits_i F_i$；且每个外力对转轴的力矩具有可加性，合外力矩为 $M_C = \sum\limits_i r_i \times F_i$，则刚体做平面平行运动的动力学方程是

$$F = ma_C \quad \text{(质心的平动)}, \tag{2.66}$$

$$M_C = I\alpha \quad \text{(绕质心轴的转动)}, \tag{2.67}$$

其中 I 是刚体的转动惯量，α 是刚体转动的角加速度. 以上两个方程是关于平动和转动的基本动力学方程，具有高度的相似性. 另外，同质心的平动动能表达式

$$E_{k_T} = \frac{1}{2}mv_C^2 \tag{2.68}$$

相比较，绕质心的转动动能表达式可以写为

$$E_{k_R} = \frac{1}{2}I\omega^2 . \tag{2.69}$$

3) 纯滚动

下面考虑纯滚动(没有滑动)的情况. 如图 2.24 所示，行进的自行车，如果轮子上与地面接触的点在接触瞬间与地面相对静止，没有任何的相对滑动，则这种转动就是**纯滚动**. 这里就把自行车轮子看作刚体并选为研究对象，假设自行车后轮的半径为 R，前进的方向为 x 正方向，轮子转动角度为 θ 时，车轮中心 C 前进的距离为

$$x = R\theta , \tag{2.70}$$

其速度大小为

$$v_C = R\omega , \tag{2.71}$$

方向为 x 的正方向.

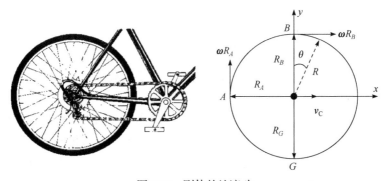

图 2.24 刚体的纯滚动

按照刚体的平面平行运动可以分解为随基点的平动和绕基点的转动的思想，则车轮上任意一点的速度可以写为

$$v = v_C + \omega \times r , \tag{2.72}$$

则 G 点的速度为

$$v_G = v_C + \omega \times R_G = 0 , \tag{2.73}$$

B 点的速度为

$$v_B = v_C + \omega \times R_B = 2v_C , \tag{2.74}$$

而 A 点的速度为

$$v_A = v_C + \omega \times R_A , \tag{2.75}$$

按照速度矢量的合成法则, 其大小为

$$v_A = \sqrt{v_C^2 + (\omega R)^2} = \sqrt{2} v_C . \tag{2.76}$$

　　按照刚体做平面平行运动的特点, 此时自行车轮子的动能等于质心的平动动能与对质心的转动动能之和, 即

$$E_k = \frac{1}{2} m v_C^2 + \frac{1}{2} I \omega^2 . \tag{2.77}$$

这也是**刚体动能的一般表达式**.

2.2.2　刚体运动规律的数学描述——分析力学

　　前面是按照"**牛顿方式**"研究力学问题, 它着重分析力、力矩、速度、加速度等. 这种运用牛顿运动定律处理力学问题的方式称作"牛顿力学". 然而实际力学系统往往存在限制(约束), 而约束力又取决于运动情况, 比如驾驶汽车的司机不仅受到重力的作用, 还受到座位、安全带及方向盘的约束力, 而且这些力都取决于汽车运动的情况, 因为汽车加速和减速时这些约束力肯定是不一样的. 约束力作为未知量出现于运动方程中, 牛顿方式对于受约束的力学系统处理起来并不方便.

　　另外, 建立了运动方程并不意味着方程就能求解, 因为这些方程大都是运动微分方程, 定性研究解的结构和定量进行计算是力学中极为重要的问题, 牛顿方式在这些问题上会遇到困难, 特别是在研究电磁场、微观粒子等物理现象时, 牛顿力学的基本观念都受到了挑战. 而分析力学就是数学、力学研究者为克服上述困难所取得的成果的一部分, 并在一定程度上解决了上述问题(并未全部解决, 有关的研究现在还在继续). 它概括了比牛顿力学广泛得多的系统, 其性质极好的数学形式不仅提供了解决天体力学及一系列动力学问题的较佳途径, 同时也给量子

力学的发展提供了启示，成为由经典物理向现代物理跨越的跳板(周衍柏，2009).

1. 几个基本概念

1) 质点系和约束

我们已经熟悉了质点的概念，而两个或两个以上互相有联系的质点组成的力学系统叫作**质点系**(或质点组). 质点系内各质点不仅可受到外界物体对质点系的作用力——外力的作用，而且还受到质点系内各质点之间的相互作用力——内力的作用. 外力或内力的区分取决于质点系的选取. 比如，以太阳系为质点系，则太阳和各行星之间的万有引力是内力，而太阳系内的行星和不属太阳系的天体之间的引力就是外力. 对于由地球和月球组成的地-月系统来说(图 2.25)，太阳对地球、月球的引力是外力，地球和月球之间的引力则是内力. 受外力作用及在运动状态变化时都不变形的物体(连续质点系)就是前面介绍的刚体. 刚体、弹性体、流体都可看作质点系. 同样，质点系是否成立也要考虑所描述物体被研究的目的.

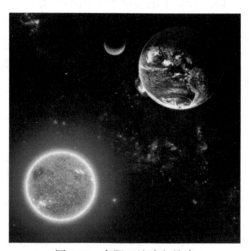

图 2.25　太阳、地球和月球

质点系分为自由质点系和非自由质点系. 若质点的运动状态(轨迹、速度等)只取决于作用力和运动的初始条件，则这种质点系称为**自由质点系**，其运动称为自由运动；若质点系的运动状态受到某些预先给定的限制，这种质点系称为**非自由质点系**，其运动称为非自由运动. 非自由质点系受到的预先给定的限制称为**约束**. 约束通过约束方程(表示限制条件的数学方程)给出，比如 $f(x,y,z;\dot{x},\dot{y},\dot{z};t)=0$. 若约束方程中不显含时间 t，则称为**稳定约束**，比如 $f(x,y,z)=0$；相反称为**不稳定约束**，比如 $f(x,y,z;t)=0$. 车轮在直线轨道上做纯滚动，它就受到稳定约束 $(v_C-\omega R=0,\quad y_C=R$，见图 2.24)，而变摆长的单摆受到不稳定约束($x^2+y^2=$

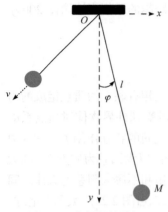

图 2.26 变摆长的单摆

$(l_0 - vt)^2$，见图 2.26).

约束又可分为不可解约束和可解约束. 若约束不仅限制质点在某一方向运动，而且能限制在相反方向运动，则称之为**不可解约束**，比如刚性摆杆受到的约束 $x^2 + y^2 = l^2$；若约束仅限制质点在某一方向的运动，则称之为**可解约束**，比如不可伸长的绳子受到的约束 $x^2 + y^2 \leqslant l^2$.

为了描述力学系统受到的速度上的约束，人们又把约束分为完整约束和非完整约束. 通俗地讲，**完整约束**告诉你这个点不能哪里都去，实际上是减少了运动的自由度，比如二维平面上的点 r 受到约束 $r \cdot \dot{r} = 0$，则该点只能在垂直于半径 r 的方向上运动，其轨迹就是个半径为 r 的圆周；而**非完整约束**告诉你去某个地方哪个方向不能走，但不能完整地减少运动的自由度. 比如，侧方位停车(图 2.27)，与停车线平行或垂直的方向移动小车是不可能将车停到前后两个车中间的，但总可以通过侧方位停车技术将车停放在两车中间. 泊车时小车"不能平行或垂直于停车线运动"的约束并没有减少运动的自由度，因而这种约束是非完整约束.

图 2.27 侧方位停车与非完整约束

2) 自由度和广义坐标

自由度 在完整约束的条件下，确定质点系位置的独立参数的个数等于该质点系的自由度数. 比如，质点系由 n 个质点、k 个完整约束组成，其自由度为

$$s = 3n - k. \tag{2.78}$$

若质点系由 n 个刚体、k 个完整约束组成，则其自由度为

$$s = 6n - k. \tag{2.79}$$

特别地，对于平面问题，如 xOy 平面，则自由度为

$$s = 3n - k. \tag{2.80}$$

比如，前面说过的轮子在水平轨道上做纯滚动(图 2.28)，$n = 1$，有两个约束方程，即

$$\left.\begin{array}{r} v_C - \omega R = 0 \\ y_C = R \end{array}\right\} \tag{2.81}$$

或者说，$k = 2$，则自由度 $s = 3 \times 1 - 2 = 1$，这个自由度可以是质心的横坐标 x_C，也可以是转角 φ.

广义坐标　我们对一般坐标已经很熟悉了，比如三维直角坐标(x, y, z)和球坐标(r, θ, φ)等. 然而有的问题在分析时(尤其是当有许多约束条件的时候)，为了减少代表约束的变量，应尽量选择独立的参数. 我们把确定质点系位置的独立参数称为**广义坐标**.

在完整约束的质点系中，广义坐标的数目等于该系统的自由度. 比如，平面双摆(图 2.29)，由于两个摆长 l_1、l_2 是不变的，小球 A、B 由四个约束方程确定，即

$$\left.\begin{array}{l} x_A = l_1\cos\varphi_1 \\ y_A = l_1\sin\varphi_1 \\ x_B = l_1\cos\varphi_1 + l_2\cos\varphi_2 \\ y_B = l_1 sin\varphi_1 + l_2 sin\varphi_2 \end{array}\right\} \tag{2.82}$$

故平面双摆有两个自由度，选 φ_1、φ_2 为广义坐标比较合适. 相对于等号左侧出现的四个直角坐标，简化为两个广义坐标处理起来方便多了!

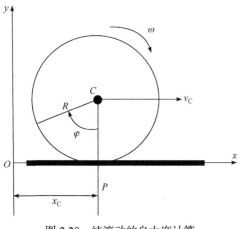

图 2.28　纯滚动的自由度计算

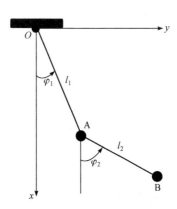

图 2.29　平面双摆的自由度

广义坐标的选取一般以简单、方便和有意义为原则. 它可以是长度、角度，

比如直角坐标、球坐标、柱坐标等，这是我们常见的坐标；也可以是其他量，比如面积、体积、电极化强度、磁化强度等. 通常用 $q_1, q_2, \cdots, q_s$ 来分别表示 s 个广义坐标. 而广义坐标对时间的导数就是该广义坐标对应的**广义速度**. 系统的运动状态可以用广义坐标和广义速度来共同描述.

2. 虚功原理

1) 实功和虚功 理想约束

我们在 2.1 节讨论过功的概念，认为功等于力和物体在力的方向上通过的位移的乘积，而且突出了力和位移的矢量性，即

$$W = \boldsymbol{F} \cdot \boldsymbol{S} = FS\cos\alpha, \tag{2.83}$$

式中 α 是力 $\boldsymbol{F}$ 与位移 $\boldsymbol{S}$ 的夹角. 在这里位移 $\boldsymbol{S}$ 是实实在在的位移，因而称之为"**实位移**"，相应做的功称作"**实功**".

然而在处理力学问题时，我们有时会考虑约束条件下允许的各种可能运动，比如小球 M 放在一个凸面的顶端，它可能发生各种方向的运动(图 2.30). 通过比较这些运动，可以找出真实运动满足的条件. 为此引进"虚位移"的概念，并把质点在满足当时约束条件下一切可能的无限小位移称为该时刻质点的**虚位移**. 如果一定时间间隔 $\mathrm{d}t$ 内质点发生的实位移用 $\mathrm{d}r$ 表示(d 是微分符号)，则 t 时刻发生的虚位移用 δr 表示(δ 是变分符号). 显然实位移与时间间隔有关，而且是唯一的，而虚位移则是一定时刻发生的，不需要时间，是"虚"的无限小的位移，可以有多个甚至无穷多个(图 2.31).

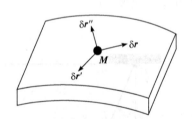
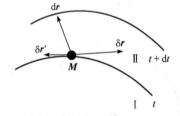

图 2.30　质点 M 发生的虚位移　　　　图 2.31　实位移和虚位移的比较

我们把作用在质点上的力 $\boldsymbol{F}$ 与任意虚位移 δr 的标积称为此力在虚位移 δr 中的**虚功**，用 δW 表示：

$$\delta W = \boldsymbol{F} \cdot \delta r. \tag{2.84}$$

虚功有功的量纲，但没有能量转化过程与之联系. 如果作用于力学系统的所有约束力在任意虚位移上的虚功之和为零，即

$$\delta W_R = \sum_{i=1}^{n} \boldsymbol{F}_{R_i} \cdot \delta \boldsymbol{r}_i = 0, \tag{2.85}$$

则这种约束称为**理想约束**. 比如, 质点被约束在光滑曲面上, 由于约束力 $\boldsymbol{F}_N$ 始终与质点的虚位移 $\delta \boldsymbol{r}$ 垂直, 约束力对所有虚位移的虚功都为零, 即 $\boldsymbol{F}_N \cdot \delta \boldsymbol{r} = 0$, 所以质点所受的约束为理想约束.

2) 原理的表述和推证

在分析力学中, 人们常用的是解决静力学问题的**虚功原理**. 其基本内容是: **受理想约束的力学系统, 保持平衡的必要条件是作用于该系统的全部主动力在任意虚位移中的虚功之和为零**. 用数学公式可表达为

$$\sum_{i=1}^{n} \boldsymbol{F}_i \cdot \delta \boldsymbol{r}_i = 0 . \tag{2.86}$$

虚功原理的证明也比较简单. 取体系的任一质点 P_i, 作用在此质点上的主动力的合力为 $\boldsymbol{F}_i$, 约束反力的合力为 $\boldsymbol{F}_{R_i}$, 对于处在平衡状态的质点, 显然有

$$\boldsymbol{F}_i + \boldsymbol{F}_{R_i} = 0 \quad (i = 1, 2, \cdots, n) . \tag{2.87}$$

若质点在平衡位置发生一虚位移 $\delta \boldsymbol{r}_i$, 则由上式可知

$$\boldsymbol{F}_i \cdot \delta \boldsymbol{r}_i + \boldsymbol{F}_{R_i} \cdot \delta \boldsymbol{r}_i = 0 \quad (i = 1, 2, \cdots, n) . \tag{2.88}$$

对各质点相加, 有

$$\sum_{i=1}^{n} \boldsymbol{F}_i \cdot \delta \boldsymbol{r}_i + \sum_{i=1}^{n} \boldsymbol{F}_{R_i} \cdot \delta \boldsymbol{r}_i = 0 . \tag{2.89}$$

然而对于理想约束, 有 $\sum_{i=1}^{n} \boldsymbol{F}_{R_i} \cdot \delta \boldsymbol{r}_i = 0$, 所以有

$$\sum_{i=1}^{n} \boldsymbol{F}_i \cdot \delta \boldsymbol{r}_i = 0 . \tag{2.90}$$

虚功原理是分析力学中解决静力学问题的基本原理, 它提供了解决各类系统 (质点、质点系、刚体等) 静力学问题的统一方法, 有很强的普适性. 它不是用静止的观点去解决静力学问题, 而是采用变动的观点, 在虚位移中寻找平衡的条件, 是建筑大师们必须掌握的基本理论方法.

3. 拉格朗日方程

虚功原理解决的是静力学问题, 给出的是系统平衡所满足的条件. 当我们处

理力学系统的动力学问题时，往往要从牛顿定律出发，利用能量的观点，建立描写体系运动的动力学方程组. 这个过程就是**拉格朗日方程**的建立过程.

1) 质点系的牛顿运动方程

考虑由 N 个质点组成的质点系，根据牛顿第二定律，有

$$\left.\begin{array}{l} m_i\ddot{x}_i = F_{xi} \\ m_i\ddot{y}_i = F_{yi} \\ m_i\ddot{z}_i = F_{zi} \end{array}\right\} \quad (i=1,2,\cdots,N). \tag{2.91}$$

质点系的动能可表示为

$$T = \frac{1}{2}\sum_{i=1}^{N} m_i\left(\dot{x}_i^2 + \dot{y}_i^2 + \dot{z}_i^2\right). \tag{2.92}$$

若体系的势能用 U 来表示，**对于有势力(保守力)，力是势能梯度的负值**，即

$$\left.\begin{array}{l} F_{xi} = -\dfrac{\partial U}{\partial x_i} \\[2mm] F_{yi} = -\dfrac{\partial U}{\partial y_i} \\[2mm] F_{zi} = -\dfrac{\partial U}{\partial z_i} \end{array}\right\} \quad (i=1,2,\cdots,N). \tag{2.93}$$

现在寻找力与动能变化的关系. 利用上述质点系动能的表达式，可以得出

$$\frac{\mathrm{d}}{\mathrm{d}t}\left(\frac{\partial T}{\partial \dot{x}_i}\right) = \frac{\mathrm{d}(m_i\dot{x}_i)}{\mathrm{d}t} = m_i\frac{\mathrm{d}(\dot{x}_i)}{\mathrm{d}t} = m_i\ddot{x}_i = F_{xi}. \tag{2.94}$$

结合式(2.93)，可以得到

$$\frac{\mathrm{d}}{\mathrm{d}t}\left(\frac{\partial T}{\partial \dot{x}_i}\right) + \frac{\partial U}{\partial x_i} = 0. \tag{2.95}$$

同理可得

$$\left.\begin{array}{l} \dfrac{\mathrm{d}}{\mathrm{d}t}\left(\dfrac{\partial T}{\partial \dot{y}_i}\right) + \dfrac{\partial U}{\partial y_i} = 0 \\[3mm] \dfrac{\mathrm{d}}{\mathrm{d}t}\left(\dfrac{\partial T}{\partial \dot{z}_i}\right) + \dfrac{\partial U}{\partial z_i} = 0 \end{array}\right\} \tag{2.96}$$

式(2.95)、(2.96)给出了保守力场下力与动能变化的关系.

2) 拉格朗日函数的引进

我们都知道，动能和势能之和称为机械能. 为研究只有保守力作用的力学系统，现在利用系统的动能和势能之差构造一新的函数，我们称之为**拉格朗日函数**，并用 L 来表示，即

$$L = T\left(\dot{x}_i, \dot{y}_i, \dot{z}_i\right) - U\left(x_i, y_i, z_i\right). \tag{2.97}$$

它是力学系统的特性函数. 由于势函数往往与时间有关，因而拉格朗日函数是坐标、速度和时间的函数. 对于只有保守力作用的力学系统，其运动条件完全可以用拉格朗日函数来表示.

利用定义(2.97)，我们可以将式(2.95)写为下式的形式，即

$$\frac{\mathrm{d}}{\mathrm{d}t}\left(\frac{\partial(L+U)}{\partial \dot{x}_i}\right) + \frac{\partial(T-L)}{\partial x_i} = 0. \tag{2.98}$$

由于上式中，势能 U 与速度无关，动能 T 与坐标无关，则该式可以简化为

$$\frac{\mathrm{d}}{\mathrm{d}t}\left(\frac{\partial L}{\partial \dot{x}_i}\right) - \frac{\partial L}{\partial x_i} = 0. \tag{2.99}$$

同理

$$\left.\begin{aligned}
\frac{\mathrm{d}}{\mathrm{d}t}\left(\frac{\partial L}{\partial \dot{y}_i}\right) - \frac{\partial L}{\partial y_i} = 0 \\
\frac{\mathrm{d}}{\mathrm{d}t}\left(\frac{\partial L}{\partial \dot{z}_i}\right) - \frac{\partial L}{\partial z_i} = 0
\end{aligned}\right\} \tag{2.100}$$

上式也是牛顿第二定律的拉格朗日函数表示.

3) 拉格朗日方程的建立

现在用广义坐标 $q_i(i=1,2,\cdots,s)$ 来代替直角坐标 x、y、z，则方程(2.99)和(2.100)可以合写为

$$\frac{\mathrm{d}}{\mathrm{d}t}\left(\frac{\partial L}{\partial \dot{q}_i}\right) - \frac{\partial L}{\partial q_i} = 0 \quad (i=1,2,\cdots,s), \tag{2.101}$$

上式即为用广义坐标表示的**拉格朗日方程**. 显然拉格朗日方程有如下特点：

(1) 是广义坐标的二阶微分方程组，方程个数与体系的自由度相同. 形式简洁、结构紧凑，而且无论选取什么参数作广义坐标，方程形式不变.

(2) 方程中不出现约束条件，因而在建立体系的方程时，只需分析已知的主

动力即可. 体系越复杂, 约束条件越多, 自由度越少, 方程个数越少, 问题也越简单.

(3) 拉格朗日函数中, T 是系统的总动能, U 代表势函数, 而 $-\partial U / \partial q_i$ 代表广义力.

4) 拉格朗日方程的意义

通常, 我们将牛顿定律及建立在此基础上的力学理论称为牛顿力学, 将拉格朗日方程及建立在此基础上的理论称为**拉格朗日力学**. 拉格朗日力学在解决微幅振动问题和刚体动力学的一些问题的过程中起了重要的作用, 是处理力学体系特别是约束体系动力学问题的主要理论和有效工具之一.

2.3　量子通信的摇篮——量子力学

2016 年 8 月 16 日 1 时 40 分, 由中国科学技术大学主导研制的世界首颗量子科学实验卫星 "墨子号" 在酒泉卫星发射中心用长征二号丁运载火箭成功发射升空. 该卫星的成功发射和在轨运行(图 2.32)不仅将助力于我国广域量子通信网络的构建, 服务于国家信息安全, 还将开展对量子力学基本问题的空间尺度实验检验, 加深人类对量子力学本身的理解.

以上这段新闻来自于中央电视台新闻联播节目, 不少读者对量子力学的兴趣可能就是从这个时候开始的. 那么什么是量子力学? 它主要研究什么内容? 量子力学与我们的日常生活有何联系? 诸如这些都将是大学量子力学教学要解决的问题. 本节我们将结合微观粒子的运动特点, 从波函数的概念出发, 结合薛定谔方程的形式求解等内容来介绍量子力学的基本框架, 帮助大家逐步建立对量子力学的认识.

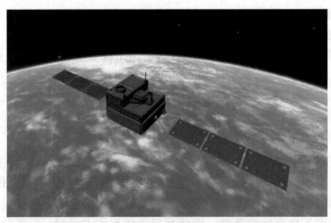

图 2.32　"墨子号" 量子通信卫星在轨运行

2.3.1 微观粒子的基本属性——波粒二象性

在 2.1 节和 2.2 节里, 我们所研究的对象是宏观物体, 它们所遵循的运动规律属于经典力学范畴. 然而当我们深入到物质内部, 去考察那些组成这些物质的基本粒子的时候, 发现这些基本粒子的行为与其宏观载体的表现大不相同, 从而遵循不同的运动规律. 我们先从微观粒子的基本属性出发来研究其运动规律.

1. 波粒二象性

观察下面的实验现象(图 2.33). 从电子枪(a)中逐个发射的电子经过双缝(b)在光屏(c)上出现相应的图样. 通过实验可以发现如下规律:

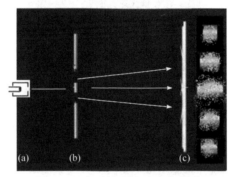

图 2.33　电子的双缝干涉示意图

(1) 当发射的电子个数较少 (≤10) 时, 屏上出现离散的斑点(图 2.34(a));

(2) 当发射的电子数目达到三位数时, 屏上出现的离散斑点较多, 但还看不出分布规律(图 2.34(b));

(3) 当发射的电子数目达到四位数时, 屏上出现的斑点开始出现有规律的分布(图 2.34(c));

(4) 当发射的电子数目达到五位数时, 屏上出现的斑点开始出现较有规律的干涉图样(图 2.34(d)).

由我们对水波的认识可知, 干涉条纹的出现是波动性的特点, 由此可以得出结论:

(1) 对于少电子行为, 光屏图样显示粒子性.

(2) 对于多电子行为, 光屏图样显示波动性, 这是一个电子的多次行为的结果. 同样, 多个电子的一次行为也能给出相同的结果.

通过电子的双缝干涉实验, 我们可以得出结论: 电子的行为在一定的条件下显示其粒子性, 在一定的条件下又显示其波动性. 如果只打出一个电子, 这个电子通过狭缝后落到屏上什么位置, 我们是不确定的. 我们把像电子这样, 其运动行为既具有粒子性又具有波动性的特点称为微观粒子的**波粒二象性**.

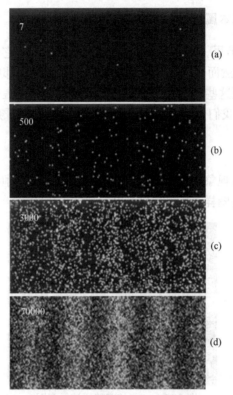

图 2.34　电子的双缝干射图样

　　在经典物理中，像电子这样的实物粒子是作为点粒子描述的. 1924 年德布罗意(de Broglie)在光具有波动性和粒子性的启发下，首先提出波粒二象性不应当仅是光具有的性质，像电子以及其他实物粒子不仅具有粒子性，也具有波动性的假设,并随后被戴维孙(C. J. Davisson)和革末(L. H. Germer)的电子双缝干涉实验所证实. 德布罗意认为，任何物体都伴随着波，而且不可能把物体运动和波传播分开来，并假设实物粒子的波动性数量关系与光子相同，满足

$$E = h\nu = \hbar\omega, \quad \boldsymbol{P} = \frac{h}{\lambda}\boldsymbol{e} = \hbar\boldsymbol{k}, \tag{2.102}$$

其中 ω 是伴随波的角频率，k 是波矢量. 关系(2.102)称为**德布罗意关系**，而这种波就是**物质波**. 对于宏观物体来说，由于动量较大，德布罗意波长很小，因而看不到宏观物体的波动性.

2. 不确定度关系

　　如前所述，由于微观粒子的行为具有波粒二象性，当我们打出一个电子后，这个电子到底落在屏幕上的什么位置，没法给出一个确定的回答，只能说电子某一时刻在某一位置出现的概率有多大，或者说电子的位置有不确定性. 在量子力学中，粒子位置的这个不确定度与其动量的不确定度密切相关，并用下式来表示其联系，即

$$\Delta x \cdot \Delta p \geqslant \frac{\hbar}{2},\tag{2.103}$$

其中 Δx 表示粒子位置的不确定度，Δp 表示粒子动量的不确定度，$\hbar$ 是普朗克常量. 上式就是量子力学中著名的**不确定度关系**.

不确定度关系告诉我们，在测量粒子的位置和动量(速度)时，对粒子的位置测量得越准确(不确定度越小)，则对粒子动量的测量越不准确(不确定度越大)，反之亦然. 由于不确定度关系(2.103)的约束，在对微观粒子的位置和动量实施测量时，不可能让粒子的位置和动量同时保持很高的精度. 这种不确定度关系是微观粒子的特点决定的，是微观粒子具有波粒二象性的反映.

2.3.2　微观粒子状态的描述——波函数

1. 波函数和算符

我们知道，在经典力学中是用位置和速度来描述宏观物体的运动状态的，因为对于宏观物体来说，任意时刻物体的位置和速度都是确定的量. 然而由于微观粒子具有波粒二象性，微观粒子的位置和动量(速度)难以同时给出准确的值，这就带来一个问题：如何描述微观粒子的运动状态呢？

1) 波函数的概念

由前所述，微观粒子之所以没法同时确定其位置和动量，主要是由其波动性所引起的. 物理学家们受此启发，干脆用体现其波动性的波函数来描写微观粒子的运动状态. 换句话说，在量子力学中，描写微观粒子运动状态的量是**波函数**(又称**态函数**). 波函数一般用 $\psi(\boldsymbol{r},t)$ 来表示，其模方 $|\psi(\boldsymbol{r},t)|^2$ 表示 t 时刻粒子处在位置 r 的概率，因而波函数实际上又称**概率幅**.

显然波函数是一个具有统计意义的概念，其模方作为概率在整个空间积分要归一，即

$$\int_0^\infty |\psi(\boldsymbol{r},t)|^2 \, \mathrm{d}^3 r = 1.\tag{2.104}$$

知道了波函数，也就知道了某一时刻粒子在某一位置出现的概率，实际上也就给出了微观粒子的位置空间分布(图 2.35)，从而给出了微观粒子的运动状态.

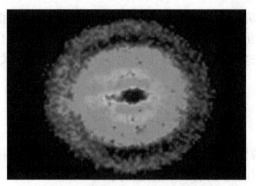

图 2.35 氢原子电子云的空间分布

2) 算符的概念

给出了微观体系的运动状态(即波函数)以后，我们会关心力学量该如何测量. 实际上在量子力学中，力学量都是在体系所处的状态中测量的；而且在一定的状态下测量某一个力学量(物理量)能够得到什么值，完全由该力学量的表达形式来决定. 因为要测量就必须要作用，而这个"力学量的表达形式"就是**作用量**. 比如说，你要在状态 φ 下测量粒子的动量 p，就用 p 作用一下波函数 φ，看看能得到什么量与该波函数的乘积，则这个"什么量"就是在状态 φ 下的测量值. 实际上力学量同作用量挂钩，这才是力学量的本来面目.

在量子力学中，力学量用**算符**(上面提到的作用量)来表示. 比如，位置用坐标算符 r 来表示，动量用动量算符 $p = -i\hbar\nabla$ 来表示(i 是虚数单位，按照 $\nabla = \dfrac{\partial}{\partial x}i + \dfrac{\partial}{\partial y}j + \dfrac{\partial}{\partial z}k$，动量算符是对坐标的微分算符，这是个新概念)等. 在下面的介绍中，我们经常要提到**哈密顿算符 H**，它实际上是动能算符 T 和势能算符 V 之和，用公式表示为

$$H = T + V = \frac{p^2}{2\mu} + V(r), \tag{2.105}$$

其中 μ 是粒子质量，p 是动量算符，势能算符 $V(r)$ 的形式依赖于粒子与周围环境的相互作用.

2. 薛定谔方程

知道了波函数和算符的概念，我们用算符向波函数作用就可以得到一个新的波函数. 基于算符的这个特点，薛定谔利用哈密顿算符和总能算符的对应关系，得到了如下能量算符对波函数的作用表达式：

$$i\hbar \frac{\partial}{\partial t}\psi(\boldsymbol{r},t) = H\psi(\boldsymbol{r},t), \tag{2.106}$$

上式即为**含时薛定谔方程**. 这是一个对时间的一阶微分方程. 只要给定了粒子所处的环境, 即势算符 $V(\boldsymbol{r})$, 并知道了波函数的初始条件, 任意时刻的波函数都可以通过求解该方程得到. 因此, 含时薛定谔方程在量子力学中的地位就如同牛顿第二定律在经典力学中的地位, 非常重要.

如果势算符不显含时间, 则波函数可以分离变量, 由式(2.106)就可以得到如下形式的**定态薛定谔方程**:

$$H\psi = E\psi, \tag{2.107}$$

又称**能量本征值方程**, 其中 E 是哈密顿算符 H 的**能量本征值**, ψ 是相应的**本征函数**. 对于同一个哈密顿算符, 能量本征值可能有若干个(甚至无穷多), 相应地本征函数也有若干个, 因此, 式(2.107)又常写为如下的形式:

$$H\psi_n = E_n\psi_n. \tag{2.108}$$

上式中的 ψ_n 常称作哈密顿算符 H 属于本征值 E_n 的本征函数. 当体系的势算符给出时, 在一定的边界条件下通过求解方程(2.108), 本征值和本征函数都可以求出. 换句话说, 如果 ψ_n 是哈密顿算符 H 属于本征值 E_n 的本征函数, 那么在态 ψ_n 下测量哈密顿算符 H, 则能得到唯一确定的值, 这个确定值就是本征值 E_n. 对其他算符的本征值方程也是如此. 以后为了表达方便, 我们用狄拉克(P. A. M. Dirac)符号来表示体系的状态, 比如哈密顿算符 H 属于本征值 E_n 的本征函数用 $|\psi_n\rangle$ 表示, 甚至更简单地用 $|n\rangle$ 来表示, 从而将方程(2.108)写为

$$H|n\rangle = E_n|n\rangle. \tag{2.109}$$

3. 态的叠加原理与量子通信

下面就利用以上给出的波函数概念来解释一开始给出的电子双缝干涉实验.

1) 态的叠加原理

设体系处于 $|\psi_1\rangle$ 描述的状态下, 测量力学量 A 所得结果是一个确定值 a_1(按照上面的说法, $|\psi_1\rangle$ 是算符 A 属于本征值 a_1 的本征函数); 又假定在 $|\psi_2\rangle$ 描述的状态下, 测量力学量 A 所得结果是另一个确定值 a_2(同样 $|\psi_2\rangle$ 也是算符 A 的一个本征态, 属于本征值 a_2), 则在

$$|\psi\rangle = c_1|\psi_1\rangle + c_2|\psi_2\rangle \tag{2.110}$$

所描述的状态下, 测量力学量 A 所得结果, 既可能为 a_1, 也可能为 a_2(但不会是

另外的值，因为没有其他态参与)，但测得结果为 a_1 或 a_2 的相对概率是完全确定的. 我们称 $|\psi\rangle$ 态是 $|\psi_1\rangle$ 态和 $|\psi_2\rangle$ 态的相干叠加态. 这就是**态的叠加原理**. 上式中 $c_i(i=1,2)$ 为叠加系数(量子力学中一般是个复数)，且波函数的归一化要求

$$|c_1|^2 + |c_2|^2 = 1, \tag{2.111}$$

其中 $|c_1|^2$ 和 $|c_2|^2$ 分别是在叠加态 ψ 中测值 a_1 和 a_2 的概率. 态的叠加原理是量子力学中非常重要的原理之一，是量子力学区别于经典力学的一个基本而重要的特征. 量子力学中这种态的叠加，导致叠加态下观测结果的不确定性，著名的"薛定谔猫佯谬"正是态的叠加原理的生动体现(图 2.36). 对于多粒子体系，态的叠加还会导致**量子纠缠**现象的发生.

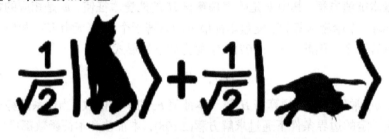

图 2.36　"薛定谔猫"与态的叠加

一个需要说明的问题是，对于叠加态 $|\psi\rangle$ 来说，虽然描述力学量 A 的测量结果具有不确定性，但一旦在 $|\psi\rangle$ 态中对该力学量进行测量，则测量结果是唯一的，要么是 a_1，要么是 a_2，二者必有其一. 也就是说，在测量前体系的状态 $|\psi\rangle$ 在测量后会突然变成 $|\psi_1\rangle$ 或 $|\psi_2\rangle$，否则不会有准确测量值 a_1 或 a_2 出现. 这种现象叫作**量子态的坍缩**. 对于量子态坍缩的机制，目前仍然是一个有待研究的课题. 但量子力学理论对测量结果概率的预言则被无数实验所确证(曾谨言，2014).

现在可以讨论开始提到的电子双缝干涉现象了. 假设在某一时刻 t，粒子通过狭缝 1 后的波函数用 $|\psi_1(r,t)\rangle$ 表示，通过狭缝 2 后的波函数用 $|\psi_2(r,t)\rangle$ 表示，它们都是坐标算符 r 的本征函数. 这两个波函数在狭缝后相遇，所得的叠加态用 $|\psi(r,t)\rangle$ 来表示，即

$$|\psi(r,t)\rangle = c_1|\psi_1(r,t)\rangle + c_2|\psi_2(r,t)\rangle. \tag{2.112}$$

为了考察叠加态 $|\psi(r,t)\rangle$ 的行为特征，我们对式(2.112)两边取模方，得到

$$|\psi(r,t)|^2 = |c_1|^2|\psi_1|^2 + |c_2|^2|\psi_2|^2 + c_1 c_2^* \psi_1 \psi_2^* + c_2 c_1^* \psi_2 \psi_1^*. \tag{2.113}$$

上式右侧中, 前两项是概率的相加项, 后两项是波函数的干涉项. 波函数相位的存在导致波的相消和相长, 从而在光屏上出现明暗相间的条纹. 这就是对电子的双缝干涉条纹的理论解释.

2) 量子通信

比特　在日常生活中我们主要使用十进制来表达数字, 然而对于我们使用的数字计算机, 为了抗噪声和少出错, 则使用的是二进制, 比如 00, 01, 10, 11, ⋯. 我们把计算机上存储一个数字的单位称作**比特**, 它只有 0 和 1 两个状态. 随着时代的发展, 我们的信息越来越多地以比特的形式被计算机处理、在磁介质上存储、通过光纤和电磁波传播. 特别是随着现代科技和社会生活的需要不断提高, 量子计算和量子通信也逐渐进入了人们的视野. 这种新的计算和通信手段仍然是以比特为操作单位, 只是换成了量子比特.

量子比特　量子比特也有两个基本状态, 分别用 $|0\rangle$ 和 $|1\rangle$ 来表示, 这和经典比特有 0 和 1 两个状态一样. 量子比特不同的地方是它还可以处于 $|0\rangle$ 和 $|1\rangle$ 的任意线性叠加态

$$|\psi\rangle = a|0\rangle + b|1\rangle. \tag{2.114}$$

这种量子比特可以由电子或光子的自旋态来实现. 而在量子通信领域, 人们无一例外地选择了用光子来实现量子比特, 这主要有两个原因: ①光子在通常的环境下也有很显著的量子效应; ②在经典通信里人们已经积累了很多光通信的技术和经验.

量子通信　我们知道, **光是一种特殊的电磁波**. 普朗克和爱因斯坦在他们的光量子理论中认为, 所有的电磁波都是由一个个光子组成的, 这个理论最后被实验证实了. 我们在日常生活中与光或电磁波打的交道太多了, 然而完全感受不到单个光子的存在, 这正像我们每天都接触水却感受不到单个水分子的存在一样. 在量子通信里, 一个光子携带一个比特的信息, 这个信息用光子的两个相互垂直的偏振态来表示. 如果光子的水平偏振态用 $|0\rangle$ 来表示, 垂直偏振态用 $|1\rangle$ 来表示, 则其他偏振态可以表示成这两个态的叠加 $\alpha|0\rangle + \beta|1\rangle$.

量子通信就是将信息编码到光子的偏振态中, 并将编码后的光子传递到远方 (图 2.37). 信息可以是经典信息, 也可以是量子信息. 对于由一串 0 和 1 组成的经典信息, 编码后的光子将处于相应的水平或垂直偏振状态. 如果是量子信息, 编码后的光子将处于水平和垂直偏振的叠加态甚至纠缠态, 因而相对于经典通信, 量子通信更安全. 然而由于单个光子的偏振及光子之间的纠缠很容易被各种噪声干扰, 所以对传递这些光子的媒介有非常高的要求.

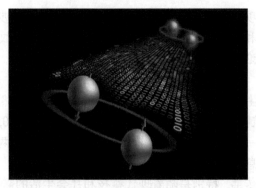

图 2.37　量子通信示意图

　　需要指出的是，经典通信和量子通信各有自己的优势，量子通信的目标并不是要把经典通信给取代掉而独立存在，而是为了让经典数字通信变得更安全. 量子通信的进一步发展完全取决于量子计算机的发展. 只有未来所有的经典计算机都被量子计算机取代了，才会完全用这种通信方式. 但问题是，量子计算机和经典计算机就好比核武器和常规武器，是不可能完全取代彼此的. 未来应该是量子通信和经典通信一起来构建天地一体化的通信网络(吴飙，2020).

本 章 小 结

　　本章我们从牛顿力学、经典分析力学、量子力学等几个方面，介绍了宏观物体和微观粒子的运动特点及其运动规律. 这些知识点既有内在的联系，又有本质的区别，所包含的物理知识既有经典物理学内容又有现代物理学内容，是我们学习其他物理分支学科以及其他自然科学知识的基础. 特别是对现代量子通信知识的介绍，将有助于大家更好地把握现代物理学发展的趋势. 随着各门自然科学的发展，学科之间的交叉越来越明显，力学知识在其他学科中的应用更加广泛. 宏观地讲，物理力学除了以上介绍的几个方面，还包括相对论力学的内容，这一部分我们将在第 7 章加以介绍.

参 考 文 献

吴飙, 2020. 简明量子力学[M]. 北京: 北京大学出版社.

曾谨言, 2014. 量子力学教程[M]. 3 版. 北京: 科学出版社.

张汉壮, 倪牟翠, 2017. 物理学导论[M]. 北京: 高等教育出版社.

赵近芳, 王登龙, 2017. 大学物理学(上)[M]. 北京: 北京邮电大学出版社.

周衍柏, 2009. 理论力学教程[M]. 北京: 高等教育出版社.

Cohen I B, 1985. Revolution in Science [M]. London: The Belknap Press of Harvard University Press.

复习思考题

(1) 对比匀加速直线运动的公式，试写出匀角加速圆周运动的角位移、角速度与角加速度的关系式.

(2) 结合自己的经验并利用所掌握的物理知识，分析要想赢得拔河比赛必须注意哪些问题.

(3) 试简述牛顿给出万有引力定律的基本思想历程.

(4) 尽管"永动机"已经被证明是不可能制造出来的，但仍有些"民间科学爱好者"在不厌其烦地研究"永动机"或类似"永动机"的机械. 试分析其根本原因在哪里.

(5) 利用式(2.52)、(2.54)推导稳定受迫振动的振幅公式(2.55).

(6) 试分析如何利用多普勒效应来检查车速.

(7) 已知一个质量为 m 的质量元绕一固定轴做半径为 r 的圆周运动时的转动惯量是 $I=mr^2$. 试由此证明一个质量为 m、半径为 R 的均匀圆环绕与圆环平面垂直并通过圆心的轴转动的转动惯量是 $I=mR^2$.

(8) 若质点系由 n 个刚体、k 个完整约束组成，试证明其运动自由度 $s=6n-k$.

(9) 什么是虚功原理？试证明之.

(10) 试结合电子的双缝干涉实验，谈谈你对微观粒子具有波粒二象性的认识.

(11) 如何理解不确定度关系是微观粒子具有波粒二象性的反映？

(12) 结合量子力学的特点，谈谈力学量为何用算符来表示.

(13) 试用态的叠加原理解释电子的双缝干涉图样的产生.

第 3 章

世间冷暖之谜

内容摘要　热学是研究物质处于热状态时的有关性质和规律的物理学分支, 它起源于人类对冷热现象的探索. 人类生存在季节交替、气候变幻的自然界中, 冷热现象是他们最早观察和认识的自然现象之一. 本章从四个方面介绍关于热学的有关内容, 分别是关于热的讨论、宏观理论热力学、微观理论气体动理论以及反映物态变化的物性学.

3.1　热与温度——关于热的讨论

对中国山西省芮城县西侯度旧石器时代遗址的考古研究说明, 大约 180 万年前人类已开始使用火; 约在公元前 2000 年中国已有气温反常的记载; 在公元前, 东西方都出现了热学领域的早期学说. 中国战国时代的邹衍创立了五行学说, 他把水、火、木、金、土称为五行, 认为这是万事万物的根本. 古希腊时期, 赫拉克利特提出: 火、水、土、气是自然界的四种独立元素(李椿 等, 2008).

热力学的研究涉及一系列与系统的冷热变化有密切关系的热效应或热现象. 要描述热的性质, 就需要使用特殊的物理量, 而要表达系统的冷热特点, 就必须在热学中引入一个新的、热学所特有的物理量, 这个量就是**温度**.

3.1.1　冷暖的标准——温度与温标

热物理学中最核心的概念就是温度和热量. 日常生活中, 常用温度来表示物体冷热的程度. 在初级物理学中, **温度定义为表示物体冷热程度的物理量**, 是以人们触摸物体时的冷热感觉为基础形成的概念. 虽然说起来温度比较简单, 但这个概念的建立却经历了漫长的过程(郭奕玲 等, 2005).

1. 温度的建立过程

1593 年, 意大利的科学家伽利略制造了第一支温度计, 以空气为测温物质,由玻璃泡内空气的热胀冷缩来指示冷暖,如图 3.1 所示.

1632 年,法国的雷伊(J. Rey)将伽利略的温度计倒转过来,并注入水,以水为测温物质,利用水的热胀冷缩来表示温度高低,但管子是开口的,因而水会不断蒸发.

1657 年,意大利佛罗伦萨的西门图科学院的院士,改用酒精为测温物质,并将玻璃管的开口封闭,制造出除了避免酒精蒸发,也不受大气压力影响的温度计,同时选择了最高和最低的温度固定点:选择了雪或冰的温度为一个定点,牛或鹿的体温为另一个定点.

1659 年,法国巴黎的天文学家布利奥(I. Boulliau)把西门图科学院院士传到法国的温度计充以水银,从而制造出第一支水银温度计.

图 3.1　伽利略温度计

1660 年到 1700 年期间,玻意耳(R. Boyle)和其助理胡克(R. Hooke),甚至牛顿均认识到制定温标的重要性. 在牛顿制作的温度计中,他以亚麻子油为测温物质,以雪的熔点为零度,而把人的体温规定为 12 度. 虽然这三人没有对温度计制定温标,但对温度计发展的贡献却是非常重要的.

1702 年,法国的物理学家阿蒙顿(G. Amontons)模仿伽利略的方法制出一个装有水银的 U 形且与大气压力无关的气体温度计,与现今标准气体温度计相近.

1714 年,荷兰气象学家华伦海特(G. D. Fahrenheit)制作出第一批刻度可靠的温度计(有水银的,也有酒精的). 他选定三个温度固定点:①零度是冰水和氯化铵混合物的温度;②32 度是冰水混合的温度;③96 度是人体的温度. 这就是华氏温标°F. 1724 年他测量水的沸点为 212 度,同时他还证明了沸点会随大气压力变化,现代人把标准气压下水的冰点和沸点之间标以 180 个等分刻度,就是**华氏温标**.

1742 年,瑞典天文学家摄耳修斯(A. Celsius)引进百分刻度法,他把水的沸点定为零度,水的冰点定为 100 度,此即所谓**摄氏温标**,其同事斯特莫(Stromer)把这两个温度值倒过来即成为近代所用的摄氏温标,到此为止,温度计算定型了.

但是对温度只建立在主观感觉基础上的、定性的了解是不够的,也是不可靠的,更是有限的. 随着可知温度的范围越来越大,直接利用触觉来感知温度的方法和范围都是有限的,因此,还必须给温度建立一个严格的、科学的定义,以及一个客观的,可用数值表示度量的方法.

2. 温度的科学定义

日常生活中,我们注意到这样一个客观事实:对于许多简单系统来说,存在着某些表征系统不同物理性质的状态参量,这些量随着冷热程度的变化而变化,如物体长度、导线电阻等,任一种性质都可以用来作为表征系统冷热程度的客观标志.

1) 热力学第零定律

假设有两个热力学系统,原来处在一定的平衡态,现在使它们互相接触,并使它们之间能够发生传热(这种接触叫**热接触**).一般情况下,热接触后两个系统的状态都将发生变化,但经过一段时间以后,两个系统的状态便不再发生变化.这反映出两个系统最后达到一个共同的平衡态——**热平衡态**,由于这种平衡态是在热接触条件下通过传热过程而实现的,因而叫做**热平衡**.

在热接触时有一种特殊的情形,就是接触后两系统的状态都不发生变化,这说明两个系统在刚接触时已经达到了热平衡,或者说明两系统在接触前就已经具有共同的平衡态了.

如图 3.2 所示,取三个热力学系统 A、B、C 做实验,将 A、B 互相隔绝但同时与 C 热接触.经过一段时间以后,A、B 系统将分别与 C 系统达到热平衡,如图 3.2(a)所示.这时,如果再使 A、B 与 C 隔绝,A、B 互相热接触,则可发现 A、B 系统的状态不再发生变化,如图 3.2(b)所示.这说明 A、B 也处于热平衡,由此可得出结论:

如果两个热力学系统中的每一个都与第三个热力学系统的同一热状态处于热平衡,则这两个热力学系统彼此也必定处于热平衡. 这就是**热力学第零定律**,也称为**热平衡定律**.

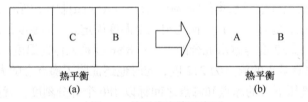

图 3.2 热平衡定律示意图

2) 温度的定义

热力学第零定律反映出,处在热平衡状态的所有热力学系统都具有共同的宏观性质,表征这种宏观性质的量具有相同的量值,这个量就是温度.由此可以给出温度的科学定义:**温度是决定一个系统是否与其他系统处于热平衡的物理量**.因此,温度的基本特征就是一切互为热平衡的系统都具有相同的温度值.而且**温度只有相等和不相等两种关系,不能相加**,因此两个物体的温度之和没有意义.

热力学第零定律使我们可以利用温度计作为统一标准,去比较并不直接接触的不同物体温度的高低.根据一切互为热平衡的物体的温度相同,可以选择适当的系统为标准并作为温度计去测量被测物体的温度, 测量时使温度计与被测物体接触, 经过一段时间使它们达到热平衡后, 温度计的温度就等于被测物体的温度.

3. 温度的数值表示——温标

要进行测量必须知道温度计的读数才可以, 因此就需要建立温标. **温标**就是**温度的数值表示法**. 前面对温度的定义是定性的, 是不完全的, 完全的定义还应该包括定量的, 也就是温标.

温度是间接测量的量. 与力学的量不同, 温度没有某种标准原器或单位(如力学中米的标准米原器), 测量的值为单位的若干倍数, 而只能依据物体的温度发生变化时, 物体的许多属性都发生变化的特点, 通过温度计系统表征某一属性的状态参量来标志出物体的温度. 因此确立一种温标, 首先必须选择一特定的物质(测温质)的某一随温度变化的属性(测温参量)来标志温度. 液体温度计就是选择一种液体(水银、酒精、煤油等)的体积随温度的变化而变化的属性来标志温度的. 另外, 还可以选择导体电阻、热电偶的电动势、光的亮度等随温度变化的性质来标志温度. 这种利用不同测温物质及其测温属性建立的温标, 统称**经验温标**. 前面介绍的历史上所设计的温度计采用的都是经验温标.

然而, 按照经验温标的要素建立温标之后, 按同一种标度法但用不同的测温物质的同一种测温属性参量, 或同一测温物质的不同测温参量制成的温度计, 去测量同一系统的同一平衡态的温度结果却不相同, 甚至相差很大. 因为不同物质的同一属性或同一物质的不同属性随温度的变化并不相同, 如果规定了某种物质的某种性质随温度作线性变化, 从而建立了温标, 则其他测温属性一般就不再是线性的了, 这表明了经验温标的相对性. 每种温标所进行的温度测量, 只是相对于该种温标所赖以建立的测温依据来说是正确的.

为了建立一个完全不依赖于测温物质及其特殊性质的温标, 开尔文引入了一个能满足此项要求的温标, 就是**热力学温标**. 热力学温标是最理想的温标, 与任何特定物质及性质无关, 但只是理论上的温标, 无法实现. 但是可以证明: 在理想气体所能使用的范围内, 理想气体温标和热力学温标完全一致, 也就是说, 可以用理想气体温标来代替热力学温标, 使得热力学温标取得了现实意义.

制作实现热力学温标的标准气体温度计在技术上有很多困难, 而且测温操作麻烦, 需要经过许多修正. 为了便于温度的实际测量, 统一各国的温度计量, 国际上决定采用协议性的国际温标来逼近热力学温标, 称为**国际实用温标**. 现在国际上采用的是1990年国际温标(ITS—90). 规定以热力学温标为基本温标. 热力学温标用符号 T 表示, 单位叫**开尔文**, 简称**开**, 符号为 K. 1 K 的大小定义为水的

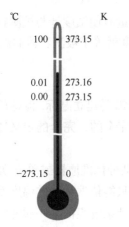

图 3.3　摄氏温标和热力学温标

三相点的热力学温度的 $\dfrac{1}{273.16}$，如图 3.3 所示.

至此，温度的科学定义和使用才建立完整. 我们可以使用温度值的大小来表征冷热的程度.

3.1.2　什么是热——热的本质

热究竟是什么？人们最早认为火就是热，因为通过火的燃烧就能使人们获得热. 有人认为热是一种物质，因为热具有类似场的性质，可以被感知和测量，所以具有物质的各种属性. 还有人认为热是运动，因为运动都伴随着热的产生，比如摩擦生热、搅拌液体可以升温等. 也有人认为热是温度，温度就是衡量热的物理量. 更多的人认为热是能量，因为热可以通过各种方式转化为其他形式的能量，所以热也是能量的一种，这是目前最普遍的看法. 现在还有另外一种说法，认为热既是物质也是能量，因为按照爱因斯坦的质能关系，$E=mc^2$，质量总是对应着能量，因此有人提出了热具有质能二象性的观点(纪军 等，2014).

1. 热质说

人们长久以来对温度和热量的概念混淆不清，18 世纪出现过热质说，把热看成是一种不生不灭的流质，一个物体含有的热质多，就具有较高的温度. 与此相对立的是把热看成物质的一种运动形式的观点，俄国科学家罗蒙诺索夫(Lomonosov)指出热是分子运动的表现. 在科学史上，关于热的本性的问题，曾有热动说与热质说的长期争论. 争论的中心问题是：热是一种运动，还是某种具体物质(图 3.4)？多数人以为物体冷热的程度代表着物体所含热的多寡.

首先德国斯塔尔(G. E. Stahl)教授提出热是一种燃素，后来荷兰波哈维(H. Boerhaave)教授甚至说热是一种物质. 虽然热是一种物质的说法不正确，但波哈维教授把 40℉ 的冷水与同质量 80℉ 的热水相混而得 60℉ 的水，却隐约地得到热量守恒的一个简单定则，不过对于不同质量甚至不同物质的冷热物体的混合，他就难以解释了.

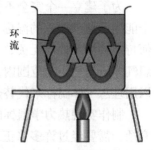

环流

图 3.4　热和热运动

热质说对热现象的解释主要包括以下三个方面：其一，物质温度的变化是吸收或放出热质引起的；其二，热传导是热质的流动；其三，摩擦生热是潜热被挤出来. 特别是瓦特在热质说的指导下改进蒸汽机的成功，使人们相信热质说是正确的.

2. 热动说

还有的学者(如胡克)认为热是物质各部分剧烈的运动，牛顿也认为热是粒子的运动. 1740 年左右，俄国圣彼得堡科学院院士克拉夫特(B. R. Krafft)提出冷水、热水混合时热量变化的公式. 1750 年由德国移民到圣彼得堡的理奇蒙(Richmann)院士也做了一系列热量测量的研究，他将不同温度的水混合，研究热量的损失，并改进克拉夫特的公式. 此公式虽不正确，但他却指出混合前后热量要相等的概念. 1755 年，兰勃特(J. H. Lambert)院士才将热量与温度的概念加以区别和澄清.

真正对热量测量工作有巨大贡献的是英国化学教授布莱克(J. Black)，他主张把热量和温度两个概念分开，一个是指"热质的量"，一个是指"热的强度或集度". 这就如同把物质的量即质量，与物质的集度即密度分开一样. 1757 年布莱克用 32°F 的冰与 172°F 同等重量的水混合，得到平衡温度仍为 32°F，而不是 102°F. 这说明"在冰溶解中，需要一些为温度计所不能觉察的热量". 他把这种不表现为温度升高的热叫作"**潜热**"，并暗示出不同物质具有不同的"**热容量**"，而他的学生欧文(W. Irvine)更正确地提出热容量的概念.

1777 年法国化学家拉瓦锡(A. L. Lavoisier)和拉普拉斯(P. S. Laplace)发展了布莱克的工作，把 1 lb(1lb = 0.453592 kg)水升高或降低 1℃时所吸收或放出的热作为热的单位，称作"卡"，还设计了一个所谓"拉普拉斯冰量热器"，可以正确测出热容量和潜热.

1784 年麦哲伦(F. Magellan)引进比热的术语，同一时期威尔克(Wilcke)提出若把水的**比热**定为 1，则可以定出其他物质的比热，但是在这段时期人们依然认为热是一种物质是正确的.

1798 年，出生于美国后到英国又到德国而受封的伦福德伯爵(C. Rumford，原名 Benjamin Thompson)在慕尼黑兵工厂监督大炮钻孔，发现钻床在钻制炮筒时，炮筒与金属屑的温度都很高(图 3.5). 他说："铜炮被钻很短时间就会产生大量的热，而被钻头从炮上钻下来的铜屑更热……它们比沸水还要热. "并用实验证明热容量或比热与摩擦无关. 他断定："摩擦可以创造热"，"热是'运动'，而绝不是一

图 3.5 　钻床钻制炮筒时会摩擦生热

种物质(热质)."

1799 年英国化学家,后来首任皇家研究院院长的戴维(S. H. Davy)做了著名的"摩冰实验",在维持冰点以下的真空容器中两块冰进行摩擦,发现冰也能融化成水,所以他断言:热不能当作物质,热质是不存在的. 他认为摩擦和碰撞引起物体内部微粒的特殊运动或振动,而这种运动或振动就是热.

伦福德和戴维的实验给热质说以致命打击,为热的唯动说提出了重要的实验证据. 虽然有伦福德和戴维教授极力否定热是一种物质的说法,但是仍无法改变人们认为热是一种物质的概念. 直到 19 世纪中叶后,卡诺(N. L. S. Carnot)死后 50 年其理论才被人们重视,加上德国的迈耶(J. R. Mayer)医师和英国物理学家焦耳(J. P. Joule)的努力才改变了人们的观念. 焦耳通过大量富有创造性的独特设计的实验和精确的实验结果(实验结果与现在的实验结果只有 1%的差异),令人信服地证明,热量并不是什么传递着的热质,而是被传递的能量,同时表明热运动和其他形式的运动之间可以互相转化,热量和功之间存在着确定的数量关系. 这些工作为热力学第一和第二定律的产生创造了条件.

3.1.3　什么是热量——能量的本质

看到或听到"热量"这个词,人们首先想到的是什么呢? 是不是会想到电能、光能、热能、动能、化学能等各种各样的能量,甚至会想到汉堡包、冰激凌、火锅等食物? 因为平时我们可以将电、光、运动等形式的能量通过转换获得热量,食物中的热量更是减肥爱好者眼中的大敌. 从热学发展历史来看,在热质说盛行的时代,热量表示的就是物体所包含热质的多少. 要知道热量到底是什么,就需要了解能量转化和守恒定律的建立过程,了解科学家是如何从各种各样的现象和规律中总结出这一定律的,同时也说明能量的本质.

自 17 世纪以来,能量守恒的思想就在不同的领域逐渐形成,从 19 世纪 30 年代到 50 年代这短短的二十年间就有至少十二位的先驱者通过不同的途径对能量守恒定律的发现做出了突出的贡献. 例如,卡诺等主要是从研究蒸汽机的效率而得出热功当量并接近能量守恒观念的,迈耶、亥姆霍兹(H. L. F. Helmholtz)等主要是从化学、生理学现象的研究而发现能量守恒定律的,焦耳、法拉第(M. Faraday)等主要是从电磁现象的研究接近能量守恒观念. 他们工作的侧重点也有所不同,例如,迈耶侧重哲学的思辨与经验事实的概括,焦耳侧重实验的测定与验证,而亥姆霍兹既有哲学的引导,又有数学的表达与论证. 总之,到了 19 世纪 30 年代,一幅机械运动、电磁运动、热运动、化学运动、生命运动相互联系和转化的图景已经展现在人们的眼前(图 3.6). 可以说,自然科学的这些成就为能量守恒定律做了必要的准备(郭奕玲 等,2005).

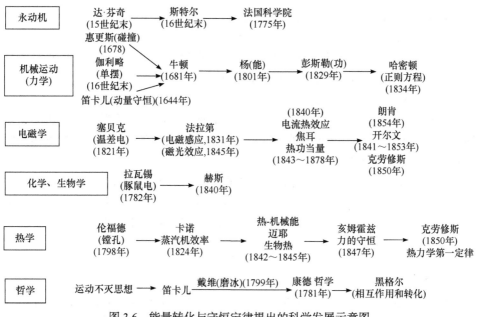

图 3.6　能量转化与守恒定律提出的科学发展示意图

1. 各种能量转换的实现

18 世纪末到 19 世纪前半叶，自然科学上的一系列重大发现广泛揭示出各种自然现象之间的普遍联系和转化，包括各种能量转换的实现，许多科学家也为此做出了重大贡献.

1) 热能和机械能

伦福德和戴维的实验证明了机械能向热能的转化；瓦特对蒸汽机的发明和改进证明了热能向机械能的转化.

2) 热和电

德国物理学家塞贝克(T. J. Sebek)于 1821 年实现了热向电的转化，即温差电：他将铜导线和铋导线连成一闭合回路，用手握住一个结点使两结点间产生温差，发现导线上出现电流，冷却一个结点亦可出现电流. 电转化为热：1834 年，法国的佩尔捷(J. C. Peltier)发现了它的逆效应，即当有电流通过时，结点处发生温度变化. 1840 年和 1842 年，焦耳和楞次分别发现了电流转化为热的著名定律.

3) 电和磁

1820 年奥斯特(H. C. Ørsted)关于**电流的磁效应**的发现和 1831 年法拉第关于**电磁感应**现象的发现完成了电和磁之间的相互转化.

4) 电和化学

1800 年伏打(A. Volta)制成"伏打电堆"以及利用伏打电流进行电解，从而完成了化学运动和电运动的相互转化运动.

5) 化学反应和热

1840 年彼得堡科学院的赫斯(G. H. Hess)提出关于化学反应中释放热量的重要定律: 在一组物质转变为另一组物质的过程中, 不管反应是通过哪些步骤完成的, 释放的总热量是恒定的.

此外 1801 年关于紫外线的化学作用的发现, 1839 年用光照金属极板改变电池的电动势的发现, 1845 年光的偏振面的磁致偏转现象的发现等, 都从不同侧面揭示了各种自然现象之间的联系和转化.

总之, 到了 19 世纪 40 年代前后, 欧洲科学界已经普遍蕴含着一种思想气氛, 即以一种联系的观点去观察自然现象. 正是在这种情况下, 以西欧为中心, 从事七八种专业的十多位科学家, 分别通过不同途径, 各自独立地发现了能量守恒定律.

2. 确立能量转化与守恒定律的三位科学家

1) 德国的迈耶

迈耶(图 3.7(a)), 1814 年出生于德国海尔布隆一个药剂师家庭, 1832 年进入蒂宾根大学医学系学习, 1837 年因参加一个秘密学生团体而被捕并被学校开除, 1838 年完成医学博士学位论文答辩, 获医师执照而开始行医. 1840—1841 年担任开往东印度的荷兰轮船的随船医生. 在一次驶往印度尼西亚的航行中, 他给生病的船员做手术时发现病员血的颜色比在温带地区时的新鲜红亮. 经过思考, 他认为, 在热带高温情况下, 机体消耗食物和氧的量减少, 所以静脉血中留下了较多的氧. 迈耶认为, 除了人体体热来自食物转化而来的化学能之外, 人体动力也来自同一能源.

(a) 迈耶　　　　　　　(b) 亥姆霍兹　　　　　　(c) 焦耳

图 3.7　确立能量转化与守恒定律的三位科学家

1841 年航行结束后, 迈耶撰写了《论力的质和量的测定》, 并于 1841 年 7 月投给德国当时的权威性刊物《物理学和化学年鉴》. 但是该杂志的主编、物理学家、科学史家波根道夫(Poggendorf)拒绝发表迈耶的论文, 原因是波根道夫十分厌恶黑格尔的思辨哲学, 他认为迈耶的文章引入了思辨的内容并缺少精确的实验.

迈耶在初次受挫之后并不气馁, 他继续努力并于 1842 年撰文《论无机界的力》, 被一向注意各种力之间关系的德国化学家李比希(J. Liebig)发表于他主编的《化学和药学年刊》上. 在这篇文章中, 迈耶从"无中生有, 有中生无"和"原因等于结果"等哲学观点出发, 表达了物理、化学过程中力(能量)的守恒思想. 考察了用"下落力"转化为运动来论证力的转化和守恒. 在这篇文章的末尾, 提出了建立不同的力之间数值上的当量关系的必要性. "例如我们应确定, 为把与该物体重量相等的水从 0℃加热到 1℃, 应该把这个重物升起多高".

1845 年迈耶写了《与有机运动相联系的新陈代谢》, 但这篇文章也被拒绝发表, 迈耶只好以小册子的形式自费发行. 文中写道:"力的转化与守恒定律是支配宇宙的普遍规律." 并具体考察了 5 种不同形式的力:

第一种力——运动的力, 实际为动能. 他以弹性碰撞为例, 指出在弹性碰撞过程中"活力守恒".

第二种力——下落力, 即重力势能. 迈耶指出, "下落力的大小以重量和下落高度的乘积来量度".

第三种力——热. "热力是能够转化为运动的力", 蒸汽机车就是一个很好的例证. 并具体计算了**热功当量**: 气体在定压膨胀时, 温度每改变 1℃, 体积约增大 1/274, 所以在这个过程中气体对外做的功相当于反抗 1.033 kg 的力移动 1/274 cm 时的功. 即 $\Delta A = 1.033 \times \dfrac{1}{27400}\,\mathrm{kg\cdot m} = 3.78 \times 10^{-5}\,\mathrm{kg\cdot m}$.

第四种力——磁和电.

第五种力——化学力. 并列举了这些"力"之间相互转化的 25 种形式.

1848 年迈耶出版了《天体动力学》. 就在这一年, 由于许多人的工作, 能量守恒定律已得到普遍承认, 但却发生了"能量守恒定律"发现优先权的争论. 焦耳等英国学者否定其工作, 认为他只是预见了在热和功之间存在一定的数值关系, 但没有完成热功当量的计算. 迈耶则发表文章进行反驳, 并指出自己在 1842 年就已经公布了热和活力的等价性及其数值关系. 但英国杂志上只出现批评迈耶的文章, 而不刊登迈耶的答辩文章. 一部分德国物理学家讥笑他不懂物理, 而在此期间他的两个孩子夭折. 1848 年德国革命时由于他观点保守而被起义者逮捕, 致使其于 1849 年 5 月跳楼自杀未遂, 造成终身残疾, 1851 年患脑炎被人当作疯子送进疯人院, 直到 1862 年才恢复科学活动. 1871 年, 迈耶的成就也得到了认可, 获得了英国皇家学会的科普利奖章, 后来他还获得蒂宾根大学的荣誉哲学博士、巴伐利亚和意大利都灵科学院院士的称号.

迈耶是将热学观点用于有机世界研究的第一人. 恩格斯对迈耶的工作给予很高的评价.

2) 亥姆霍兹

亥姆霍兹(图 3.7(b)), 1821 年 8 月 31 日生于德国波茨坦, 1838 年考入柏林雷德里克·威廉皇家医学院, 以优异成绩于 1842 年毕业, 担任了军医, 并开始进行物理学研究. 他提倡以物理学、化学为基础来研究生物学, 提出体温和肌肉的作用来源于食物的燃烧热. 通过对动物体的大量实验, 总结出 "一种自然力如果由另一种自然力产生时, 其中当量不变." 这最终导致他明确地提出能量守恒定律.

1847 年, 在不了解迈耶等工作的情况下, 他提出了能量转化和守恒定律. 1855 年最早测量了神经脉动速率, 把物理方法应用于神经系统的研究, 由此被称为生物物理学的鼻祖. 他曾先后担任波恩大学、柯尼斯堡大学、海德尔贝格大学等校的生理学教授, 1871 年起, 在柏林大学任物理学教授, 1888 年任夏洛腾堡物理技术研究所所长. 著有《生物光学手册》《音乐理论的生理基础》《论力的守恒》等书, 并培养了一大批优秀人才, 赫兹、普朗克等都是他的学生.

亥姆霍兹认为, 大自然是统一的, 自然力是守恒的. 1847 年, 他发表著名论文《论力的守恒》, 阐述了有心力作用下机械能守恒原理: "当自由质点在吸力和斥力作用下而运动的一切场合, 所具有的活力和张力总是守恒的." 这里活力是动能, 张力是势能. 但同样由于论文中含有思辨性内容被波根道夫拒绝而未能发表, 因此亥姆霍兹也以小册子的形式在柏林单独出版了这篇论文.

但亥姆霍兹并没有参与优先权的问题, 后来他了解了迈耶的论文后说 "我们必须承认, 迈耶不依赖于别人而独立发现了这个思想."

3) 焦耳的实验研究

焦耳(图 3.7(c)), 是英国著名的实验物理学家, 家境富裕. 16 岁在著名化学家道尔顿的实验室学习, 这使他对科学产生了浓厚兴趣.

当时电机刚出现, 焦耳注意到电机和电路中的发热现象. 通过实验, 焦耳于 1840 年发现 "产生的热量与导体电阻和电流平方成正比", 并将其发表于《论伏打电所产生的热》论文中, 这就是著名的**焦耳-楞次定律**. 不久又写了《电解时在金属导体和电池组中放出的热》一文, 得出结论: 电路所放出的全部热量正好等于电池中物质化学变化所产生的热量; 电流的机械动力与加热能力都和电流强度有同样的比例关系, 所以电流的机械动力和加热能力成正比. 后来焦耳用实验得到 "使 1 lb 水增加 1°F 的热量等于把 838 lb 物体提高 1 ft(1 ft=3.048×10⁻¹ m)的机械功". 用现在通用的单位, 这个值约为 460 kg·m/kcal. 但是, 由于当时热质说占主导地位, 焦耳的研究和当时法国工程师们所建立的热机理论相矛盾, 因此焦耳的结论遭到一些大物理学家的怀疑和不信任.

1843 年焦耳进行了电流的热效应实验, 写了两篇关键性论文《论磁电的热效应和热的机械值》和《论水电解时产生的热》,明确指出:"自然界的能是不能消灭的,哪里消耗了机械能,总能得到相应的热,热只是能的一种形式."

焦耳使一个线圈在电磁体的两极之间转动产生感应电流,线圈放在量热器内,证实了热可以由磁电机产生. 从这个实验焦耳立即领悟到热和机械功可以互相转化,在转化过程中遵从一定的当量关系. 为了测定机械功和热之间的转换关系,焦耳设计了"热功当量实验仪". 他在磁电机线圈的转轴上绕两条线,跨过两个定滑轮后挂上几磅重的砝码,由砝码的重量和下落的距离计算出所做的功,如图 3.8(a)所示. 测得热功当量为 428.9 kg・m/kcal. 1844 年又做了把水压入毛细管的实验和压缩空气实验,如图 3.8(b)所示,测出了热功当量分别为 424.9 kg・m/kcal 和 443.8 kg・m/kcal.

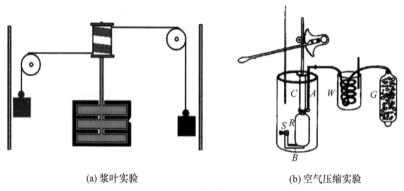

(a) 桨叶实验　　　　　　　　　　　(b) 空气压缩实验

图 3.8　焦耳测量热功当量的实验装置

1849 年 6 月,焦耳将论文《论热的机械当量》经法拉第送交皇家学会,被皇家学会刊印. 在这篇论文中,焦耳总结:"要产生 1 lb 水(在真空中称量,温度在 55°F 到 60°F 之间)升高 1°F 的热量,需要花费相当于 772 lb 重物下降 1 ft 所做的机械功",这个值即 424.3 kg・m/kcal. 这个测量结果同三十年后由美国物理学家罗兰所做出的测定在 1/400 的误差范围内是相一致的,由此可见焦耳实验的精确性.

焦耳测定热功当量的工作一直进行到 1878 年,先后采用不同的方法做了 400 多次实验. 焦耳以精确的数据为能量守恒定律提供了无可置疑的实验证明. 1850 年焦耳当选为英国皇家学会会员. 1878 年发表《热功当量的新测定》,最后得到的数值为 423.85 kg・m/kcal.

迈耶偏重于从自然力的相互联系方面提出能量守恒的概念,焦耳从实验方面测定了热功当量值,而亥姆霍兹则是从物理理论方面论证了能量转换的规律性. 所以,提出能量守恒定律的荣誉通常主要归之于他们三人. 除他们之外,从 1832 年到 1854 年之间,还有几位不同国家的科学家也分别从各自的研究中,彼此独立地得出了能量守恒的思想. 但是关于这一原理的表述并不完善, 恩格斯指出, 运动的不灭性不能仅仅从数量上去把握, 还应从质的转化上去理解. 于是恩格斯将这一原理称之为"**能量转化和守恒定律**".

3. 能量转化和守恒定律

至此科学界已经认可了热是一种能量交换的方式, 热量是各种能量之中的一种. 正是由于确定了热量的性质, 也使得原来能量转化在热(之前认为热是物质)这个位置处的缺口补上, 把热纳入到能量大家庭中, 成为自然界普遍的基本定律之一. 恩格斯曾将它和进化论、细胞学说并列为 19 世纪的三大发现(赵定洲, 2006).

能量转化和守恒定律一般可表述为: **能量既不会凭空产生, 也不会凭空消失, 它只会从一种形式转化为另一种形式, 或者从一个物体转移到其他物体, 而能量的总量保持不变**. 也可以表述为: **一个系统的总能量的改变只能等于传入或者传出该系统的能量的多少**. 总能量为系统的机械能、热能及除热能以外的任何内能形式的总和.

能量守恒定律是自然界发展最普遍的规律之一, 它深刻地揭示了物质世界的普遍联系. 能量转化和守恒定律的确立具有重大的实践意义和理论意义. 在实践上, 它对于制造永动机的不可能实现给予了科学上的最后判决, 彻底粉碎了制造永动机的幻想. 在理论上, 能量守恒定律为物理学的发展提供了一个有力的支点, 使经典物理学从经验科学发展成一系列完整的理论科学. 自从这个定律建立以来, 自然科学特别是物理学中的每一个理论, 首先都要经受它的检验. 每当一个过程中出现了不能用已知的能量形式说明能量的出现或消失, 即出现了能量守恒似乎被破坏的现象时, 科学家们总是倾向于假定尚有某种未知类型的能量存在, 而不愿考虑能量不守恒的可能性.

4. 能量的本质

世界万物是不断运动的, 在物质的一切属性中, 运动是最基本的属性, 其他属性都是运动的具体表现. 由于能量是物质运动转换的量度, 所以**能量是表征物理系统做功本领的量度**.

能量以多种不同的形式存在, 按照物质的不同运动形式分类, 能量可分为机械能、化学能、热能、电能、辐射能、核能. 这些不同形式的能量之间可以通过物理效应或化学反应而相互转化, 各种场(电场、磁场和电磁场)也具有能量, 如图 3.9 所示.

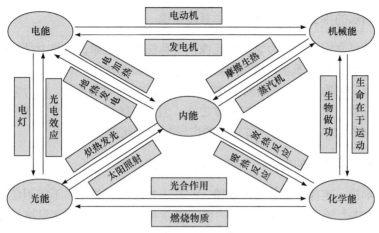

图 3.9 能量的转化和守恒

由于热量在能量中的特殊地位,因此**包含热量在内的能量转化和守恒定律叫作热力学第一定律**. 热力学第一定律是普遍的能量转化和守恒定律在一切涉及宏观热现象过程中的具体表现. 热力学第一定律确认,任意过程中系统从周围介质吸收的热量、对介质所做的功和系统内能增量之间在数量上守恒.

3.2 控制能量转换的密钥——热力学定律

热力学是从宏观角度研究物质的热运动性质及其规律的学科. 属于物理学的一个分支,它与统计物理学分别构成了热学理论的宏观和微观两个方面.

热力学主要是从能量转化的观点来研究物质的热性质,它揭示了能量从一种形式转换为另一种形式时遵从的宏观规律,总结了物质的宏观现象而得到的热学理论. 热力学并不追究由大量微观粒子组成的物质的微观结构,而只关心系统在整体上表现出来的热现象及其变化发展所必须遵循的基本规律. 它满足于用少数几个能直接感受和可测的宏观状态量诸如温度、压强、体积、浓度等描述和确定系统所处的状态. 通过对实践中热现象的大量观测和实验发现,宏观状态量之间是有联系的,它们的变化是互相制约的. 制约关系除与物质的性质有关外,还必须遵循一些对任何物质都适用的基本的热学规律,如热力学第零定律、热力学第一定律、热力学第二定律和热力学第三定律等. 热力学以上列实验观测得到的基本定律为基础和出发点,应用数学方法,通过逻辑演绎,得出有关物质各种宏观性质之间的关系和宏观物理过程进行的方向和限度,故它属于唯象理论,由它引出的结论具有高度的可靠性和普遍性(汪志诚,2020).

3.2.1 控制热的平衡原理——热力学第零定律

前面已经介绍过的**热力学第零定律**，又称**热平衡定律**，是热力学的四条基本定律之一，是一个关于互相接触的物体在热平衡时的描述，它为温度的建立提供了理论基础. 热平衡定律是福勒(R. H. Fowler)于 1939 年提出的，因为它独立于热力学第一定律、第二定律和第三定律之外，但又不能列在这三个定律之后，故称为热力学第零定律. 热力学第零定律的内容与意义此处不再赘述.

3.2.2 能量转换遵循的规律——热力学第一定律

热力学第一定律即能量守恒定律，它是人类经验的总结，不能用任何别的原理来证明. 热力学系统能量表达为内能、热量和功，热力学第一定律是能量守恒的一种表达形式. 从它导出的结论还没有发现与事实有矛盾. 根据热力学第一定律可以设想，要制造一种机器，它既不靠外界供给能量，本身也不减少能量，却不断地对外做功而不消耗能量. 人们把这种假想的机器称为**第一类永动机**. 因为对外界做功就必须消耗能量，不消耗能量就无法对外界做功，因此第一定律也可以表达为"第一类永动机是不可能造成的". 反过来，第一类永动机永远不能造成，也就证明了第一定律是正确的.

1. 热力学第一定律的表述形式

热量可以从一个物体传递到另一个物体，也可以与机械能或其他能量互相转换，但是在转换过程中，能量的总值保持不变. 或者表示成：第一类永动机是不可能造成的.

具体到热力学系统，热力学第一定律可表述为：一个热力学系统经历热力学过程，系统吸收的热量等于系统内能的增量和系统对外做功之和.

2. 热力学第一定律的数学表达式

$$Q = \Delta U + W, \tag{3.1}$$

即热力学系统吸收的热量 = 内能的增加量 + 对外界做的功.

热力学第一定律是普遍的能量转化和守恒定律在一切涉及宏观热现象过程中的具体表现. 热力学第一定律说明，在任意过程中系统从外界吸收的热量、对外界所做的功和系统内能增量之间在数量上守恒.

3.2.3 能量转化的方向——热力学第二定律

热力学第一定律确定了一个封闭系统的能量是一定的，确定了各种形式能量之间转化的当量关系. 但它对能量转化过程所进行的方向和限度并未给出规定和判断. 比如, 热不会自动地由低温传向高温, 过程具有方向性. 这就导致了热力学第二定律的出台. 德国的克劳修斯(R. J. E. Clausius)(图 3.10(a)), 英国的威廉·汤姆孙(W. Thomson)(即开尔文)(图 3.10(b))和奥地利的玻尔兹曼(L. E. Boltzmann)(图 3.10(c))等科学家为此做了重要贡献.

(a) 克劳修斯　　　　　　(b) 威廉·汤姆孙　　　　　　(c) 玻尔兹曼

图 3.10　为热力学第二定律作出贡献的三位科学家

1. 热力学第二定律的由来

热力学第一定律确定了热力学系统在变化过程中, 总能量守恒, 但是过程的进行方向却没有限制. 实际的热力学过程都是有方向的, 只能沿着特定的方向自发进行, 典型的有:

(1) 热传导的方向性: 热传导的过程是有方向性的, 这个过程可以向一个方向自发地进行, 但是向相反的方向却不能自发地进行.

(2) 热能转化的方向性: 有人设想, 只有单一的热源, 从这个单一热源吸收的热量可以全部用来做功, 而不引起其他变化. 人们把这种想象中的热机称为第二类永动机. 第二类永动机不可能制成, 表示机械能和内能的转化过程具有方向性.

2. 热力学第二定律的表述

英国物理学家开尔文在研究卡诺和焦耳的工作时, 发现了某种不和谐: 按照能量守恒定律, 热和功应该是等价的, 可是按照卡诺的理论, 热和功并不是完全相同的, 因为功可以完全变成热而不需要任何条件, 而热产生功却必须伴随有热向冷的耗散. 他在 1849 年的一篇论文中说: "热的理论需要进行认真改革, 必须寻找新的实验事实. "同时代的克劳修斯也认真研究了这些问题, 他敏锐地看到不和谐存在于卡诺理论的内部. 他指出卡诺理论中关于热产生功必须伴随着热向冷的传递的结论是正确的, 而热的量(即热质)不发生变化则是不对的. 克劳修斯在1850 年发表的论文中提出, 在热的理论中, 除了能量守恒定律以外, 还必须补充另外一条基本定律："没有某种动力的消耗或其他变化，不可能使热从低温转移到高温."这条定律后来被称作热力学第二定律.

因此常见的热力学第二定律的表述如下.

1) 克劳修斯表述

不可能使热量由低温物体自发地传递到高温物体，而不引起其他变化. 这是按照热传导的方向性来表述的.

1850 年克劳修斯发表《论热的动力以及由此推出的关于热学本身的诸定律》的论文. 他从热是运动的观点对热机的工作过程进行了新的研究. 论文首先从焦耳确立的热功当量出发，将热力学过程遵守的能量守恒定律归结为热力学第一定律，指出在热机做功的过程中一部分热量被消耗了，另一部分热量从热物体传到了冷物体. 这两部分热量和所产生的功之间存在关系

$$dQ = dU + dW, \tag{3.2}$$

式中 dQ 是传递给物体的热量，dW 表示所做的功，U 是克劳修斯第一次引入热力学的一个新函数，是体积和温度的函数. 后来开尔文把 U 称为物体的能量，即热力学系统的内能. 论文的第二部分，在卡诺定理的基础上研究了能量的转换和传递方向问题，提出了热力学第二定律的最著名表述形式(克劳修斯表述)：**热不能自发地从较冷的物体传到较热的物体**. 因此，克劳修斯是热力学第二定律的两个主要奠基人(另一个是开尔文)之一.

2) 开尔文表述

不可能从单一热源吸收热量并把它全部用来做功，而不引起其他变化. 这是按照机械能与内能转化过程的方向性来表述的，它也可以表述为：第二类永动机是不可能制成的.

开尔文的表述直接指出了第二类永动机的不可能性. 所谓第二类永动机，是指某些人提出的例如制造一种从海水吸取热量，利用这些热量做功的机器. 这种想法，并不违背能量守恒定律，因为它消耗海水的内能. 大海是如此广阔，整个海水的温度只要降低一点点，释放出的热量就是天文数字. 对于人类来说，海水是取之不尽、用之不竭的能量源泉，因此这类设想中的机器被称为第二类永动机. 而从海水吸收热量做功，就是从单一热源吸取热量使之完全变成有用功并且不产生其他影响，开尔文的说法指出了这是不可能实现的，也就是第二类永动机是不可能实现的.

3. 热力学第二定律的实质

热力学第二定律说明：热量可以自发地从较热的物体传递到较冷的物体，但不可能自发地从较冷的物体传递到较热的物体(克劳修斯表述)；也可表述为：两

物体相互摩擦的结果使功转变为热，但却不可能将这摩擦热重新转变为功而不产生其他影响. 对于扩散、渗透、混合、燃烧、电热和磁滞等热力过程，虽然其逆过程仍符合热力学第一定律，但却不能自发地发生. 热力学第一定律未解决能量转换过程中的方向、条件和限度问题，这恰恰是由热力学第二定律所规定的.

因此，热力学第二定律的实质就是：**一切与热现象有关的实际宏观过程都是不可逆的**.

4. 熵增加原理

熵是热力学中表征物质状态的参量之一，是描述体系混乱程度的物理量，用符号 S 表示. 图 3.11 给出了用水的形态类比熵的概念.

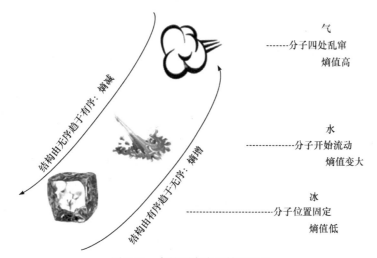

气
------分子四处乱窜
　　　熵值高

水
------分子开始流动
　　　熵值变大

冰
------分子位置固定
　　　熵值低

图 3.11　水的形态类比熵的概念

在发现热力学第二定律的基础上，人们期望找到一个物理量，以建立一个普适的判据来判断自发过程的进行方向. 克劳修斯首先找到了这样的物理量. 1854年他发表《力学热理论第二定律的另一种形式》的论文，给出了可逆循环过程中热力学第二定律的数学表示形式，引入了一个新的后来定名为熵的状态参量. 1865年他发表《力学热理论主要方程便于应用的形式》的论文，把这一新的状态参量正式定名为熵(克劳修斯熵). 利用熵这个新函数，克劳修斯证明了：**任何孤立系统中，系统的熵的总和永远不会减少，或者说自然界的自发过程是朝着熵增加的方向进行的. 这就是"熵增加原理"**. 该原理指出，孤立系统的熵永不自动减少，熵在可逆过程中不变，在不可逆过程中增加. 摩擦使一部分机械能不可逆地转变为热，使熵增加. 整个宇宙可以看作一个孤立系统，朝着熵增加的方向演变.

熵增加原理是热力学第二定律的又一种表述，它比开尔文、克劳修斯表述更为概括地指出了不可逆过程的进行方向，同时更深刻地指出了热力学第二定律是大量分子无规则运动所具有的统计规律，因此只适用于大量分子构成的系统，不适用于单个分子或少量分子构成的系统.

　　玻尔兹曼发展了麦克斯韦的分子运动论学说，把物理体系的熵和概率联系起来，阐明了热力学第二定律的统计性质，并引出能量均分理论(麦克斯韦-玻尔兹曼定律). 他首先指出，一切自发过程，总是从概率小的状态向概率大的状态变化，从有序向无序变化. 1877 年，玻尔兹曼又提出，用"熵"来量度一个系统中分子的无序程度(玻尔兹曼熵)，并给出熵 S 与无序度 W(即某一个客观状态对应微观态数目，或者说是宏观态出现的概率)之间的关系为 $S = k\ln W$. 这就是著名的**玻尔兹曼熵公式**，其中常量 $k = 1.38 \times 10^{-23}$ J/K 称为玻尔兹曼常量.

　　5. 热寂论

　　如果将热力学第一、第二定律运用于宇宙这一典型的孤立系统，将得到这样的结论：①宇宙能量守恒；②宇宙的熵不会减少. 由此人们会得到：宇宙的熵终将达到极大值，即宇宙将最终达到热平衡，不再有热量的传递与转换，称"热寂".

　　热寂论是把热力学第二定律推广到整个宇宙的一种理论. 宇宙的能量保持不变，宇宙的熵将趋于极大值，伴随着这一进程，宇宙进一步变化的能力越来越小，一切机械的、物理的、化学的、生命的等多种多样的运动逐渐全部转化为热运动，最终达到处处温度相等的热平衡状态，这时一切变化都不会发生，宇宙处于死寂的永恒状态. 宇宙热寂说仅仅是一种可能的猜想.

　　在 19 世纪，对于热寂说有两个较为有影响的驳斥，一个是由玻尔兹曼提出的"涨落说"(1872 年)，另一个是恩格斯利用运动不灭在《自然辩证法》中进行的驳斥(1876 年). 现今对于宇宙的理解为：①宇宙在膨胀；②宇宙作为自引力系统，是具有负热容的不稳定系统. 也就是说宇宙是不稳定的热力学系统，并不像静态宇宙模型所设想的那样具有平衡态，因而其熵亦无最大值，即热寂并不存在.

3.2.4　温度的极限——热力学第三定律

　　热力学第三定律是热力学的四条基本定律之一，其描述的是**热力学系统的熵在温度趋近于绝对零度时趋于定值**. 而对于**完整晶体**(指不存在点缺陷、线缺陷和面缺陷等类型晶体缺陷的晶体)，这个定值为零. 由于这个定律是由能斯特(W. H. Nernst)归纳得出后进行的表述，因此又常被称为**能斯特定理**或**能斯特假定**. 1923 年，路易斯(G. N. Lewis)和兰德尔(M. Randall)对此定律重新提出另一种表述.

　　随着统计力学的发展，这个定律正如其他热力学定律一样得到了各方面解释，而不再只是由实验结果所归纳出的经验定律. 这个定律有适用条件的限制. 虽然其应用范围不如热力学第一、第二定律广泛，但仍对很多学科有重要意义——

特别是在物理化学领域.

1. 定律的由来及其表述

当系统温度降低时，是否存在降低温度的极限?

1702 年，法国物理学家阿蒙顿已经提到了"**绝对零度**"的概念. 他从空气受热时体积和压强都随温度的增加而增加设想，在某个温度下空气的压力将等于零. 根据他的计算，这个温度即后来提出的摄氏温标约为–239℃；后来，兰伯特更精确地重复了阿蒙顿实验，计算出这个温度为–270.3℃. 他说，在这个"绝对的冷"的情况下，空气将紧密地挤在一起. 他们的这个看法没有得到人们的重视. 直到**盖-吕萨克(Gay-Lussac)定律**提出之后，存在绝对零度的思想才得到物理学界的普遍承认.

1848 年，英国物理学家开尔文在确立热力温标时，重新提出了绝对零度是温度的下限，如图 3.12 所示.

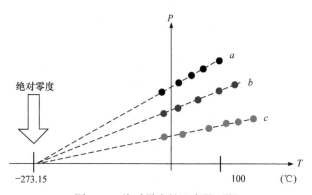

图 3.12　绝对零度是温度的下限

1906 年，德国物理学家能斯特在研究低温条件下物质的变化时，把热力学的原理应用到低温现象和化学反应过程中，发现了一个新的规律，这个规律被表述为："当绝对温度趋于零时，凝聚系(固体和液体)的熵(即热量除以温度的商)在等温过程中的改变趋于零." 德国著名物理学家普朗克把这一定律改述为："**当绝对温度趋于零时，固体和液体的熵也趋于零**." 这就消除了熵常数取值的任意性. 1912 年，能斯特又将这一规律表述为绝对零度不可能达到原理："**不可能使一个物体冷却到绝对温度的零度**." 这就是热力学第三定律.

1940 年福勒和古根海姆(E. A. Guggenheim)还提出热力学第三定律的另一种表述形式：任何系统都不能通过有限的步骤使自身温度降低到 0 K，称为 0 K **不能达到原理**. 此原理和前面所述及的热力学第三定律的几种表述是相互有联系的.

2. 热力学第三定律的意义

在统计物理学上,热力学第三定律反映了微观运动的量子化. 在实际意义上, 第三定律并不像第一、第二定律那样明白地告诫人们放弃制造第一类永动机和第二类永动机的意图,而是鼓励人们想方设法尽可能接近绝对零度. 现代科学可以使用绝热去磁的方法达到10^{-10}K,但永远达不到 0 K.

3.3　能量的微观分配方案——统计物理学

统计物理学是根据对物质微观结构及微观粒子相互作用的认识,用概率统计的方法,对由大量粒子组成的宏观物体的物理性质及宏观规律作出微观解释的理论物理学分支,又称统计力学.

气体动理论(kinetic theory of gases)是统计物理学的前身,是 19 世纪中叶建立的以气体热现象为主要研究对象的经典微观统计理论. 气体动理论旧称**分子运动论**,基本思想是宏观物质由巨大数量的不连续的微小粒子(即分子或原子)组成, 分子之间存在一定间隙,总是处于热运动之中. 分子之间存在相互作用(吸引和排斥),称为分子力. 分子力使分子聚集在一起,在空间形成某种规则分布;热运动的无规性破坏这种有序排列,使分子四散. 两方面的共同作用,决定了物质的各种热学性质,如物质呈现出固、液、气三态及相互转化. 根据上述微观模型,采用统计平均的方法来考察大量分子的集体行为,为气体的宏观热学性质和规律, 如压强、温度、状态方程、内能、比热以及输运过程(扩散、热传导、黏滞性)等提供定量的微观解释. 气体动理论揭示了气体宏观热学性质和过程的微观本质, 所推导的宏观规律给出了宏观量与微观量平均值的关系. 它的成功印证了微观模型和统计方法的正确性,使人们对气体分子的集体运动和相互作用有了清晰的物理图像,标志着物理学的研究第一次达到了分子水平.

气体动理论阐明了气体的物理性质和变化规律,把系统的宏观性质归结为分子的热运动及其相互作用,揭示了宏观现象的微观本质. 它不研究单个分子的运动,只研究大量分子集体运动所决定的微观状态的平均结果,实验测量值就是平均值. 例如,容器中作用于器壁的宏观压强,是大量气体分子与器壁频繁碰撞的平均结果. 理论上,气体动理论以经典力学和统计方法为基础,对热运动及相互作用做适当的简化假设,给出分子模型的碰撞机制,借助概率理论处理大量分子的集体行为,求出表征集体运动的统计平均值. 计算结果与实验测量的偏差,作为修改模型的依据,从而形成自身的理论体系. 这就是气体动理论的研究方法, 它不仅可以研究气体的平衡态,而且可以研究气体由非平衡态向平衡态的转变, 解释输运现象的本质,导出其遵循的宏观规律.

　　大量分子的运动服从统计规律. 统计物理学(气体动理论)就是使用统计方法描述气体分子的运动状况(汪志诚，2020).

3.3.1　大量微观粒子运动遵循的规律——统计规律

　　1. 统计规律的概念

　　一个系统的任何运动都是在一定条件下发生的. 当条件确定时，如果某一现象必然发生，则称为**必然事件**；如果某一现象一定不发生，称为**不可能事件**；如果某一现象可能发生也可能不发生，则称为**随机事件**，也叫**偶然事件**. 所谓的**统计规律，就是在大量随机事件的集合中出现的规律，是支配大量个别偶然事件整体行为的规律性**. 如图 3.13 所示为著名的显示统计规律的伽尔顿板实验.

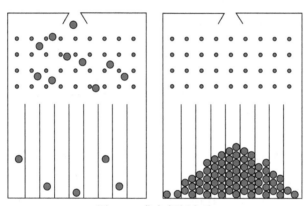

图 3.13　伽尔顿板实验

　　2. 统计规律的特点

统计规律不同于力学规律，它有以下几个特点：
(1) 只对大量的随机事件的总体起作用；
(2) 随机事件的数量越多，规律越准确，规律性越稳定明显；
(3) 在大数条件下，随机事件占总事件的比率趋向于一个确定的数值——**概率**，概率是统计规律的主要特征；
(4) 实测的比率与多次测量的平均值总存在一定的偏差的现象，称为**涨落现象**. 涨落现象是统计规律所特有的，随机事件的数量越大，则涨落越小、越不明显.

　　3. 随机事件的概率

　　统计规律性与力学规律性的本质区别在于：力学规律可以指出在给定的初始条件下，力学体系在任一指定时刻必然处于某一确定的运动状态；而统计规律只是指出，在一定条件下，系统处于某一状态的概率是多大.

1) 概率的定义

发生某一随机事件可能性大小的定量描述就是概率.

2) 概率的计算

某一随机事件 i 出现的概率(P_i)就是该事件出现的次数(N_i)与实验总次数(N)之比，当 $N \to \infty$ 时的极限值，即

$$P_i = \lim_{N \to \infty} \frac{N_i}{N} \quad (0 \leqslant N_i \leqslant N).\tag{3.3}$$

可以看出，当 $P_i = 1$ 时，发生的是必然事件；当 $P_i = 0$ 时，显示的是不可能事件；而随机事件对应的概率 $0 < P_i < 1$.

由于事件 i 每次出现的偶然性，它在有限的 N 次观测中出现的次数 N_i 与 N 之比 $\dfrac{N_i}{N}$ 是涨落不定的. 但是随着 N 的增大，由于偶然因素影响的相对减少，随机现象本身固有的规律性就逐渐显现出来，当 $N \to \infty$ 时，这个比值就趋于某一确定的值 P_i.

在引进概率的概念以后，统计规律性又可概括为**在一定条件下，随机事件按一定的概率发生**.

3) 等概率原理

等概率原理在统计物理中是一个基本假设，其正确性由它的种种推论与客观事实相符而得到肯定. 等概率原理是指当系统处于平衡时，如果除能量一定、体积一定和粒子数一定外，没有任何其他的限制，则发现系统处在各微观状态的概率都是相同的，称之为**等概率原理**. 它是统计物理学的一个重要的基本假定，大量由这个基本假定得出的推论都被实验证实.

4. 互斥事件和独立事件

在概率论中，把在一定条件下不可能同时发生的事件叫作**互斥事件**；把互不发生影响、可以同时发生的事件叫作**独立事件**. 互斥事件和独立事件由于发生的条件不同，遵从的规律也不一样. 多个互斥事件同时发生的概率遵从加法定理，而多个独立事件同时发生的概率则遵从乘法定理.

1) 加法定理

发生两个互斥事件中任一事件的概率等于每一事件的概率之和

$$P_{AB} = \lim_{N \to \infty} \frac{N_A + N_B}{N} = P_A + P_B.\tag{3.4}$$

2) 归一化条件

随机现象的所有互斥事件的概率之和等于 1

$$\sum_{i=1}^{N} P_i = \lim_{N \to \infty} \sum_{i=1}^{N} \frac{N_i}{N} = \lim_{N \to \infty} \frac{1}{N} \sum_{i=1}^{N} N_i = 1. \tag{3.5}$$

3) 乘法定理

几个独立事件同时发生的概率等于各个独立事件的概率之积

$$P_{AB} = \lim_{N_1 \to \infty} \frac{N_A}{N_1} \cdot \lim_{N_2 \to \infty} \frac{N_B}{N_2} = P_A \cdot P_B. \tag{3.6}$$

5. 统计平均值

若某物理量 Q 在 N 次测量中测量值为 $Q_1, Q_2, \cdots, Q_n$ 的次数分别为 $N_1, N_2, \cdots, N_n$，则 Q 的算术平均值为

$$\bar{Q} = \frac{\sum_{i=1}^{n} Q_i N_i}{N} \quad (N \text{为有限的数}); \tag{3.7}$$

当测量次数无限增多时，Q 的平均值就可表示为

$$\bar{Q} = \left(\frac{\sum_{i=1}^{n} Q_i N_i}{N} \right)_{N \to \infty} = \left(\sum_{i=1}^{n} Q_i \frac{N_i}{N} \right)_{N \to \infty} = \sum_{i=1}^{n} Q_i P_i; \tag{3.8}$$

如果 Q 值是连续变化的，则上式求和可用积分表示. 设取 Q 值的次数为 dN，则 Q 的统计平均值为

$$\bar{Q} = \frac{\int Q dN}{N} = \int Q \frac{dN}{N}. \tag{3.9}$$

6. 概率分布函数

概率分布函数是概率论的基本概念之一. 它表示一个随机变量 x 在某一范围 Δx 取值的概率，这个概率是 x 的函数，称这种函数为随机变量 x 的分布函数，简称分布函数，记作 $f(x)$，由它可以决定随机变量落入任何范围内的概率.

我们考察一个靶板上黑点的分布情况. 如图 3.14 所示，我们将靶板沿 x 方向划分为若干个宽为 Δx 的窄条，数出每一窄条中的黑点数，

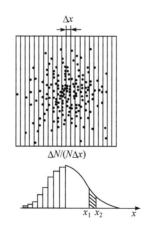

图 3.14　确定 x 方向分布函数示意图

窄条中黑点数占总黑点数的比例即为黑点在该位置处的概率，由此可以求出概率分布函数为

$$f(x) = \frac{\Delta N}{N \cdot \Delta x} . \qquad (3.10)$$

考虑到 Δx 的宽度越小，描述越精确，因此考虑窄条宽度趋于极限的情况，$\Delta x \rightarrow \mathrm{d}x$ ，可得到黑点处于 $x \sim x + \mathrm{d}x$ 范围内的概率为

$$\frac{\mathrm{d}N}{N} = f(x)\mathrm{d}x . \qquad (3.11)$$

对上式进行积分即可求出位置处于 $x_1 \sim x_2$ 范围内的概率为

$$\frac{\Delta N_{x_1 \sim x_2}}{N} = \int_{x_1}^{x_2} f(x)\mathrm{d}x . \qquad (3.12)$$

由于 $f(x)\mathrm{d}x$ 描述的是概率，因此必然满足归一化条件

$$\int_{-\infty}^{+\infty} f(x)\mathrm{d}x = 1 . \qquad (3.13)$$

上面求出的是按照 x 方向黑点数的分布概率，但是在 y 方向的黑点数分布还无法确定，因此我们把靶板沿 y 方向划分为若干个宽为 Δy 的窄条，数出每一窄条中的黑点数，如图 3.15 所示，求出

$$f(y) = \frac{\Delta N}{N \cdot \Delta y} , \qquad (3.14)$$

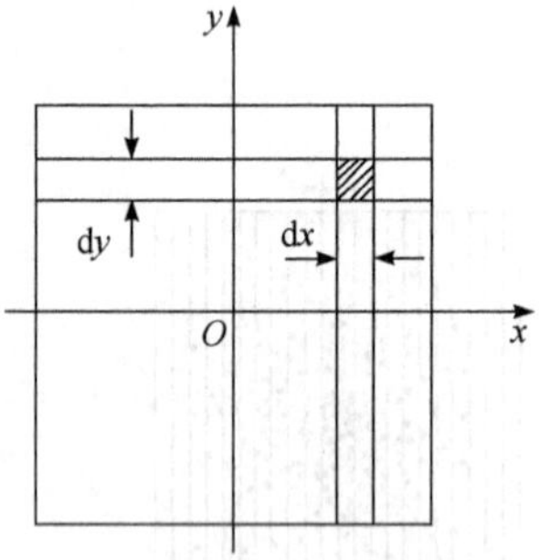

并可得到黑点处于 $y \sim y + \mathrm{d}y$ 范围内的概率为 $f(y)\mathrm{d}y$. 显然，黑点处于 $x \sim x + \mathrm{d}x$ ， $y \sim y + \mathrm{d}y$ 范围内的概率就是图中打上斜线的范围内的黑点数与总黑点数之比.

粒子处于 $\mathrm{d}x\mathrm{d}y$ 上的概率为

$$f(x)\mathrm{d}x \cdot f(y)\mathrm{d}y = f(x,y)\mathrm{d}x\mathrm{d}y . \qquad (3.15)$$

图 3.15　确定整体分布函数示意图

$f(x,y)$ 称为黑点沿平面位置的概率密度分布函数，表示在这一区域内黑点相对密集的程度. $f(x,y)\mathrm{d}x\mathrm{d}y$ 称为沿平面位置的概率分布. 若要求出处于 $x_1 \sim x_2$ ， $y_1 \sim y_2$ 范围内的概率，只要对 x、y 积分即可

$$\int_{y_1}^{y_2}\int_{x_1}^{x_2} f(x,y)\mathrm{d}x\mathrm{d}y = \int_{y_1}^{y_2} f(y)\mathrm{d}y \cdot \int_{x_1}^{x_2} f(x)\mathrm{d}x . \qquad (3.16)$$

有了概率分布函数就可求平均值. 例如, 黑点的 x 方向坐标偏离靶心($x=0$)的平均值为

$$\bar{x} = \int_{-\infty}^{+\infty} xf(x)\mathrm{d}x \, ; \tag{3.17}$$

x 的某一函数 $F(x)$ 的平均值为

$$\overline{F(x)} = \int_{-\infty}^{+\infty} F(x)f(x)\mathrm{d}x \, ; \tag{3.18}$$

x、y 的某一函数 $g(x,y)$ 的平均值为

$$\overline{g(x,y)} = \int_{-\infty}^{+\infty}\int_{-\infty}^{+\infty} g(x,y)f(x,y)\mathrm{d}x\mathrm{d}y \, . \tag{3.19}$$

7. 气体分子速率分布函数和分布曲线

为了描述气体分子按速率的分布情况, 研究它的定量规律, 引入速率分布函数的概念.

1) 速率分布函数

令 N 表示一定量的气体所包含的总分子数, ΔN 表示速率分布在某一区间 $v \sim v + \Delta v$ 内的分子数, 则 $\dfrac{\Delta N}{N}$ 表示在 $v \sim v + \Delta v$ 间隔内的分子数在总分子数中所占的比率. 如图 3.16 所示, 窄条面积 $\Delta S = \dfrac{\Delta N}{N}$ 表示速率在 $v \sim v + \Delta v$ 区间的分子数占总数的百分比. 将表征所有相同间隔内的分子数占总分子数的比率的窄条在图中表示, 连接窄条顶端的曲线即是描述速率分布的曲线.

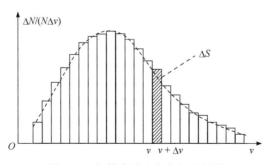

图 3.16　气体分子速率分布示意图

设速率分布函数为 $f(v)$, 则有

$$f(v) = \lim_{\Delta v \to 0} \frac{\Delta N}{N \cdot \Delta v} = \frac{1}{N}\lim_{\Delta v \to 0}\frac{\Delta N}{\Delta v} = \frac{1}{N}\frac{\mathrm{d}N}{\mathrm{d}v} \, , \tag{3.20}$$

表示在温度为 T 的平衡状态下，速率在 v 附近单位速率区间内的分子数占总数的百分比.

分布函数 $f(v)$ 是速率分布问题的核心，如果知道了分布函数 $f(v)$，就可以求出任意指定的范围内的分子数所占的比率，并可计算与此比率有关的量，如速率的各种平均值等.

如确定了速率分布函数 $f(v)$，可以用积分的方法求任一有限速率范围 $v_1 \sim v_2$ 内的分子数占总分子数的比率

$$\frac{\Delta N}{N} = \int_{v_1}^{v_2} f(v)\mathrm{d}v\ ; \tag{3.21}$$

而速率位于 $v_1 \sim v_2$ 区间的分子数

$$\Delta N = \int_{v_1}^{v_2} Nf(v)\mathrm{d}v\ . \tag{3.22}$$

由于全部分子百分之百地分布在由 $0 \sim \infty$ 的整个速率范围内，若在上式中取 $v_1 = 0$，$v_2 \to \infty$，则结果显然为 1，即

$$\int_0^{\infty} f(v)\mathrm{d}v = 1\ . \tag{3.23}$$

这是由 $f(v)$ 本身的物理意义决定的，是 $f(v)$ 必须满足的条件，叫**速率分布函数的归一化条件**，对任何的分布 $f(v)$，均有此条件限制.

2) 速率分布曲线

如果知道了分布函数 $f(v)$ 的具体形式，可以以速率 v 为横轴，以分布函数 $f(v)$ 为纵轴做出速率分布曲线，用图线表示速率分布的规律，如图 3.17 所示，称为气体分子的**速率分布曲线**.

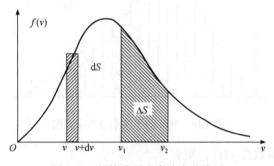

图 3.17　气体分子速率分布曲线图

在速率为 v 附近时的速率间隔 $\mathrm{d}v$ 内分子数占总分子数的比率就是此时的

$f(v)$ 与 dv 的乘积, 即 $f(v)$ 曲线与 dv 所包围的面积, 即 $\dfrac{\mathrm{d}N}{N}=f(v)\mathrm{d}v=\mathrm{d}S$.

速率位于 $v_1 \sim v_2$ 区间的分子数占总分子数的百分比就是曲线下面所包围的面积 ΔS

$$\Delta S = \frac{\Delta N(v_1 \sim v_2)}{N} = \int_{v_1}^{v_2} f(v)\mathrm{d}v . \tag{3.24}$$

由气体分子速率分布函数的归一化条件, $\int_0^{\infty} f(v)\mathrm{d}v = 1$, 可知速率分布曲线的几何意义, 即曲线下所包围的总面积恒为 1.

知道了分布函数 $f(v)$ 或分布曲线, 就可以求出任意指定速率间隔内的分子数比率.

3.3.2 热运动遵从的规律——麦克斯韦和玻尔兹曼分布律

气体中个别分子的速度具有怎样的数值和方向完全是偶然的, 但就大量分子的整体来看, 在一定的条件下, 气体分子的速度分布也遵从一定的统计规律. 在平衡态下, 理想气体分子的速度分布是有规律的, 这个规律称为**麦克斯韦速度分布律**. 如果不考虑分子的速度方向, 只考虑速度的大小, 即速率分布, 则可称为**麦克斯韦速率分布律**. 麦克斯韦速率分布律是一个描述一定温度下微观粒子运动速率的概率分布, 在物理学和化学中均有应用, 最常见的应用是在统计热力学的领域. 任何(宏观)物理系统的温度都是组成该系统的分子和原子的运动结果.

1. 麦克斯韦速度分布律

1) 速度空间

描述气体分子的速度, 需要确定气体分子速度的大小和方向. 速度可以用矢量代数的方式表示: $\boldsymbol{v} = v_x \boldsymbol{i} + v_y \boldsymbol{j} + v_z \boldsymbol{k}$, 其中 v_x、v_y、v_z 分别表示速度沿 x、y、z 方向进行投影. 如果以 v_x、v_y、v_z 为轴建立坐标系, 每个分子的速度矢量都可用一个以坐标原点为起点的有向线段来表示. 如果以速度矢量点的坐标来表示这一矢量, 而将矢量符号抹去, 这样的点称为**代表点**. 显然一个分子的速度就可以用该坐标系中的一个代表点来表示, 确定了代表点的位置, 也就是确定了分子速度的大小和方向. 这个坐标系所确定的空间称为**速度空间**. 速度空间是人们想象出的一种空间坐标, 它所描述的不是分子的空间位置, 而是速度的大小和方向.

速度空间中一个代表点对应一个分子的速度, 大量的气体分子在速度空间中代表点的分布其实就是大量分子的速度分布. 分子按速度的分布规律就可以用代表点在速度空间的分布来描述. 如图 3.18 所示为分子在速度空间中的分布.

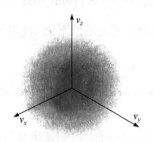

图 3.18　速度空间内分子速度分布示意图

2) 麦克斯韦速度分布函数

早在 1859 年, 当时分子概念还只是一种假说, 气体分子速率的实验测定还没有成功, 麦克斯韦根据气体在平衡态下大量分子无规则运动所满足的统计假定并借助于概率论, 从理论上推导出了在平衡态下, 气体分子数目按速度的分布规律, 这就是麦克斯韦速度分布律.

在一定温度的平衡态下, 气体分子按照速度的分布满足统计规律, 速度分量处于 $v_x \sim v_x + \mathrm{d}v_x$, $v_y \sim v_y + \mathrm{d}v_y$, $v_z \sim v_z + \mathrm{d}v_z$ 速度区间内的分子数占总分子数的比率为

$$\frac{\mathrm{d}N(v_x, v_y, v_z)}{N} = \left(\frac{m}{2\pi kT}\right)^{3/2} \mathrm{e}^{-\frac{m}{2kT}(v_x^2 + v_y^2 + v_z^2)} \mathrm{d}v_x \mathrm{d}v_y \mathrm{d}v_z . \tag{3.25}$$

对应的速度分布函数为

$$f(v_x, v_y, v_z) = \left(\frac{m}{2\pi kT}\right)^{3/2} \mathrm{e}^{-\frac{m}{2kT}(v_x^2 + v_y^2 + v_z^2)} . \tag{3.26}$$

式中 T 是气体的温度, m 的每个分子的质量, k 为玻尔兹曼常量. 此即为**麦克斯韦速度分布函数及速度分布律**, 反映了理想气体在热动平衡条件下, 气体分子按速度分布的规律.

2. 麦克斯韦速率分布律

在实际讨论中, 我们关注的是气体分子运动速率方面的相关信息, 因此经常使用的是速率分布函数. 由麦克斯韦速度分布函数, 我们可以推导出麦克斯韦速率分布函数和速率分布律.

1) 麦克斯韦速率分布函数

在温度为 T 的平衡态下, 分布在任一速率间隔 $v \sim v + \mathrm{d}v$ 内的分子数比率为

$$\frac{\mathrm{d}N}{N} = 4\pi v^2 \left(\frac{m}{2\pi kT}\right)^{3/2} \mathrm{e}^{-\frac{mv^2}{2kT}} \mathrm{d}v , \tag{3.27}$$

对应的**速率分布函数**为

$$f(v) = 4\pi v^2 \left(\frac{m}{2\pi kT}\right)^{3/2} \mathrm{e}^{-\frac{mv^2}{2kT}} . \tag{3.28}$$

式中 T 是气体的温度，m 为每个分子的质量，k 为玻尔兹曼常量. **麦克斯韦速率分布律** 反映了理想气体在热动平衡条件下，各速率区间分子数占总分子数的百分比的规律.

2) 麦克斯韦速率分布曲线及其特点

根据麦克斯韦分布函数，可在 $f(v)$-v 图上描出麦克斯韦速率分布曲线，如图 3.19 所示.

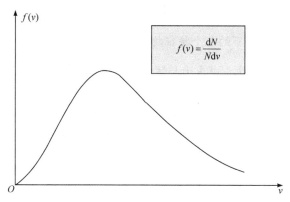

$$f(v) = \frac{\mathrm{d}N}{N\mathrm{d}v}$$

图 3.19　麦克斯韦速率分布曲线

从定律表达式及分布曲线，可看出气体分子速率分布具有以下的特点：

(1) 速率分布曲线从坐标原点出发，经过一定值后随速率的增大而渐近于 v 轴，这表明气体分子的速率 v 可取从 0 到 ∞ 的一切值.

(2) $\dfrac{\mathrm{d}N}{N}$ 与 $\mathrm{d}v$ 成正比，且与速率 v 有关. 这种关系的具体形式即为分布函数 $f(v)$.

(3) 当 $v=0$ 时，$f(v)=0$，因而 $\dfrac{\mathrm{d}N}{N}=0$；当 $v \to \infty$ 时，$f(v)=0$，因而 $\dfrac{\mathrm{d}N}{N}=0$. 中等速率附近的 $f(v)$、$\mathrm{d}N$ 都很大，因而就比率而言，两头小，中间大.

(4) 分布函数 $f(v)$ 存在一个极大值，即在某速率附近单位速率间隔内分子数比率最大. 与 $f(v)$ 的极大值相对应的速率称为 **最概然速率**，用 v_p 表示，后面将会证明 $v_p = \sqrt{\dfrac{2kT}{m}}$.

(5) 由 v_p 的表达式可知，由于 v_p 与气体温度 T 和气体分子质量 m 有关，故分布曲线随 T 和气体种类的不同而有所不同，但速率分布基本特点不变，曲线下的总面积也不变，如图 3.20 所示.

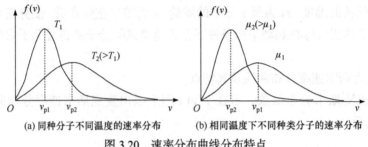

(a) 同种分子不同温度的速率分布　　(b) 相同温度下不同种类分子的速率分布

图 3.20　速率分布曲线分布特点

3. 麦克斯韦速率分布的几个特征物理量

应用麦克斯韦分布律，可求出与气体分子速率分布有关的许多物理量.

1) 最概然速率 v_p

如图 3.21 所示，与速率分布函数 $f(v)$ 的极大值对应的速率叫**最概然速率**，其物理意义是：当温度一定时，在这种速率附近单位速率间隔中的分子数比率最大，或者说，在最概然速率 v_p 附近单位速率间隔内找到分子的可能性最大.

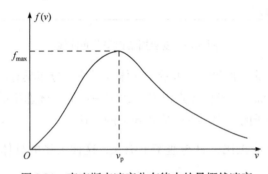

图 3.21　麦克斯韦速率分布律中的最概然速率

由极值条件 $\dfrac{\mathrm{d}f(v)}{\mathrm{d}v}=0$，将麦克斯韦分布函数代入求得

$$v_p=\sqrt{\frac{2kT}{m}},\tag{3.29}$$

又因为 $k=\dfrac{R}{N_A}$，$\dfrac{k}{m}=\dfrac{R}{mN_A}=\dfrac{R}{\mu}$，可将最概然速率表示为

$$v_p=\sqrt{\frac{2RT}{\mu}}\approx1.41\sqrt{\frac{RT}{\mu}}.\tag{3.30}$$

2) 平均速率 $\bar{v}$

平均速率是大量分子无规则运动速率的统计平均值. 将麦克斯韦速率分布函

数 $f(v)$ 代入积分公式

$$\bar{v} = \int_0^\infty v f(v)\mathrm{d}v , \qquad (3.31)$$

可求得

$$\bar{v} = \sqrt{\frac{8kT}{\pi m}} = \sqrt{\frac{8RT}{\pi \mu}} \approx 1.60\sqrt{\frac{RT}{\mu}} . \qquad (3.32)$$

3) 方均根速率 $\sqrt{\overline{v^2}}$

方均根速率是大量分子无规则运动速率平方的平均值的平方根. 将麦克斯韦速率分布函数 $f(v)$ 代入积分公式

$$\overline{v^2} = \int_0^\infty v^2 f(v)\mathrm{d}v , \qquad (3.33)$$

可求得

$$\sqrt{\overline{v^2}} = \sqrt{\frac{3kT}{m}} = \sqrt{\frac{3RT}{\mu}} \approx 1.73\sqrt{\frac{RT}{\mu}} . \qquad (3.34)$$

4) 三种统计速率的比较

可以看出，处于同一状态下的同种气体分子的三种速率的大小关系为

$$\sqrt{\overline{v^2}} : \bar{v} : v_{\mathrm{p}} = 1.73 : 1.60 : 1.41 , \qquad (3.35)$$

即 $\sqrt{\overline{v^2}} > \bar{v} > v_{\mathrm{p}}$ ，均与 $\sqrt{T}$ 成正比，与 $\sqrt{m}$ 成反比，如图 3.22 所示.

三种速率的含义不同，用处也不同.

在讨论分子的速率分布，比较两种不同温度或不同分子质量的气体的分布曲线时常用到最概然速率；在计算分子的平均自由程、气体分子的碰撞次数及气体分子碰撞频率时则用到平均速率；在讨论气体压强、内能和热容并涉及分子的平均平动能时，则要用到方均根速率.

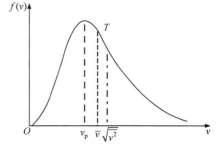

图 3.22　三种统计速率的对比

利用麦克斯韦速度分布律和速率分布律，可以讨论气体分子碰壁数、行星大气逃逸、大气含量分析等问题，玻尔兹曼更是从麦克斯韦速度分布律出发，引入了重力场，得出描述重力场中分子空间分布的玻尔兹曼分布律.

4. 玻尔兹曼分布律

麦克斯韦速度分布律所表述的是处于平衡态的气体分子速度的分布规律. 如

果不受外力场的作用，这时气体分子在空间的分布是均匀的，分子数密度在空间各处相同. 当有保守外力(如重力场、电场等)作用时，气体分子的空间位置就不再均匀分布了，不同位置处分子数密度不同. **玻尔兹曼分布律**是描述**理想气体在受保守外力作用，或保守外力场的作用不可忽略时，处于热平衡态下的气体分子按能量的分布规律**.

1) 麦克斯韦-玻尔兹曼分布律

玻尔兹曼通过分析麦克斯韦速度分布律，发现影响速度分布的是速度因子，直接表现形式与分子动能相关. 因此玻尔兹曼引入保守力场，将位置空间和势能联系在一起，给出了在外力场作用下气体分子的分布规律.

在位置空间中，体积元 $\mathrm{d}x\mathrm{d}y\mathrm{d}z$ 内的分子数 $\mathrm{d}N = n\mathrm{d}x\mathrm{d}y\mathrm{d}z$，其中 n 为分子数密度. 由麦克斯韦速度分布律，可知体积元 $\mathrm{d}x\mathrm{d}y\mathrm{d}z$ 内具有速度在 $v_x \sim v_x + \mathrm{d}v_x$，$v_y \sim v_y + \mathrm{d}v_y$，$v_z \sim v_z + \mathrm{d}v_z$ 的分子数所占比率为

$$\frac{\mathrm{d}N_v}{\mathrm{d}N} = \left(\frac{m}{2\pi kT}\right)^{3/2} \mathrm{e}^{-\frac{m(v_x^2 + v_y^2 + v_z^2)}{2kT}} \mathrm{d}v_x\mathrm{d}v_y\mathrm{d}v_z, \tag{3.36}$$

得到在体积元 $x \sim x + \mathrm{d}x$，$y \sim y + \mathrm{d}y$，$z \sim z + \mathrm{d}z$ 中，同时分子速率处于 $v_x \sim v_x + \mathrm{d}v_x$，$v_y \sim v_y + \mathrm{d}v_y$，$v_z \sim v_z + \mathrm{d}v_z$ 区间内的分子数为

$$\mathrm{d}N_v = n\left(\frac{m}{2\pi kT}\right)^{3/2} \mathrm{e}^{-\frac{\varepsilon_k}{kT}} \mathrm{d}v_x\mathrm{d}v_y\mathrm{d}v_z\mathrm{d}x\mathrm{d}y\mathrm{d}z. \tag{3.37}$$

考虑到分子在外场中的势能对分子位置分布的影响与动能等同，并设 $\varepsilon_\mathrm{p} = 0$ 时 $n = n_0$，则上式变为

$$\mathrm{d}N_v = n_0\left(\frac{m}{2\pi kT}\right)^{3/2} \mathrm{e}^{-\frac{\varepsilon_k + \varepsilon_\mathrm{p}}{kT}} \mathrm{d}v_x\mathrm{d}v_y\mathrm{d}v_z\mathrm{d}x\mathrm{d}y\mathrm{d}z. \tag{3.38}$$

此即为**麦克斯韦-玻尔兹曼分布律**的完整表达式.

2) 玻尔兹曼粒子按势能分布律

进一步考虑体积元内分子数密度 n 的分布，由(3.38)式可得

$$n_v = \frac{\mathrm{d}N_v}{\mathrm{d}x\mathrm{d}y\mathrm{d}z} = n_0\left(\frac{m}{2\pi kT}\right)^{3/2} \mathrm{e}^{-\frac{\varepsilon_k + \varepsilon_\mathrm{p}}{kT}} \mathrm{d}v_x\mathrm{d}v_y\mathrm{d}v_z, \tag{3.39}$$

表示在势能 ε_p 处单位体积内具有速度在 $v_x \sim v_x + \mathrm{d}v_x$，$v_y \sim v_y + \mathrm{d}v_y$，$v_z \sim v_z + \mathrm{d}v_z$ 的分子数. 将上式对所有速度分子积分，有

$$n = n_0 \mathrm{e}^{-\frac{\varepsilon_p}{kT}} \int\limits_{-\infty}^{+\infty}\!\!\int\!\!\int \left(\frac{m}{2\pi kT}\right)^{3/2} \mathrm{e}^{-\frac{\varepsilon_k}{kT}} \mathrm{d}v_x \mathrm{d}v_y \mathrm{d}v_z , \tag{3.40}$$

利用速率分布函数的归一化条件 $\displaystyle\int\limits_{-\infty}^{+\infty}\!\!\int\!\!\int \left(\frac{m}{2\pi kT}\right)^{3/2} \mathrm{e}^{-\frac{\varepsilon_k}{kT}} \mathrm{d}v_x \mathrm{d}v_y \mathrm{d}v_z = 1$，可得到玻尔兹曼粒子按势能的分布规律为

$$n = n_0 \mathrm{e}^{-\frac{\varepsilon_p}{kT}} . \tag{3.41}$$

这是玻尔兹曼分布律的一种常用形式，是一个具有普遍性的规律. 对任何物质微粒(气体、液体的原子和分子、布朗粒子等)在任何保守力场(重力场、静电力场等)中运动的情况都能成立.

3) 重力场中微粒按高度的分布规律

由分子按势能的分布规律，就很容易求出气体分子在重力场中按高度分布的规律，这时 ε_p 为重力势能. 设 z 轴竖直向上，并取 $z = 0$ 处的势能为零，则有 $\varepsilon_p = mgz$. n_0 也就是 $z = 0$ 处的单位体积内的分子数，于是分布在高度为 z 处单位体积内的分子数为

$$n = n_0 \mathrm{e}^{-\frac{mgz}{kT}} . \tag{3.42}$$

此式即重力场中微粒按高度的分布规律：在重力场中，气体分子的数密度 n 随高度的增大按指数规律减少. 它表明：

(1) 分子的质量 m 越大，n 减小的越迅速；

(2) 气体的温度 T 越高，n 减小的越缓慢.

这两方面反映了两种对立作用的矛盾统一：重力(决定于 m)的作用力图使分子靠近地面；分子无规则运动(决定于 T)则力图使分子均匀地分布于它所能到达的空间，两者的对立统一使气体在重力场中达到平衡时，气体分子在空间有一确定的非均匀分布. 随着高度的增加，分子数密度减小，在 1000 km 高处大气密度小到几乎为零，故可认为大气层高度为 1000 km. 大气中各种组分的气体密度随高度增加而作指数衰减. 氢分子的质量 m 较其他种类分子的值小，因此空气中氢在高空中的相对含量较地面上高.

4) 等温气压公式

由理想气体压强公式 $p = nkT$ 可知，当温度一定时，气体压强 p 与单位体积内的分子数 n 成正比. 若将大气看作理想气体，并考虑到重力场中气体分子分布的不均匀性，则有

$$p = nkT = n_0 kT \cdot e^{-\frac{mgz}{kT}} = p_0 e^{-\frac{\mu gz}{RT}}. \tag{3.43}$$

式中 $p_0 = n_0 kT$ 表示在 $z = 0$ 处的压强，μ 为气体的摩尔质量. 此式称为**等温气压公式**. 它表示**大气压强随高度增加按指数规律减小**. 对公式取对数并化简，可得

$$z = \frac{RT}{\mu g} \ln \frac{p_0}{p}. \tag{3.44}$$

在日常的爬山和航空中，可利用(3.44)式根据测定的大气压强来计算上升的高度. 因为大气压强比较容易测定，这样就比较简单地得出所处的高度. 但结果只是近似值，因为大气温度随高度的变化是不一样的，g 也随高度变化而略有不同. 虽然结果是近似的，但在高度不很大和对精度要求不高的情况下，该公式还是非常方便有效的，如图 3.23 所示.

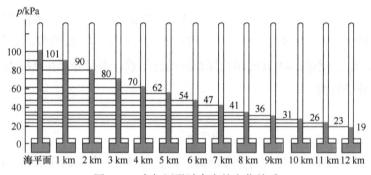

图 3.23　大气压强随高度的变化关系

3.3.3　能量的微观分配规律——能量按自由度均分定理

1. 分子的自由度

气体分子按结构可分为单原子分子(如 He、Ar)、双原子分子(如 H_2、N_2、O_2、CO)、三原子分子或多原子分子(如 H_2O、CO_2、NH_3).

1) 单原子分子

单原子分子由一个原子构成，可看作自由质点，因此只有 3 个平动自由度.

2) 双原子分子

双原子分子可看作由两个质点和连接两个质点的轻杆构成，由两原子间的距离是否变化，双原子分子可分为刚性双原子分子和非刚性双原子分子.

(1) 刚性双原子分子：刚性双原子分子中连接两个原子的轻杆为刚性的，长度不能改变. 因此，刚性双原子分子需 3 个坐标决定其质心的位置——3 个平动自由度. 需 2 个坐标确定两原子之间连线的方位——2 个转动自由度. 因原子看作质

点，绕其连线的转动无意义. 因此，自由刚性双原子分子的自由度数为 5.

(2) 非刚性双原子分子：非刚性双原子分子中连接两个原子的轻杆为弹性的，长度可以改变. 因此，非刚性双原子分子除需 5 个自由度来确定其质心及连线方位外，还需 1 个坐标来确定两质点间的相对位置——1 个振动自由度. 因此，自由非刚性双原子分子有 6 个自由度.

3) 多原子分子

多原子分子可看作由多个质点构成的，同样可分为刚性多原子分子和非刚性多原子分子.

(1) 刚性多原子分子：构成刚性多原子分子的原子之间的距离保持不变，且原子不排列在一条直线上，整个分子可看成自由刚体，自由度数为 6.

(2) 非刚性多原子分子：如果某一多原子分子由 $n(n \geqslant 3)$ 个原子组成，且不都排列在一条直线上，则需 3 个自由度确定其平动，3 个自由度确定其转动，还需确定其原子间的振动情况. 在 n 个原子之间，共可连成 $3(n-2)$ 个连线，每个连线表示两个原子间的相对位置，故需 $3(n-2)$ 个自由度以确定每对原子间的相对位置. 因此，非刚性多原子分子最多可有 $3n$ 个自由度：3 个平动，3 个转动，$3(n-2)$ 个振动. 将分子的自由度列于表 3.1 中.

表 3.1 分子的自由度

分子类型	平动自由度 t	转动自由度 r	振动自由度 s	总自由度 $i = t+r+s$
单原子分子	3	0	0	3
刚性双原子分子	3	2	0	5
非刚性双原子分子	3	2	1	6
刚性多原子分子	3	3	0	6
非刚性多原子分子	3	3	$3(n-2)$	$3n$

2. 能量按自由度均分定理

1) 能量按自由度均分定理

平衡态下理想气体的平均平动能公式

$$\overline{\varepsilon_{\text{平}}} = \frac{1}{2}m\overline{v^2} = \frac{3}{2}kT \tag{3.45}$$

分子有 3 个平动自由度，与此相应，分子的平动可以分解为沿三个坐标轴的运动. 因为

$$\overline{v^2} = \overline{v_x^2} + \overline{v_y^2} + \overline{v_z^2}, \tag{3.46}$$

分子的平均平动能可表示为

$$\frac{1}{2}m\overline{v^2} = \frac{1}{2}m\overline{v_x^2} + \frac{1}{2}m\overline{v_y^2} + \frac{1}{2}m\overline{v_z^2}. \tag{3.47}$$

前面曾指出，在平衡态下，有 $\overline{v_x^2} = \overline{v_y^2} = \overline{v_z^2} = \frac{1}{3}\overline{v^2}$，故

$$\frac{1}{2}m\overline{v_x^2} = \frac{1}{2}m\overline{v_y^2} = \frac{1}{2}m\overline{v_z^2} = \frac{1}{3}\left(\frac{1}{2}m\overline{v^2}\right) = \frac{1}{2}kT. \tag{3.48}$$

结果表明，**分子的每个平动自由度具有相同的平均动能**，其数值为 $\frac{1}{2}kT$．也就是说，分子的平均平动能 $\frac{3}{2}kT$ 是均匀地分配到各个平动自由度上的．

对于这一结果可作如下解释：气体平衡态的建立和维持，是靠分子的无规则运动和频繁的碰撞实现的．在碰撞中，能量可以由一个分子传递给另一个分子，可以由一种运动形式转化为另一种运动形式，也可由一个自由度转移到另一个自由度．这些转变都是无规则的，但总的趋势是各种形式的平均能量趋于相等，因为没有任何理由使得哪一种运动形式更占优势．当达到平衡态时，从微观上说这些转变仍然在不断地进行，但总能量却是通过碰撞而机会均等地分配到每一个自由度．

这个结论可以推广到分子的转动和振动自由度，根据经典统计力学的基本原理，可以从理论上导出一个普遍的定理——能量按自由度均分定理：**在温度为 T 的平衡态下，分子任何一种运动形式的每个自由度都具有相同的平均动能 $\frac{1}{2}kT$**．

若以 t、r、s 分别表示分子的平动、转动和振动自由度数，则每个分子的总动能为 $\frac{1}{2}(t+r+s)kT$．由此可看出，T 相同时，结构不同的分子总动能不同，自由度数大的总动能大．但任何分子的平动自由度都是 3，故 T 相同时，其平均平动能相同，故说温度 T 是做无规则运动的大量分子的平均平动能的量度．

需要指出的是，振动自由度和其他两种自由度不同，平动和转动只有相应的动能，而振动不但有动能，还有势能，而且平均动能和平均势能相等(力学中已经证明)．因此，在计算分子的总能量时要考虑到分子内部原子的振动势能．由于分子内部原子的微振动可看作谐振动，其一周期的平均动能和平均势能相等，因而对每一个振动自由度，分子还具有 $\frac{1}{2}kT$ 的平均势能，所以每个分子的总能量为

$$\overline{\varepsilon}_{\text{总}} = \frac{1}{2}(t+r+2s)kT = \frac{i}{2}kT \quad (i=t+r+2s).$$ (3.49)

几种类型分子的总能量，见表 3.2.

表 3.2　几种类型分子的总能量

分子类型	平动自由度 t	转动自由度 r	振动自由度 s	总能量
单原子分子	3	0	0	$3kT/2$
刚性双原子分子	3	2	0	$5kT/2$
非刚性双原子分子	3	2	1	$7kT/2$
刚性多原子分子	3	3	0	$3kT$

2) 能量按自由度均分定理的统计意义

能量按自由度均分定理是对大量分子的无规则运动动能进行统计平均的结果，是一个统计规律. 对个别分子而言，在任一瞬时它的各种形式的动能和总动能完全可能与根据能量均分定理确定的平均值有很大的差别，而且每一种形式的动能也不见得按自由度均分. 对大量分子整体来说，通过温度计系统表征某一属性的状态参量来标志出物体的温度. 在碰撞中，一个分子的能量可以传递给另一个分子，一种运动形式的能量可以转化为另一种运动形式的能量，而且能量还可以由一个自由度转移到另一个自由度. 分配于某一种形式或某一个自由度上的能量多了，则在碰撞中能量由这种形式、这一自由度转移到其他形式或其他自由度的概率就比较大，达到平衡状态时，能量按自由度均分. 因此，**能量均分定理只能回答，在某一温度下，对大量分子的整体来说，每个分子的平均能量是多少**，至于某个分子在某个时刻的能量准确是多少，是不可能有答案的，也是没有必要的，因为分子动理论所研究的对象是宏观系统而不是构成宏观系统的个别分子本身，它所研究的运动形态是宏观系统的热运动而不是个别分子的机械运动.

3. 理想气体的内能

在热力学系统中，气体分子具有动能和相互作用势能，因此系统内部具有一定的能量，称之为内能. 我们从气体动理论的观点出发讨论气体的内能，尤其是理想气体的内能的微观含义和表达方式，并由此从理论上推出理想气体的热容，并将结果与实验值进行比较，从而对分子动理论的正确性进行检验.

1) 气体的内能

一个宏观静止的物体，从分子动理论的观点看，是由无数的分子和原子组成的，全部粒子的能量的总和称为该物体的**内能**. 从微观角度来看，气体的内能包括构成气体的每个分子本身具有的能量和分子间相互作用的势能. 而每个分子的能量又包括整个分子的平动动能、转动动能和分子内部原子的振动动能及原子间的振动势能. 一般来说, 内能还应包括原子内部的能量和原子核内部的能量. 所以内能一般包括: 分子热运动的能量 U_k、分子间相互作用的势能 U_p、化学能 U_c、原子能 U_a、核能 U_n 和表征物体在绝对零度时的零点能 U^0

$$U = U_k + U_p + U_c + U_a + U_n + U^0. \tag{3.50}$$

在一般的热力学过程中, 化学能、原子能、核能和零点能这些形式的能量不发生改变, 而热力学过程涉及的只是内能的改变而不是内能的本身, 这些形式的能量可不计算在内. 因此, 气体的内能只包括分子热运动能量 U_k 和分子间相互作用的势能 U_p, 即

$$U = U_k + U_p. \tag{3.51}$$

因此通常说的内能定义为: **气体的内能包括组成气体的所有分子的无规则运动动能和分子间的相互作用势能.**

不同的动能对应着气体宏观参量温度 T 的不同值, 而不同的势能则对应着气体宏观参量体积 V 的不同值. 宏观上就表现为: 气体的内能是状态参量 T 和 V 的单值函数. 因此, **系统的内能是状态参量 T 和 V 的函数**

$$U = U(T, V). \tag{3.52}$$

T、V 都是状态量, 因此, 内能是一个态函数, 其数值完全由系统所处的某一状态的温度和体积所决定, 而与如何变化到该状态的路径和过程无关.

2) 理想气体内能的表达式

对于理想气体, 因分子间无相互作用, 其内能只是构成气体的所有分子本身具有的能量之和. 所以理想气体的内能只是温度的单值函数, 而与体积无关, 即

$$U = U(T). \tag{3.53}$$

理想气体在自由膨胀中温度不变, 如图 3.24 所示.

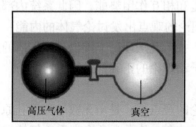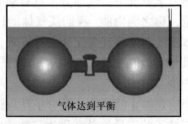

图 3.24　理想气体在自由膨胀中温度不变

1 mol 理想气体的内能为

$$u = N_{\mathrm{A}} \cdot \bar{\varepsilon}_{总} = N_{\mathrm{A}} \cdot \frac{1}{2}(t+r+2s)kT = \frac{i}{2}RT . \tag{3.54}$$

对单原子分子理想气体，$u = \frac{3}{2}RT$；对双原子分子理想气体，不计振动时，$u = \frac{5}{2}RT$，

计振动时，$u = \frac{7}{2}RT$；对多原子分子理想气体，不计振动时，$u = \frac{6}{2}RT = 3RT$，

计振动时，$u = \frac{1}{2}(t+r+2s)RT$.

对任意质量 M 的理想气体，气体的摩尔数 $\nu = \frac{M}{\mu}$，其内能为

$$U = \frac{M}{\mu}u = \frac{M}{\mu} \cdot \frac{i}{2}RT = \frac{i}{2}\nu RT . \tag{3.55}$$

由理想气体状态方程可知，$pV = \nu RT$，因此理想气体的内能可表示为

$$U = \frac{i}{2}pV . \tag{3.56}$$

这里要特别注意，上式并不是表示理想气体的内能与压强和体积成正比，或理想气体内能是压强和体积的函数，而是由于理想气体的压强、体积和温度的相互关系，造成压强与体积的乘积共同作用，当温度不变时，压强与体积的乘积也为常数. 或者说，当压强不变时理想气体的内能与体积成正比，其实这时候温度也与体积成正比，最终体现的仍然是理想气体的内能由温度单值决定.

从以上结果可以看出，理想气体的内能决定于温度和分子的自由度数，而与气体的体积和压强无关. 对于给定气体，自由度 i 是确定的，所以其内能就只与温度有关，这与宏观的实验观测结果是一致的.

3.4　物态变化规律——物性学

我们知道，分子在不停地做无规则运动，分子之间的相互作用力使得分子聚集在一起，而分子的无规则运动又使它们分散开来. 自然界中物质常见的气态、液态和固态三种状态便是由于分子的这两种作用而产生的三种不同的聚集状态. 物理上将固态和液态称为凝聚态. 热学中的热力学和气体动理论主要讨论气体性质，而研究有关物质的气、液、固三态的力学和热学性质的科学称为**物性学**(黄淑清 等，2011).

3.4.1　一种刚硬的凝聚体——固体

物质的固体状态按照结构可分为晶体、非晶体和准晶体.

1. 晶体、非晶体和准晶体

晶体是经过结晶过程而形成的具有规则的几何外形的固体；晶体中原子或分子在空间按一定规律周期性重复的排列，晶体的原子排列具有长程有序的特点，至少在微米量级的范围内原子排列具有周期性. 晶体又分为**单晶体**和**多晶体**. 单晶体是指物质中所含分子(原子或离子)在三维空间中呈规则、周期的一种固体状态，其原子排布如图 3.25(a)所示. 多晶体是由很多排列方式相同但取向不一致的小晶粒组成的一种固体状态，其原子排布如图 3.25(b)所示.

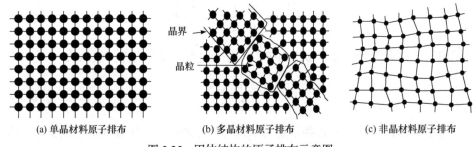

(a) 单晶材料原子排布　　　　(b) 多晶材料原子排布　　　　(c) 非晶材料原子排布

图 3.25　固体结构的原子排布示意图

非晶体的原子排列不具有长程有序的特点，但基本保持了原子排列的短程有序，即近邻原子的数目和种类、近邻原子之间的距离(键长)、近邻原子配置的几何方位(键角)都与晶体相近，其原子排布如图 3.25(c)所示.

还有一种介于晶体和非晶体之间的固体，其原子的排列有长程取向性，而没有长程的平移特性，因而可以具有晶体所不允许的宏观对称性，称为**准晶体**. 在准晶体的原子排列中，其结构是长程有序的，这一点和晶体相似；但是准晶不具备平移对称性,这一点又和晶体不同. 例如，银铝准晶体的原子模型结构如图 3.26所示.

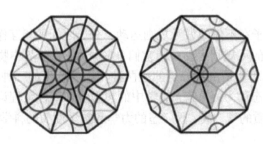

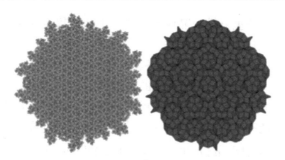

图 3.26　银铝准晶体的原子模型结构

2. 固体的宏观特征

1) 单晶体

常见的单晶体有食盐(NaCl)、石英 (SiO_2) 、方解石 $(CaCO_3)$ 、冰、云母、明矾等.

由于单晶体的整体就是一个晶体，所以具有规则的形状. 例如，食盐晶体呈立方体；石英晶体的中间是六棱柱，两端是六棱锥；方解石晶体是斜六面体，如图 3.27 所示. 雪花是冰的晶体，各种雪花的形状都是六角形的. 图 3.28 是微软前首席技术官纳森·梅尔沃德使用一台 1 亿像素的相机，拍摄出迄今为止分辨率最高的雪花照片.

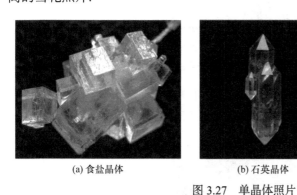

(a) 食盐晶体　　　　　　　　　(b) 石英晶体　　　　　　　　　(c) 方解石晶体

图 3.27　单晶体照片

图 3.28　1 亿像素相机拍摄的雪花照片

　　由于晶体结构具备重复性，晶体本身的大小和形状不反映晶体品种的特征，而外形晶面之间的夹角才是晶体品种特征的反映. 生长条件不同，同一品种的晶体，其外形是不一样的，即外界条件能使某一组晶面相对地变小或者完全隐没. 但属于同一品种的晶体，两个对应晶面间的夹角恒定不变，即遵从**晶面角守恒定律**.

　　所谓晶面角守恒定律是指同一物质的不同晶体在同一温度和压强下晶面的数目、大小、形状可能有很大的差别，但对应的晶面之间的夹角是恒定的. 例如：石英晶体的各个晶面之间，a、b 间夹角总是$141°47'$；a、c 间夹角总是$113°08'$；b、c 间夹角总是$120°00'$，如图 3.29 所示. 由于晶体热膨胀的各向异性，晶面角将随温度而变.

图 3.29　石英晶体的若干外形

　　在不同方向上，晶体的机械强度、导热性能、导电性质等物理性质不同，也就是说单晶体具有各向异性的特点. 由图 3.30 可以看出，在不同的方向上晶体中原子排列情况不同，故其性质不同.

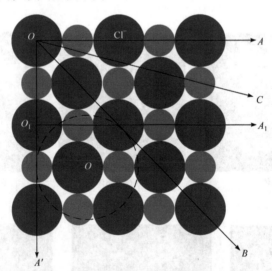

图 3.30　NaCl 晶体结构(100)面示意图

　　单晶体受力后，由其自身结构的原因造成晶体沿一定结晶方向裂开成光滑平面的性质，称为**解理**；由于晶体结构和化学键类型的不同，解理总是沿晶体结构中面网与面网连接力最弱的平面发生，形成的光滑平面称为**解理面**(图 3.31). 在晶体结构中，如果有一系列平行的**质点面**(由原子、离子或分子等质点组成的平面叫质点面，它平行于空间格子的某一组面网)，它们之间的联系力相对较弱，解理即沿这些面产生.

图 3.31　晶体的解理性

单晶体具有固定的熔点. 实验表明，给某种晶体加热，当加热到某一特定温度时，晶体开始熔化，且在熔化过程中温度保持不变，直到晶体全部熔化，温度才开始上升，即晶体有固定的熔点.

一些物质存在几种不同形状的单晶体，如石墨和金刚石都是碳的单晶体，还有二维单晶石墨烯，它们的外形和特性有明显的不同.

2) 多晶体

一般常见的多晶体有金属和岩石等.

由于多晶体都是由单晶体组成的，单晶体的排列又是杂乱无章的，因此多晶体一般没有规则的几何形状，各种金属材料都是多晶体. 如图 3.32 所示为多晶体的结构图.

图 3.32　多晶体的结构图

多晶体的物理性质各向同性. 虽然组成多晶体的每个小晶体物理性质各向异性，但许多单晶体无规则排列后在总体上呈现各向同性.

　　多晶体也有固定的熔点. 单晶体组成多晶体的方式是无规则的, 虽然每个单晶体的取向不同, 但每个单晶体仍保持原来的特性, 因此多晶体仍然具有固定的熔点. 多晶体与单晶体相比可以看出, 晶体都具有固定的熔点, 但是几何形状和物理性质各不相同.

　　3) 非晶体

　　常见的非晶体有松香、沥青、玻璃、塑料、橡皮等. 如图 3.33 所示, 与晶体相比, 非晶体的宏观特征有如下几点:

　　(1) 非晶体外形不规则;

　　(2) 物理性质各向同性;

　　(3) 非晶体没有固定的熔点.

(a) 松香　　　　　　　　　　　　(b) 天然沥青

图 3.33　非晶体的外形不规则

　　由上面的晶体和非晶体的宏观特征可以看出, 晶体和非晶体的主要区别在于是否有固定的熔点, 因此**是否有固定的熔点就是区别晶体和非晶体的主要标志**. 有些材料在某种条件下是晶体, 在另一条件下则是非晶体, 如天然水晶和石英玻璃, 都有二氧化硅成分, 但前者是晶体, 后者是非晶体. 有的晶体与非晶体, 在一定条件下还可以相互转化, 如石英晶体, 熔融过后冷却成为非晶体石英玻璃.

　　4) 准晶体

　　准晶体是 1982 年发现的, 具有凸多面体规则外形的, 但不同于晶体的固态物质, 它们具有晶体物质不具有的五重轴, 如图 3.34 给出的含钛-镁-锌三种金属的准晶体的正十二面体外型. 已知的准晶体都是金属互化物. 准晶体的特点之一就是**五次对称性**.

　　准晶体具有独特的属性, 坚硬又有弹性、非常平滑, 而且与大多数金属不同的是, 其导电、导热性很差, 因此在日常生活中大有用武之地. 在实际上, 准晶体已被开发为有用的材料. 例如, 人们发现组成为铝-铜-铁-铬的准晶体具有低摩擦系数、高硬度、低表面能以及低传热性, 正被开发为炒菜锅的镀层; $Al_{65}Cu_{23}Fe_{12}$ 十分耐磨, 被开发为高温电弧喷嘴的镀层. 另外, 尽管其导热性很差, 但因为其能将热转化为电, 因此, 它们可以用作理想的热电材料, 将热量回收利用, 有些科学家正在尝试用其捕捉汽车废弃的热量(秦善,2006).

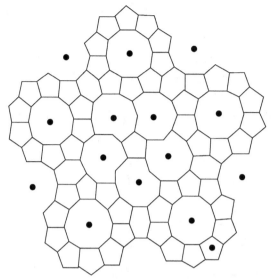

图 3.34 含钛-镁-锌三种金属的准晶体的正十二面体外型

3. 固体的热膨胀

物体因温度改变而发生的膨胀现象叫"**热膨胀**". 通常是指外压强不变的情况下,大多数物质在温度升高时,其体积增大,温度降低时体积缩小. 在相同条件下,气体膨胀最大,液体膨胀次之,固体膨胀最小. 也有少数物质在一定的温度范围内,温度升高时,其体积反而减小. 因为物体温度升高时,分子运动的平均动能增大,分子间的距离也增大,物体的体积随之而扩大;温度降低,物体冷却时分子的平均动能变小,使分子间距离缩短,于是物体的体积就要缩小. 又由于固体、液体和气体分子运动的平均动能大小不同,因而从热膨胀的宏观现象来看亦有显著的区别.

由于固体的结构固定,虽然固体的热膨胀程度相对气体和液体比较弱,但固体的线度(或体积)随温度变化比较稳定. 为了描述物体热膨胀的程度,通常用**膨胀系数**进行描述. 线(体)膨胀系数一般定义为:温度升高 1℃时,物体长度(体积)的相对增加量.

线膨胀表明的是物体线度随温度的升高而引起的增长. 实验表明

$$l = l_0(1 + \alpha t),\qquad(3.57)$$

其中 l_0 表示 0℃时物体的长度,l 表示 t ℃时物体的长度,α 称为物体的线膨胀系数.

体膨胀表明的是物体体积随温度的升高而引起的增大. 实验表明

$$V = V_0(1 + \beta t), \tag{3.58}$$

其中 V_0 表示 $0\,℃$ 时物体的体积, V 表示 $t\,℃$ 时物体的体积, β 称为物体的体膨胀系数.

由于固体具备的热胀冷缩性质, 在生活中如果有剧烈的温度变化, 固体会由于剧烈的膨胀或者收缩而引起断裂或损坏. 而建筑物会由于线度或体积太大, 一年四季温度的变化就会引起比较大的形变, 如果不加考虑会引起建筑物的损坏, 因此需要在施工中通过独特的设计加以避免. 如图 3.35(a) 和 (b) 所示的就是桥梁、楼体在建造时需要留出伸缩缝, 图 3.35(c) 表示如果不留出适当的空隙, 就会由于温度的变化出现破坏. 另外还有很多这样的例子, 比如夏天自行车打气不能打太足、泡好的热茶不能直接放在普通玻璃桌面上, 否则玻璃会炸开.

(a) 桥梁上的伸缩缝　　　(b) 楼体上的伸缩缝　　　(c) 由于留缝不足而翘起的地砖

图 3.35　生活中典型的热胀冷缩现象

生活中也有很多可以利用热胀冷缩现象的技术, 比如可以通过温度计系统表征某一属性的状态参量来标志出物体的温度; 把煮熟的鸡蛋放在冷水中浸一浸, 蛋就很容易剥开; 把拧不下来的金属瓶盖放在热水里浸一会, 瓶盖就很容易拧开了; 利用热膨胀系数相差很大的两种金属(比如铜和铁)制成的双金属片, 遇热弯曲, 推动开关, 回冷后又恢复原样, 起到温控开关的作用.

3.4.2 液面的自动收缩——表面张力现象

液体与空气接触形成表面层, 其厚度的数量级与分子力作用球半径的数量级相同. 由于表面层内液体分子受力情况不同于液体内部, 使得液体表面具有一种不同于液体内部的特殊性质, 即液体内部相邻液体间的相互作用表现为压力, 而液体表面相邻液面间的相互作用则表现为张力. 这种力的存在会引起弯曲液面内外出现压强差以及常见的毛细现象.

1. 表面张力现象

许多现象表明, 液体表面具有自动收缩的趋势, 例如: 液体薄膜的形状总是使得表面积为最小, 硬币或钢针等比重大于水的细小物体可以漂浮在水面上. 说明液体表面有自动收缩的趋势，使液面的周界上受到一个拉力 F，此力垂直于周界，与该处液面相切，而指向表示液面收缩趋势的方向，这就是**表面张力**. 生活中也有许多显示表面张力的现象，如图 3.36 所示.

图 3.36　生活中液体表面张力现象

2. 表面张力和表面张力系数

表面张力可以由实验测定. 实验事实表明，表面张力 f 的大小与液面的周界(或截线)长度 l 成正比，即

$$f = \alpha l, \tag{3.59}$$

式中比例系数 α 称为**表面张力系数**，表面张力系数的大小主要由物质种类决定. 一般说来，易挥发的液体 α 值小，α 还跟与液体相邻的物质种类以及液体温度有关，液体温度越高，α 值越小. 表 3.3 列出了在室温下某些液体(与空气或水的交界面)的表面张力系数. 表 3.4 给出了水的表面张力系数与温度的关系.

表 3.3　部分液体的表面张力系数

液体种类	$t/℃$	$\alpha/(\times 10^{-3}\,\mathrm{N/m})$
水(与空气)	18	73
水银(与空气)	18	490
水银(与水)	20	472

液体种类	$t/\text{℃}$	$\alpha/(\times 10^{-3}\,\text{N/m})$
酒精(与空气)	18	23
乙醚(与空气)	20	16.5
肥皂水(与空气)	20	40

表 3.4　水在不同温度下的表面张力系数

$t/\text{℃}$	$\alpha/(\times 10^{-3}\,\text{N/m})$
0	75.6
20	72.5
50	67.9
100	58.8

此外，表面张力还与液体所含杂质有关，有的杂质能使液体表面张力系数减小. 如果在水面上撒一些滑石粉末，再用玻璃棒蘸一点肥皂水滴到水面上，可看到粉末很快向四周移开. 表明滴入肥皂水处的表面张力比纯水要小，能使表面张力系数减小的物质称为表面活性物质，例如皂类、洗涤剂等就是表面活性物质. 在冶金工业上，为了促使液态金属结晶速度加快，常在其中加入少量的表面活性物质(如在钢水中加硼).

3. 弯曲液面下的附加压强

实验事实表明，由于表面张力的作用，使弯曲液面内无限接近液面处液体的压强 p 与液面外的压强 p_0 之间存在着压强差，此压强差 $\Delta p = p - p_0$ 称为**弯曲液面下的附加压强**. 图 3.37 所示实验表明了这个附加压强的存在. 实验表明，在液面外同样是大气压强 p_0 的情况下，凸液面内的压强大于液面外的压强，且液面曲率半径越小，所产生的附加压强越大.

通过计算可以知道，球形液面附加压强的大小取决于表面张力系数(与液体种类有关)和球半径 R 的数值. 球形液面下的附加压强公式为

$$p - p_0 = \frac{2\alpha}{R}. \tag{3.60}$$

此式是在凸液面的条件下导出的，但对凹液面也成立，应在 $\dfrac{2\alpha}{R}$ 之前加上负号. 概括地说，从液体内部看来，如液面是凸面(如液滴表面、球形液膜的外表面)，则

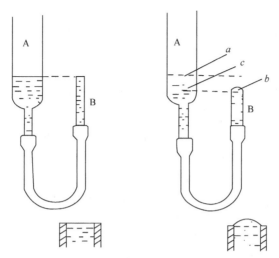

图 3.37 弯曲液面下存在附加压强

$p > p_0$,附加压强为正值;如液面是凹面(如液体中气泡的表面,球形液膜的内表面),则 $p < p_0$,附加压强为负值. 为使两种情况都可以使用相同的公式表示,我们可以把 R 看作代数值,在凸液面情况下,R 本身为正,所以附加压强为正值;在凹液面情况下,R 本身为负值,附加压强为负值.

由此不难看出,半径为 R 的球形肥皂泡内外压强差为 $\dfrac{4\alpha}{R}$,即肥皂泡越小,附加压强越大. 如用连通器吹出大小不同的两个肥皂泡,如图 3.38(a)所示. 然后使其连通,则见小泡变小,大泡变大,如图 3.38(b)所示.

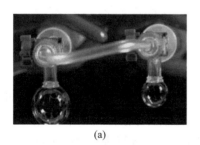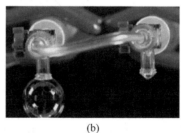

(a)   (b)

图 3.38 两个大小不同的肥皂泡连通

3.4.3 液柱的自动升降——毛细现象

前面分析液体表面张力现象的时候主要考虑的是液体与空气接触所形成的表面层,但液体总是需要用固体器皿装载和传输的,这时候再考虑液体的表面张力现象,就涉及固体、液体和气体的表面作用了,尤其是固体和液体表面之间的性质,会直接影响到液体和空气的表面性质.

1. 润湿与不润湿

不同的液体和固体表面接触时，会表现出不同的性质. 有的液体会附着在固体表面，有的液体会在固体表面呈球形，我们称为**润湿**或**不润湿**. 一种液体滴在某种干净的固体表面上能够扩散开来，就说该液体润湿该固体. 如果液体滴在某种干净的固体表面上总是近似呈球形，且极易滚动，就说该液体不润湿该固体.

润湿和不润湿取决于液体和固体的性质，同一种液体，能润湿某些固体表面，但不能润湿另一些固体表面. 例如：一滴水落在干净的玻璃板上，会在板面上扩散开来，就说水润湿玻璃；但若将水银滴在玻璃上，它总是近似呈球形，且极易在板面上滚动，就说水银不润湿玻璃. 但如果将水银滴在干净的锌板或铜板上，则水银在板面上展开，所以水银润湿锌或铜.

实验事实表明，不同液体对不同固体的润湿程度是不一样的，为表明这种润湿的程度，我们引入**接触角**的概念. 在液体、固体壁和空气交界处做液体表面的切面，此面与固体壁在液体内部所夹的角度 θ 就称为这种液体对该固体的接触角，如图 3.39 所示.

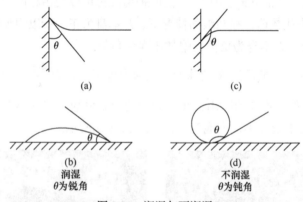

(a)　　　　　　　　　　　　(c)

(b)　　　　　　　　　　　　(d)

润湿　　　　　　　　　　　不润湿

θ为锐角　　　　　　　　　θ为钝角

图 3.39　润湿与不润湿

θ 角为锐角时，液体润湿固体；θ 角为钝角时，液体不润湿固体；如果 $\theta = 0$，液体将延展在全部固体表面上，这时液体完全润湿固体；如果 $\theta = \pi$，则液体完全不润湿固体. 水润湿玻璃，故其接触角是锐角，水与洁净的玻璃润湿程度最大，$\theta = 0$. 水银不润湿玻璃，接触角为钝角，数值为 $\theta = 138°$.

2. 润湿和不润湿的微观解释

润湿和不润湿现象的产生，主要是由于液体分子间的引力与固体分子与液体分子间的相互引力间的强弱对比不同所引起的. 从能量角度可以简单解释这种现象的形成. 在液体与固体接触处，沿固体壁有一层液体称为**附着层**，其厚度等于液体分子间引力的有效作用距离或液体分子与固体分子之间引力的有效作用距离(以较大者为准).

在附着层中,液体分子受固体分子引力的合力称为**附着力**,受其余液体分子引力的合力称为**内聚力**.当内聚力大于附着力时,附着层内较多的液体分子被吸引到液体内部,这与液体自由表面相类似,附着层有收缩倾向,呈现不润湿现象.当附着力大于内聚力时,分子在附着层中的势能比在液体内部要低得,更多的分子进入附着层,使附着层有伸张倾向,即液体沿固体表面扩展,呈现润湿现象.

如果两种液体表面相互接触,则位于一种液体表面的分子也受到另一种液体表面引力的作用,因此它所受到的内部引力被另一液体分子的引力部分抵消,而使其表面张力或表面能发生变化.此时的表面张力称为**界面张力**.

冶金工业上提纯矿物的方法之一——浮选法,就是利用矿粒不润湿液体而黏附在气泡上浮向液面,从而将矿粒与润湿液体的无矿岩渣(沉于液槽底部)分离开来的.

3. 毛细现象

由于液体对固体的润湿或不润湿,在液体表面与固体的接触处形成一定的接触角,所以盛在各种容器里的液体的表面都不是真正的平面.在广阔容器中,绝大部分的液面是平面,仅仅在器壁附近不太大的范围内是弯曲的,因此对整个液面而言附加压强趋于零.但在狭窄的容器,如毛细管中,液体的表面称为一个弯月面,由表面张力造成的附加压强显著,使得管中的液面升高或降低,这种现象称为**毛细现象**.如将内径很细的玻璃管插入水中,可以看到管内水面升高,而且管的内径越小,水面升得越高,如果将这些玻璃管插入水银中,情形则刚好相反,管内水银面会降低,管的内径越小,水银面降得越低,如图 3.40 所示.

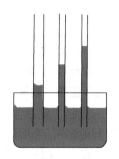 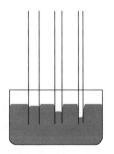

(a) 润湿液体在毛细管里上升　　　　　(b) 不润湿液体在毛细管里下降

图 3.40　毛细现象

液体在毛细管中上升(或降低)的高度与哪些因素有关呢?根据流体静力学原理和弯曲液面下的附加压强,液体在毛细管中上升(或降低)的高度

$$h = \frac{2\alpha \cos \theta}{\rho g r}. \tag{3.61}$$

上式称为毛细管公式. 此式表明, 毛细管中液面上升高度与液体的种类(它决定液体的密度 ρ 和表面张力系数 α)、组成毛细管的材料(接触角 θ 与其有关)及管径 r 有关. 当液体种类及毛细管材料确定时, h 与 r 成反比, 因而管子越细, 液面上升的高度越高, 这个关系可以用来测定液体的表面张力系数. 若液体不润湿管壁, 例如玻璃细管插入水银中的情况, 这时管内水银下降.

在自然界和日常生活中所见的毛细管是多种多样的, 如墙角潮湿发霉、饼干被牛奶浸湿、土壤以及植物的根、茎等, 如图 3.41 所示.

图 3.41　日常生活中的毛细现象

毛细现象的应用也几乎处处可见. 例如, 对于刚种好的麦田总是要将土壤压一压, 以便在土壤中形成许多毛细管, 使地下的水分沿毛细管上升来浸润麦种, 促使麦种早发芽. 如果想要保墒, 使地下水分不致上升到地面蒸发掉, 就必须破坏土壤里的毛细管, 这就是松土的作用.

3.4.4　物态的变化——相变

1. 物态与相

大量的微观粒子在一定的温度和压强下聚集为一种稳定的结构状态, 叫作物质的一种聚集态, 简称**物态**. 最常见的物质状态有**固态、液态和气态**, 俗称 "物质三态". 少见一些的物质状态包括**等离子态、夸克-胶子等离子态、玻色-爱因斯坦凝聚态、费米子凝聚态、酯膜结构、奇异物质、液晶、超液体、超固体**. 若从物质的微观结构去区分物态, 则物质的聚集态就有更多种. 如固体可以分为结晶态、玻璃态, 又如液晶态、等离子态、超导态、超流态、超固态、中子态等都是物质不同的聚集态.

一般说来, 任何一种物质在不同温度、压强和外场(如引力场、电场、磁场等)的影响下呈现不同的物态, 有时一种物质在某一温度、压强下有几种不同的物态同时存在, 从而可以把系统分为几个物理性质均匀的部分, 每个均匀部分称为一个相. 所谓**相**，是指处在热力学平衡状态下的物质系统中，其物理化学性质完全相同、成分相同的均匀物质部分，它和其他部分之间用一定的分界面隔离开来，例如，在由水和冰组成的系统中，冰是一个相，水是另一个相.

处于一个相中的物质拥有单纯的化学组成和物理特性(如密度、晶体结构、折射率等). 物质的气态只有一种结构，多种气体互相混合，也只能形成一个均匀的单相. 物质的液态一般只有一个相，但液态氦则有两个相，分别称为氦 I 和氦 II. 两种不同的液体若能混合，则形成一个均匀相；若不能混合，如水和油，就会出现分界面，形成两相.

物质的固态情况较复杂，结晶态可以有多种结构，它们分别属于不同的相. 因此，一种物质的同一物态可以包含不同的相. 例如，水在高压下有六种不同的结晶态，分别属于六种不同的相；又如硫的固态有单斜晶系和正交晶系两种结构，即两种相. 金刚石、石墨、C_{60} 是固态碳的三个相，铁有四种不同的相(α 铁、β 铁、γ 铁、δ 铁). 而非晶态只有一个相.

2. 组元和相系

系统中每一种化学组分称为一个**组元**. 相和组元不是一个概念，例如，同时存在水蒸气、液态的水和冰的系统是三相系统，尽管这个系统里只有一个组分——水. 一般而言，相与相之间存在着光学界面，**光由一相进入另一相会发生反射和折射**，光在不同的相里行进的速度不同. 混合气体或溶液是分子水平的混合物，分子(离子也一样)之间是不存在光学界面的，因而是单相的. 不同相的界面不一定都一目了然. 更确切地说，相是系统里物理性质完全均匀的部分.

系统中相的总数目称为**相数**，根据相数不同，可以将系统分为单相系统和多相系统. 一个热力学系统，如果各处的性质均匀，叫作**单相系**；如果以界面分开为若干均匀部分，称为**复相系**. 例如，水与酒精的混合物为单相系；密闭于容器中的水和水蒸气为二相系. 上述水和水汽组成的系统为单元二相系；水与酒精的混合物为二元单相系.

3. 相变

不同相之间发生的转变称为**相变**. 如在低于临界压强下，气体的温度降到某一数值时就液化；在一定的压强下，把固体加热到某一温度时，发生熔化；铁磁性物质的温度上升到居里点以上时，其铁磁性就过渡到顺磁性. 这些都是相变现象.

相变总是在一定的压强和一定的温度下发生的. 相变是很普遍的物理过程，在科学研究中会广泛涉及. 在物质形态的互相转换过程中必然要有热量的吸入或放出. 物质三种状态的主要区别在于它们分子间的距离、分子间相互作用力的大小和热运动的方式不同，因此在适当的条件下，物体能从一种状态转变为另一种状态，其转换过程是从量变到质变，例如，物质从固态转变为液态的过程中，固态物质不断吸收热量，温度逐渐升高，这是量变的过程，当温度升高到一定程度，即达到熔点时，再继续供给热量，固态就开始向液态转变，这是物质状态发生了质的变化. 虽然继续供热，但温度并不升高，而是固液并存，直至完全熔解.

不同相之间相互转变一般包括两类，即一级相变和二级相变.

1) 一级相变

一级相变是指有体积的变化同时有热量的吸收或释放的相变. 例如，在一个大气压 0℃的情况下，1 kg 的冰转变成同温度的水，要吸收 79.6 kcal 的热量，与此同时体积亦收缩. 所以，冰与水之间的转换属一级相变. 一级相变过程具有以下特点：

(1) 物质发生相变时，体积要发生显著的变化. 如在一个大气压下，1 kg 的水沸腾而变成蒸汽时，体积要由 1.043×10^{-3} m^3 变为 1.673 m^3. 对大多数物质来说，由液相变为固相时体积要减小，但是也有少数物质(如水、锑、铋等)体积增大.

(2) 一级相变时，要吸收所谓相变潜热. 如在一个大气压下，100℃的水，变成同温度的水汽时，每千克水需要吸热 2260 kJ.

2) 二级相变

相变时没有热效应和熵变，但物质的比热容 c、热膨胀系数 α 和压缩系数 χ 会发生改变，这类相变称为**二级相变**. 例如，氦在极低温度下，由正常氦向超流氦的转变即为二级相变；铁磁性物质加热到某一温度时，磁畴被破坏，转变为顺磁性物质. 这一磁性转变点称为**居里点**，此温度称为**居里温度**，此转变是二级相变. 由于二级相变没有物态的变化，有的只是物理性质的变化，因此不属于经典热学讨论的范围.

4. 相变潜热

一级相变的典型性质之一就是存在相变潜热. 所谓**相变潜热**，是指单位质量的物质从一个相转变为同温度的另一个相的过程中，所吸收的或放出的热量. "潜"是潜在的意思，因所吸收的热量并不反映出物体温度的变化. 不同物质有不同的相变潜热，同一物质的相变潜热也随温度的不同有所变化. 这是物体在固、液、气三相之间以及不同的固相之间相互转变时具有的特点之一. 固、液之间的潜热称为**熔化热**(或凝固热)，液、气之间的称为**汽化热**(或凝结热)，而固、气之间的称为**升华热**(或凝华热).

为了比较不同物质的相变潜热，可以选择不同物质的量. 单位质量的物质发生相变时的吸放热称为比潜热，单位取 kJ/kg，简称**潜热**；如 1 mol 物质发生相变时的吸放热称为摩尔潜热，单位取 J/mol. 物质的相变潜热可由实验测定. 表 3.5 列出了一些物质在一个大气压下的熔化热和汽化热.

表 3.5　部分物质在一个大气压下的熔化热和汽化热

物质	熔化热/(J/g)	熔点/℃	汽化热/(J/g)	沸点/℃
乙醇	108	−114	855	78.3
氨	339	−75	1369	−3.34
二氧化碳	184	−78	574	−57
氦	—	—	21	−268.93
氢	58	−259	455	−253
氮	25.7	−210	200	−196
氧	13.9	−219	213	−183
甲苯	—	−93	351	110.6
松脂	—	—	293	—
水	334	0	2260	100

在确定的温度 T 和压强 P 下系统发生相变时,如果以 u_1 和 u_2 分别表示 1 相和 2 相单位质量的内能, v_1 和 v_2 分别表示 1 相和 2 相的比体积(即单位质量的物质所占的体积),则由热力学第一定律得出,物质由 1 相变为 2 相时所吸收的相变潜热 l 为

$$l = (u_2 - u_1) + p(v_2 - v_1), \tag{3.62}$$

其中 $u_2 - u_1$ 是相变过程中由于分子间相互作用情况发生变化而引起的单位质量物质的内能增量,称为内潜热; $p(v_2 - v_1)$ 是它在相变过程中对外所做的功,称为外潜热.

本 章 小 结

本章我们在对热的本质认识的基础上,介绍了能量转化和守恒定律,并通过对热现象的观测和分析,总结出了热现象的基本规律,即热力学第零、第一、第二和第三定律,这些都是热运动的宏观理论.而建立在气体动理论基础之上的统计物理学则是热运动的微观理论,它能够深入到热运动的本质,把热力学中三个相互独立的基本规律归结于一个基本的统计原理,阐明这三个定律的统计意义.另外,在对物质的微观结构作出某些假设之后,应用统计物理学理论还可以求得具体物质的特性,并阐明产生这些特性的微观机理,这就是反映物态变化的物性学.当然,由于统计物理学对物质的微观结构所作的往往只是简化的模型设计,所得的理论结果也就往往是近似的.随着对物质结构认识的深入和理论方法的发

展，统计物理学的结果也更加接近于实际(汪志诚，2020).

参 考 文 献

郭奕玲, 沈慧君, 2005. 物理学史[M]. 北京: 清华大学出版社.

黄淑清, 聂宜如, 申先甲, 2011. 热学教程[M]. 北京: 高等教育出版社.

纪军, 刘涛, 张兴, 等, 2014. 热质理论及其应用研究进展[J]. 中国科学基金, (6): 446-454.

李椿, 章立源, 钱尚武, 2008. 热学[M]. 北京: 高等教育出版社.

秦善, 2006. 晶体学基础[M]. 北京: 北京大学出版社.

汪志诚, 2020. 热力学·统计物理[M]. 6 版. 北京: 高等教育出版社.

阎康年, 1989. 热力学史[M]. 济南: 山东科学技术出版社.

赵定洲, 2006. 能量守恒定律的疑义[J]. 科技信息: 学术版, (5): 162-163.

复习思考题

(1) 热学中的研究方法和研究内容与其他学科有什么不同?

(2) 温度是如何定义的? 说出温度的宏观定义并说出温度的本质.

(3) 热力学第零定律的内容是什么? 说出热力学第零定律的意义.

(4) 热力学第一定律说明了什么原理? 请写出定律的内容和作用.

(5) 热力学第二定律的本质是什么?

(6) 请说出速率分布函数的物理含义.

(7) 什么是自由度? 能量按自由度均分定理的统计意义是什么?

(8) 热学学习的特点是什么?

第 4 章
能量转化之奇

内容摘要　电磁运动是自然界中存在的普遍的运动形态之一. 自然界里的大多数变化, 几乎都与电和磁相联系. 研究电磁运动对深入认识物质世界是十分重要的. 随着现代科技的发展, 电磁学已成为许多学科和技术的理论基础. 本章将从静电场、恒定磁场和电磁场三个方面介绍关于电磁学的有关内容, 主要强调电磁学的概念形成过程和主要规律的来源.

电磁学是研究电、磁、电磁相互作用现象及其规律和应用的物理学分支学科. 根据近代物理学的观点, 磁现象是由运动电荷所产生的, 因而在电学的范围内必然不同程度地包含磁学的内容. 所以, 电磁学和电学的内容很难截然划分, 而"电学"有时也就作为"电磁学"的简称.

电磁学研究宏观电磁现象(图 4.1). 从 17 世纪到 20 世纪前叶, 人们通过大量的实验研究和理论分析, 认识到电磁现象是与电场和磁场相联系, 从原来互相独立的两门科学(电学、磁学)发展成为物理学中一个完整的分支学科, 主要是基于两个重要的实验发现, 即电流的磁效应和变化磁场的电效应. 这两个实验现象, 加上麦克斯韦关于变化电场产生磁场的假设, 用矢量场的数学性质来表达电磁学

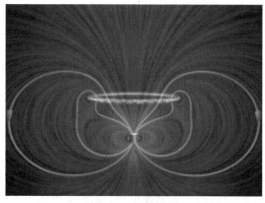

图 4.1　电磁现象

规律，建立了以麦克斯韦方程组为基础的电磁学理论. 电磁场的发现和麦克斯韦方程组的建立，奠定了电磁学的整个理论体系，是继牛顿力学之后物理学的又一丰碑，而且发展了对现代文明有重大影响的电工和电子技术.

中学物理中电磁学作为重要的必修内容已经为大家所熟悉，关于电磁场的许多概念和规律已为大家所掌握. 但是在大学物理中，高等数学的应用和物理概念的重新定义，赋予了对电磁学新的理解和拓展，相关概念需要重新认识和定义，有关规律也需要明白其深层含义. 例如，什么是电？这个电磁学的基本概念究竟有什么含义？根据我们学过的知识，可以形成以下几种认识：

1) 电是一种物质

当物体带电时，它会在周围产生电场，由于电场可以被感知和测量，具有物质的各种属性，因而电场是一种特殊的物质.

2) 电是指电荷

物体本身就携带正负电荷，正负电荷平衡时对外不显示电性，物体带电指的就是物体携带了电荷. 从这个方面来看，电应该是电荷.

3) 电是一种现象

我们所看到的电都呈现出某种现象，如吸引轻小物体、通电发热、闪电等，因此也可以说电是静止或移动的电荷所产生的物理现象.

4) 电是一种能量

电能驱动机械作用，带电物体会具有电势能，电场对带电粒子具有做功本领，平时我们也经常说电能，所以也可以认为电是一种能量.

5) 电是一种属性

物体具有是否带电、带电多少、电荷是否运动等特性，由此也可以说电就是一种属性.

电究竟是什么？磁究竟是什么？它们都有什么性质？电和磁的本质是什么？遵循什么样的规律？科学家们是如何认识这些现象并完善这些规律的？通过系统学习电磁学知识就可以弄明白！

4.1 神奇的电与磁——静电场及恒定磁场

人们很早就已知道发电鱼会发出电击. 根据公元前 2750 年撰写的古埃及书籍，这些电鱼被称为"尼罗河的雷使者"，是所有其他鱼的保护者. 大约两千五百年之后，古希腊人、古罗马人、阿拉伯自然学者和阿拉伯医学者才又有了关于发电鱼的记载. 古罗马医生拉格斯(S. Largus)也在他的大作《医学精选》中，建议患有像痛风或头疼一类病痛的病人去触摸电鳐，也许强力的电击会治愈他们的疾病.

在地中海区域的古老文化里，很早就有文字记载，与猫毛摩擦后的琥珀棒会吸引羽毛一类的物质. 公元前 600 年左右，古希腊的哲学家泰勒斯(Thales)做了一系列关于静电的观察. 从这些观察中，他认为摩擦使琥珀变得磁性化. 这与磁铁矿的性质迥然不同，因为磁铁矿天然地具有磁性. 泰勒斯的见解并不正确，但后来科学证实了磁与电之间的密切关系.

4.1.1 电场的产生——电荷与电场

1. 电荷

人们对电荷的认识是从摩擦起电现象开始的. 用毛皮或丝绸摩擦过的有机玻璃棒、火漆棒、硬橡胶棒等都具有吸引轻小物体的作用，表明摩擦后物体处于一种特殊的状态，我们把处于这种状态下的物体称为带电体，并说物体有了电荷或带了电. 用摩擦的方法使物体带电叫**摩擦起电**.

电荷是微观粒子的一种内禀属性. 实验表明，无论用什么方法使物体带电，所带的电荷只有两类. 为了区别这两种电荷，把用丝绸摩擦过的玻璃棒所带的电荷规定为**正电荷**，而把用毛皮摩擦过的硬橡胶棒所带的电荷规定为**负电荷**. 电荷之间的相互作用规律是：**同种电荷相互排斥，异种电荷相互吸引**.

1) 物质的电结构

1897 年英国物理学家汤姆孙发现了电子，验证了电子带负电，并直接测量了电子电量. 后来人们又发现了质子和中子，质子带正电，中子不带电，一个质子和一个电子所带电量的绝对值相等(图 4.2). 通常物体上的正、负电荷是等量的，物体呈电中性，也可以说成物体不带电；当物体有了多余的电子时，物体带负电；当物体的电子不足时，物体带正电.

2) 电荷守恒定律

在正常情况下，物质是由电中性的原子组成的，其整体也呈电中性. 通过摩擦或别的方法使物体带电的过程，就是使原子电离而转变为离子的过程. 所谓起电，实际上是通过某种作用，使该物体内电子不足或过多而呈带电状态. 很明显，当一个物体失去一些电子而带正电时，必然有

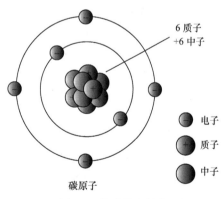

图 4.2 物质的电结构

另一个物体获得这些电子而带负电. 因此，一个与外界没有电荷交换的孤立系统，无论进行何种物理过程，整个系统的电荷总量(正、负电荷的代数和)必定保持不变. 这个结论称为**电荷守恒定律**，它是物理学中具有普遍意义的定律之一，也是

自然界普遍遵从的一个基本规律. 它不仅适用于宏观现象和过程, 也适用于微观现象和过程. 大量实验表明, 一切带电体的电量不因其运动而改变, 这就是说, **电荷是相对论性不变量**.

3) 电量的量子化

物体所带过剩电荷的总量称为电荷量, 简称**电荷**或**电量**. 电量的绝对值是一个基本电荷的电量的整数倍, 这称为**电荷的量子化**. 1909 年, 美国物理学家密立根(R. A. Millikan)在他的油滴实验中发现, 油滴上的电量总是某一基本电荷的整数倍, 这就验证了电荷的量子化. 到目前为止的所有实验表明, 电子或质子是自然界中带有最小电荷量的粒子. 由上面关于物质电结构的讨论可知, 任何物体所带电量, 不是电子电量的整数倍, 就是质子电量的整数倍. 这表明物体所带的电荷量不可能连续地取任意值, 而只能取某一基本单元的整数倍. 若用 e 表示质子所带电量, 电子的电量则为 $-e$, 物体所带电量总可以表示为

$$q = ne, \tag{4.1}$$

式中 n 是正的或负的整数, e 就是电量的基本单元. 电量只能取分立、不连续数值的性质, 称为**电量的量子化**. 在近代物理学中, 量子化是一个重要的基本概念. 1964 年物理学家盖尔曼(M. Gell-Mann)等提出, **强子**(如质子、中子、介子和超子等)是由被称为**层子**或**夸克**(quark)或**反夸克**的更小、更基本的粒子构成的. 按照夸克理论, 夸克带有分数电荷, 不同类型的夸克带有不同的电量, 它们所带的电荷量是电子电荷量的 $\pm 1/3$、$\pm 2/3$. 中子是中性的, 但并不是说中子内部没有电荷, 按夸克理论, 中子内包含一个带有 $2e/3$ 电荷量的上夸克和两个带有 $-e/3$ 电荷量的下夸克, 总电荷量为零. 强子由夸克组成, 在理论上已是无可置疑的, 但到目前为止还没有发现以自由状态存在的夸克. 可以相信, 随着研究的深入, 电量的最小单元不排除会有新的结论, 但是电量量子化的基本规律是不会改变的.

在国际单位制中, 电量的单位是库仑(C). 根据 2014 年国际科技数据委员会推荐的数值, 电量基本单元 $e = 1.6021766208(98) \times 10^{-19} \mathrm{C}$.

2. 库仑定律

1) 库仑定律的表达

1785 年, 法国物理学家库仑(C. A. Coulomb)用他发明的电扭秤, 通过扭秤实验(称为库仑扭秤实验, 如图 4.3 所示)总结出两个点电荷之间的相互作用力所遵循的规律, 称为**库仑定律**. 其表述如下: 两个静止点电荷在真空中的相互作用力(或称静电力)的大小, 与两个点电荷所带电量的乘积成正比, 与它们之间的距离的平方成反比; 作用力的方向沿着两点电荷的连线, 同号电荷相斥(为正), 异号电荷相吸(为负).

如图 4.4 所示，根据库仑定律，如果两个点电荷的电量分别为 q_1 和 q_2，从 q_1 到 q_2 所引的有向线段为 r_{12}，那么，电荷 q_1 对电荷 q_2 的作用力 F_{12} 可以表示为

$$F_{12} = \frac{q_1 q_2}{4\pi\varepsilon_0 r_{12}^2} e_r, \tag{4.2}$$

其中 e_r 表示 q_1 指向 q_2 的单位矢量，ε_0 称为**真空中的介电常量**，也称**真空电容率**，是一个基本的物理常量，是国际单位制引入的两个常量之一，数值由实验确定.

$$\varepsilon_0 = 8.85 \times 10^{-12} \mathrm{C}^2 / (\mathrm{N} \cdot \mathrm{m}^2) \tag{4.3}$$

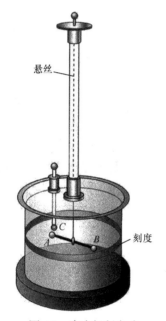

图 4.3　库仑扭秤实验

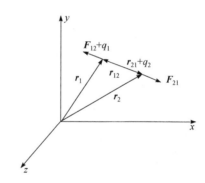

图 4.4　两个点电荷的相互作用

库仑定律只适用于**描述真空中两个相对于观察者静止的点电荷之间的相互作用**. 当两个点电荷相对于观察者运动时，若仍用库仑定律表示它们之间的相互作用，则须对所表示的结果进行修正，如果运动速度远小于光速，则修正量很小.

尽管库仑定律是从宏观带电体的实验结果中总结出来的，但是，近代的实验表明，对于原子内的质子、电子这样的微观带电粒子，即使它们之间的距离小至 $10^{-15}\mathrm{m}$，库仑定律仍然成立. 可以证明，对库仑定律的适用条件可以放宽到只要施力电荷静止即可，受力电荷可以运动(乔际平 等，1991).

在氢原子中，电子和原子核(质子)的平均距离为 $0.53 \times 10^{-10}\mathrm{m}$，按上式可以算

出它们之间的库仑力为 $8.1 \times 10^{-8}\text{N}$，而万有引力仅为 $3.7 \times 10^{-47}\text{N}$，可见**维系电子和原子核形成原子的力是库仑力，而不是万有引力**. 库仑力还是原子构成分子，分子构成固体、液体等凝聚态物质的主要相互作用.

2) 静电力叠加原理

实验指出，当空间有多个点电荷存在时，任意两个点电荷之间的静电力不因其他点电荷的存在而改变. 因此，作用在任意一个点电荷上的总静电力等于其他点电荷单独存在时作用在该点电荷上的静电力的矢量和，即

$$F = \sum_{i=1}^{n} F_i = \sum_{i=1}^{n} \frac{q_0 q_i}{4\pi\varepsilon_0 r_{0i}^2} e_r , \qquad (4.4)$$

称为**静电力叠加原理**. 用库仑定律和静电力叠加原理，原则上可以求出任意两个带电体之间的相互作用力，它们是静电学中的两条最基本的实验定律，静电学的基本定律都可以由它们得到.

自然界中存在四种力，即强力、弱力、电磁力和万有引力，若把在 10^{-15}m 的尺度上的两个质子之间的强力的强度规定为 1，那么其他各力的强度依次为：电磁力为 10^{-2}，弱力为 10^{-9}，万有引力为 10^{-39}. 强力和弱力只在 10^{-15}m 的范围内起作用. 于是我们可以得出这样的结论：**在原子的构成、原子结合成分子以及在固体的形成和液体的凝聚等方面，库仑力起着主要作用**.

3. 电场

物体与物体之间的相互作用，如果不是直接接触，就是借助于它们之间的其他物质——场来传递. 场是一种特殊的物质，它具有：①**物质性**，凡是引起感觉的东西都叫物质；②**特殊性**，不是由原子、分子组成的，无形；③**普遍性**，自然界中普遍存在，例如引力场、电磁场、生物场等.

1) 电场及电场力

两个带电体之间并不直接接触，但它们之间却有相互作用力，说明带电体(电荷)周围存在一种物质，借以传递电荷之间的相互作用力. 英国物理学家法拉第首先提出：电荷在它的周围产生一种特殊形态的物质，其基本特征是，对处于其中的任何其他电荷都有作用力. 电荷周围的这种物质称为**电场**，电场的能量就是储存在电场中. 相对观察者静止的电荷所产生的电场称为**静电场**.

电场对电荷的作用力称为**电场力**或电力. 静电场对电荷的作用称为**静电力**. 任何电荷都会在自己周围的空间激发电场，该电场对置于其中的任何其他电荷施以电场力的作用. 对于两个点电荷 q_1 和 q_2 来说，q_1 处于 q_2 激发的电场中，受到 q_2 的电场施加的作用力；另一方面，q_2 也处于 q_1 激发的电场中，受到 q_1 的电场施

加的作用力. 因此，**电荷与电荷之间的作用力是通过电场来完成的**.

2) 电场强度矢量

一个研究对象的物理特性，总是能通过该对象与其他物体的相互作用显示出来. 由于电场对位于其中的电荷有施力的本领，通过测量一个静止在不同场点的检验电荷 q_0 所受的作用力，可以定量地描述电场. 如果它受到电场力的作用，该点必定存在电场；如果不受电场力的作用，该点就没有电场. 实验表明，电场中试探电荷所受到的电场力 F 的大小和方向都与 q_0 有关，而 F 与 q_0 之比无论大小还是方向都与 q_0 无关，只是一个与场点 P 的位置有关的矢量，这反映了电场的自身特征. 因此，我们定义其比值为**电场强度**(简称**场强**)，用 E 表示为

$$E = \frac{F}{q_0}, \tag{4.5}$$

这表示电场中某点的电场强度是一个矢量，其大小等于单位电荷在该点所受电场力的大小；方向与正电荷在该点所受电场力的方向一致. 对于其他各类电场，其场强也都可以通过静止检验电荷的受力进行定义. 在电场中任意一点有对应的电场 E，所以，电场强度是一个矢量点函数. 场强的大小和方向都相同的电场称为**均匀电场(匀强电场)**.

当静电场中某点的场强 E 已知时，位于该点的电量为 q 的点电荷所受的静电力为

$$F = qE. \tag{4.6}$$

上式也适用于运动电荷，即电场力与受力电荷的运动速度无关.

3) 特殊电荷分布的电场强度

如果电荷分布已知，那么从点电荷的电场强度公式出发，根据电场强度的叠加原理，就可求出任意电荷分布所激发电场的场强.

A. 点电荷的电场

根据电场强度的定义和库仑定律，静止点电荷 q 产生的电场强度为

$$E = \frac{F}{q_0} = \frac{q}{4\pi\varepsilon_0 r^2}e_r, \tag{4.7}$$

式中 e_r 为从 q 点指向场点的单位矢量，r 是 q 到场点的距离. 上式表明，点电荷 q 的场强是以电荷为中心的球对称分布；场强的大小与电量 q 成正比，与场点到电荷 q 之间的距离的平方成反比；方向则沿场点与 q 点的连线，当 $q>0$ 时，E 与 e_r 同向，场强方向背离 q 点；当 $q<0$ 时，E 与 e_r 反向，场强方向指向 q 点.

B. 点电荷系的电场强度

　　由于库仑力满足叠加原理,而静止电荷的场强就是单位正电荷所受的库仑力,所以在多个静止点电荷产生的电场中,某点的电场强度等于每个点电荷单独存在时在该点产生的电场强度的矢量和,这称为**场强叠加原理**. 场强叠加原理不仅适用于静电场,也适用于其他各类电场. 由于电场的物质性,场强叠加原理要比电力叠加原理更为基本. 点电荷系的电场中场点的电场强度为

$$E = E_1 + E_2 + \cdots + E_n = \sum_{i=1}^{n} E_i = \sum_{i=1}^{n} \frac{Q_i}{4\pi\varepsilon_0 r_i^2} e_r . \tag{4.8}$$

　　C. 电偶极子的电场强度

　　由一对离得很近的等量异号点电荷组成的带电系统,称为**电偶极子**. 描述电偶极子性质的物理量是**电偶极矩**,用矢量 p 表示,定义为

$$p = ql , \tag{4.9}$$

其中 q 是电偶极子点电荷电量的绝对值;矢量 l 的大小等于正、负电荷之间的距离,方向由负电荷指向正电荷. 电偶极矩的单位是 $C \cdot m$.

　　如图 4.5 所示的电偶极子中垂线上较远的一点 P 点的电场强度为

$$E = -\frac{p}{4\pi\varepsilon_0 r^3} , \tag{4.10}$$

而在电偶极矩的方向上,距离电偶极子中心 O 点 r 处的场强

$$E = \frac{2p}{4\pi\varepsilon_0 r^3} , \tag{4.11}$$

这时 E 与 l 的方向相同. 电偶极子的电场强度由电偶极矩 p 决定,并与距离 r 的三次方成反比,它比点电荷的场强随 r 衰减得快.

　　如图 4.6 所示,表示匀强电场 E 中的一个电偶极子 p ,它的两个点电荷所受电场力的大小相等、方向相反,形成一个力偶,因此在匀强电场中电偶极子所受电场力的合力为零. 但只要 p 的方向与 E 的方向不一致,电场对电偶极子就作用一个力矩,其效果是让电偶极子转向电场的方向.

　　4. 电通量和高斯定理

　　1) 电场线

　　法拉第为形象地表示电场在空间的分布情况,使电场有一个比较直观的图像,人为地画出一些曲线,称为**电场线(电力线)**. 让电场线上每一点的切线方向代表该

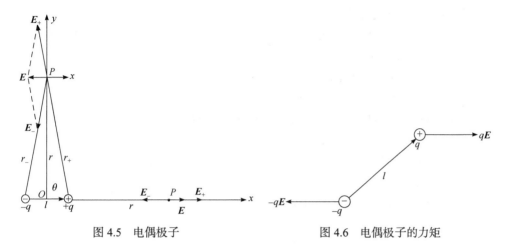

图 4.5 电偶极子   图 4.6 电偶极子的力矩

点的场强方向，而用电场线的条数密度，即该点附近垂直于电场方向的单位面积
所通过的电场线条数，来表示场强的大小. 我们对电场线的画法作出规定：在电
场中任意点处取一小面元 $dS_\perp$ 与该点场强方向垂直，如果穿过 $dS_\perp$ 的电场线有 $d\Phi$
条，则 $\dfrac{d\Phi}{dS_\perp}$ 表示与场强垂直的单位面积上穿过电场线的条数，称为该 $dS_\perp$ 面上的
电场线密度. 在画电场线时规定，场中任意一点的电场线密度等于该点场强的大
小，即

$$E = \frac{d\Phi}{dS_\perp}. \tag{4.12}$$

从电场线的疏密程度就能直接反映出电场中场强的大小. 图 4.7 画出了几种
常见的静止电荷的电场线分布图.

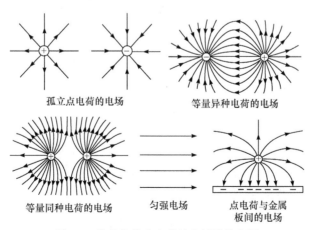

图 4.7 常见的静止电荷的电场线分布图

静电场中电场线的性质:

(1) 电场线起于正电荷(或来自无穷远),止于负电荷(或伸向无穷远),在没有电荷的地方不中断;

(2) 电场线不形成闭合曲线;

(3) 在没有电荷的地方,任何两条电场线不会相交;

(4) 电场线不是客观实在,而是对现象的一种描述方法;

(5) 虽然在电场中每一点正电荷所受的力和通过该点的电场线方向相同,但在一般情况下,电场线并不是一个正电荷在场中运动的轨迹.

2) 电通量

由电场线的规定,通过面元 $\mathrm{d}\boldsymbol{S}$ 的**电通量** $\mathrm{d}\varPhi_\mathrm{e}$ 定义为

$$\mathrm{d}\varPhi_\mathrm{e} = \boldsymbol{E} \cdot \mathrm{d}\boldsymbol{S} . \tag{4.13}$$

按照电场线的定义, $\mathrm{d}\varPhi_\mathrm{e}$ 等于通过面元 $\mathrm{d}\boldsymbol{S}$ 的电场线条数.

面元 $\mathrm{d}\boldsymbol{S}$ 的法线方向可以有两个,对于非闭合曲面来说,可以任意规定某一方向为法线的正方向,与它相反的方向为负方向;在一个闭合的曲面上,各面元的法线应取在曲面的同一侧. 所以, $\mathrm{d}\varPhi_\mathrm{e}$ 是一个可正可负的量,这取决于 θ 的值:

(1) 当 $\theta < \dfrac{\pi}{2}$ 时, $\cos\theta > 0$, $\mathrm{d}\varPhi_\mathrm{e} > 0$,电场线从面元背面穿过 $\mathrm{d}\boldsymbol{S}$;

(2) 当 $\theta = \dfrac{\pi}{2}$ 时, $\cos\theta = 0$, $\mathrm{d}\varPhi_\mathrm{e} = 0$,无电场线穿过 $\mathrm{d}\boldsymbol{S}$;

(3) 当 $\theta > \dfrac{\pi}{2}$ 时, $\cos\theta < 0$, $\mathrm{d}\varPhi_\mathrm{e} < 0$,电场线从面元 $\mathrm{d}\boldsymbol{S}$ 的正面穿入.

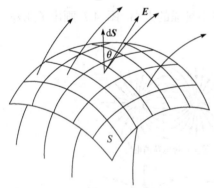

图 4.8　有限曲面的电通量

如图 4.8 所示,通过任一面积 S 的电通量定义为: S 面上任意一点的场强 $\boldsymbol{E}$ 与该点处面元 $\mathrm{d}\boldsymbol{S}$ 的标积 $\boldsymbol{E} \cdot \mathrm{d}\boldsymbol{S}$ 在整个 S 面上的代数和,即

$$\varPhi_\mathrm{e} = \int \mathrm{d}\varPhi_\mathrm{e} = \iint_S \boldsymbol{E} \cdot \mathrm{d}\boldsymbol{S} = \iint_S E\cos\theta\mathrm{d}S .$$

$$\tag{4.14}$$

对于闭合曲面,规定 $\mathrm{d}\boldsymbol{S}$ 的正方向为曲面的外法线方向, $\varPhi_\mathrm{e} > 0$ 和 $\varPhi_\mathrm{e} < 0$ 分别表示电通量"流出"和"流入"该闭合面. 通过它的电通量按定义可表示为

$$\varPhi_\mathrm{e} = \oiint_S \boldsymbol{E} \cdot \mathrm{d}\boldsymbol{S} = \oiint_S E\cos\theta\mathrm{d}S , \tag{4.15}$$

即通过整个闭合曲面的电通量等于穿出曲面的电场线数与进入曲面的电场线数的代数和.

　　3) 高斯定理

　　高斯(Gauss)定理是电磁场理论的基本方程之一，反映了电场强度与电荷之间的普遍关系. 高斯定理实际是电通量所满足的方程，可表述为：在真空静电场中，通过任一闭合曲面 S 的电通量，等于该闭合面所包围的所有电荷电量的代数和除以 ε_0，即

$$\oiint_S \boldsymbol{E} \cdot \mathrm{d}\boldsymbol{S} = \frac{1}{\varepsilon_0} \sum_{(S内)} q_i. \tag{4.16}$$

由此可知，静电场的电场线有头有尾，不闭合，它们发自正电荷或无穷远，止于负电荷或无穷远；通过电场中任一闭合面的电场线条数，只与该闭合面内电荷代数和有关. **静电场是有源场**，电荷就是静电场的源.

　　实验表明，高斯定理不仅适用于静电场，还适用于其他任何随时间变化的电场，因此高斯定理是关于电场的普遍规律.

　　5. 静电场的环路定理和电势

　　1) 静电场的保守性

　　在任何静电场中，电荷移动时电场力所做的功只与电荷的电量及始末位置有关，而与电荷运动的路径无关. 这表明，**静电场是保守场**.

　　2) 静电场的环路定理

　　静电场是保守力场，保守力做功与路径无关，因此试探电荷在静电场中沿任意回路运行一周电场力做功为零. 于是可得

$$\oint \boldsymbol{E} \cdot \mathrm{d}\boldsymbol{l} = 0. \tag{4.17}$$

上式表示，在静电场中，电场强度沿任意闭合路径的环路积分等于零，这称为**静电场的环路定理**. 它和高斯定理一样，是静电场的基本定理. 因此**静电场是无旋场**，电场线不闭合.

　　3) 电势能

　　保守场必然存在一个与位置有关的势能函数，当物体从一个位置移动到另一个位置时，保守力所做的功等于这个势能函数增量的负值. 对于静电场，可以引入静电势能的概念. 当电荷处于静电场中某一位置时，它具有一定的静电势能；当电荷在静电场中的位置变动时，其静电势能也随之改变，静电势能的变化可以用电场力所做的功来量度，从而描述电荷在电场中所具有的能量.

如果用 W_a 和 W_b 分别表示试探电荷 q_0 在静电场的点 a 和点 b 的静电势能，那么当试探电荷 q_0 从点 a 和移到点 b 时，**电场力对试探电荷所做的功等于 q_0 的静电势能的减少量**，即

$$A_{ab} = \int_a^b q_0 \boldsymbol{E} \cdot \mathrm{d}\boldsymbol{l} = -(W_b - W_a). \tag{4.18}$$

在试探电荷 q_0 的移动过程中，如果电场力做正功，$A_{ab} > 0$，则 $W_a > W_b$，表示 q_0 从点 a 移到点 b 时静电势能是减小的；如果电场力做负功，即外力克服电场力做功，$A_{ab} < 0$，则 $W_a < W_b$，表示 q_0 从点 a 移到点 b 时静电势能是增加的.

(4.18)式只确定了试探电荷在电场中 a、b 两点的静电势能之差，而没有给出 q_0 在某一点上静电势能的数值. 要确定 q_0 在电场中某一点的静电势能，还必须选择一个静电势能为零的参考点，这与力学中的情形很相似. 如果选择 P_0 作为参考点，而且规定电荷在该点的静电势能为零，即 $W_{P_0} = 0$，则试探电荷 q_0 在场中任意点 P 的静电势能

$$W_P = W_P - W_{P_0} = \int_P^{P_0} q_0 \boldsymbol{E} \cdot \mathrm{d}\boldsymbol{l}, \tag{4.19}$$

即电荷在静电场中某点的静电势能等于电场力把它从该点移到参考点时所做的功. 静电势能的参考点是可以任意规定的，对于局限在有限大小的空间里的电荷激发的静电场，可以选择无穷远处作为参考点. 这样，试探电荷 q_0 在静电场中某点 P 的静电势能就等于把 q_0 从该点移到无穷远处时电场力所做的功，即

$$W_P = W_P - W_\infty = \int_P^\infty q_0 \boldsymbol{E} \cdot \mathrm{d}\boldsymbol{l}. \tag{4.20}$$

在力学中，我们强调势能是物体系所共有的，而不只是属于某一物体. 同样，静电势能属于由电荷和静电场所组成的系统，通常所说的"电荷在电场中某点所具有的静电势能"，并不意味着静电势能只属于该电荷.

4) 电势

由 W_P 的表达式可以看出，P 点的静电势能 W_P 是与试探电荷的电量 q_0 成正比的，而它们的比值 $\dfrac{W_P}{q_0} = \int_P^{P_0} \boldsymbol{E} \cdot \mathrm{d}\boldsymbol{l}$ 是一个与试探电荷无关的物理量，它只与电场本身在 P 和 P_0 点的性质有关. 由于 P_0 是事先选定的参考点，即规定 $V_{P_0} = 0$，所以这一比值可以用来描述电场在 P 点的性质，称为 P 点的**电势**. 由此可得静电场在 P 点的电势的定义式

$$V_P = \frac{W_P}{q_0} = \int_P^{P_0} \boldsymbol{E} \cdot \mathrm{d}\boldsymbol{l}. \tag{4.21}$$

上式表明，**静电场中某一点的电势等于单位正电荷在该点的静电势能**，或者说**等于把单位正电荷从该点移到参考点时电场力所做的功**. 由于我们规定参考点的静电势能等于零，所以其电势也等于零. 参考点确定以后，P 点的电势就是一个确定值. 很明显，选择不同的参考点，电场中各点的电势是不相同的，因此谈及电场中某点的电势时，应该明确指明参考点.

电势零点的选取与势能零点的选取有一定的共性.

(1) 任意性：一般选无穷远处为零点，但也可任选一点 P_0 为零点，具体情况具体分析.

(2) 选取原则：①电势零点选好后，场中各点的电势唯一确定；②电势零点选好后，各点电势表示应简洁方便.

电势是标量. 在国际单位制中，电势单位是伏特(V)，简称伏，根据电势的定义，应有 $1\mathrm{V} = 1\mathrm{J/C}$.

电场中任意两点电势之间的差值，叫作**电势差**. 由电势的定义式，可得电场中 a、b 两点的电势差

$$V_{ab} = V_a - V_b = \int_a^{P_0} \boldsymbol{E} \cdot \mathrm{d}\boldsymbol{l} - \int_b^{P_0} \boldsymbol{E} \cdot \mathrm{d}\boldsymbol{l} = \int_a^b \boldsymbol{E} \cdot \mathrm{d}\boldsymbol{l}, \tag{4.22}$$

表明电场中 a、b 两点间的电势差就是单位正电荷在这两点的静电势能之差，等于单位正电荷从点 a 移到点 b 时电场力所做的功. 电势差也称为**电压**.

电场中任意两点的电势差与参考点的性质无关. 选择不同的参考点，场中各点的电势可能不同，但两点间的电势差却总是相同的. 往往把大地取为参考点，用金属导线把导体接地，就意味着该导体的电势等于零. 对于分布在有限区域的带电系统，通常选择无穷远处作为参考点，即规定 $r \to \infty$ 时，$V = 0$，电场中某点的电势

$$V_P = \int_P^\infty \boldsymbol{E} \cdot \mathrm{d}\boldsymbol{l}. \tag{4.23}$$

上式表示，电场中某点的电势，等于把单位正电荷从该点经任意路径移到无穷远处电场力所做的功. 如果知道电场的分布，则可由上式求得电场中各点的电势.

把电场中电势相等的点连起来所形成的一系列曲面，称为**等势面**或**等位面**. 容易证明，点电荷产生的电场中，等势面是以点电荷为球心的一系列同心球面，均匀带电无限大平面电场的等势面是与带电面平行的平面. 如图 4.9 所示是几种简单电场的等势面图，其中虚线是等势面(与纸面的交线)，实线是电场线.

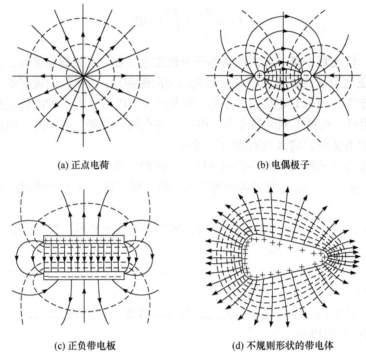

(a) 正点电荷　　　　　　　　　　　　　(b) 电偶极子

(c) 正负带电板　　　　　　　　　　　　(d) 不规则形状的带电体

图 4.9　简单电场的等势面图

　　显然等势面具有如下的性质：①电荷沿等势面移动，电场力不做功；②在任何带电体产生的电场中，等势面总是与电场线正交的.

　　等势面在实际工作中具有重要意义. 因为电势比电场容易计算，即使在没有计算出电场各点场强的情况下，也可用实验的方法精确地描绘出等势面. 实际工作中往往由等势面的分布得知电场中各点场强的大小和方向. 一般说来，过电场中的任意一点均可以做等势面. 为使等势面更直观地反映电场的性质，可对等势面的画法做一附加规定：场中任意两个相邻等势面的电势差为常数(这个常数事先任意指定，常数越小则等势面越密，对场的描述越精确).

　　5) 电势叠加原理

　　由多个点电荷产生的电场中，根据场强叠加原理 $E = E_1 + E_2 + \cdots + E_n$ ，由电势的定义可以得到

$$V_a = \int_a^\infty E \cdot \mathrm{d}l = \int_a^\infty E_1 \cdot \mathrm{d}l + \int_a^\infty E_2 \cdot \mathrm{d}l + \cdots + \int_a^\infty E_n \cdot \mathrm{d}l$$

$$= V_1 + V_2 + \cdots + V_n = \sum_{i=1}^n V_i.$$

(4.24)

上式表示，任意一点的电势等于各个点电荷单独存在时在该点产生的电势的代数和. 电势的这种性质称为**电势叠加原理**. 电势叠加原理是电势定义和场强叠加原

理的必然结果，与场强叠加不同，电势叠加是标量的叠加. 应该注意的是，各带电体的电势的参考点必须是同一点.

4.1.2　电场的特点——静电场中的导体与电介质

导电性能好的物体称为**导体**，导电性能差的物体称为**绝缘体**，绝缘体也叫**电介质**. 导体和电介质的微观结构不同，它们与电场的相互影响情况有明显的差别.

金属导体和电介质放入静电场后，静电场不仅要影响导体和电介质中电荷的分布，而且电荷分布变化后，反过来又要影响电场的分布.

1. 导体的静电平衡

金属导体放入电场强度为 E_0 的静电场中，金属的自由电子在外电场的作用下相对于晶格做定向运动，导体上的电荷重新分布，在导体的一个侧面集结，使该侧面出现负电荷，而相对的另一侧面则出现正电荷，这就是**静电感应现象**，如图 4.10 所示.

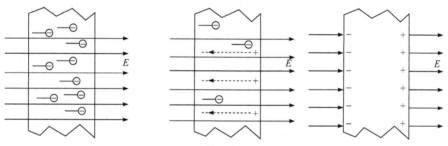

图 4.10　导体的静电平衡过程

在静电感应中，导体表面不同部分出现的正、负电荷称为**感应电荷**. 相对侧面上的感应电荷电量相等而符号相反. 感应电荷在空间必然产生电场，称为**附加电场**，该电场与原来的电场叠加，改变了空间各处的电场分布.

在导体内部，当附加电场抵消外电场时，导体内部的电场处处为零. 自由电子不再做定向运动，导体上的电荷分布不再随时间变化，这种状态称为**静电平衡状态**.

导体的**静电平衡条件**是导体内部场强处处为零. 因为只要导体内部场强不为零，则自由电子受电场力作用做定向运动，就不处于静电平衡状态.

2. 静电平衡导体的性质及导体上的电荷分布

根据静电平衡时金属导体内部不存在电场，自由电子没有定向运动的特点，处于静电平衡的金属导体具有如下的性质：

(1) 整个导体是等势体，导体表面是等势面；

(2) 导体表面附近的场强处处与表面垂直；

(3) 导体内部不存在净电荷，过剩电荷均分布在表面上.

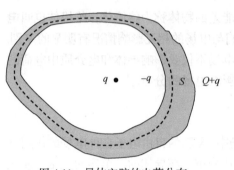

图 4.11　导体空腔的电荷分布

对于一个导体空腔，腔内没有带电体时，电荷只能分布在空腔的外表面上. 如果腔内有带电体，则电荷可以分布在空腔的内、外表面上. 如图 4.11 表示一个包围带电体的导体空腔，带电体的电荷为 q. 在导体内部包围空腔内表面做一闭合面 S，因导体内部场强为零，S 面的电通量为零，则面内电荷的代数和为零，空腔内表面上必有 $-q$ 的感应电荷. 如果导体空腔的净电荷为 Q，则外表面上的电荷为 $Q+q$.

实验表明，导体表面电荷的分布与导体本身的形状以及附近带电体的状况等多种因素有关，即使对于其附近没有其他导体和带电体，也不受任何外来电场作用的所谓孤立导体来说，表面电荷分布与其曲率之间也没有简单的函数关系，但存在大致的规律：表面凸起部尤其是尖端处，面电荷密度较大；表面平坦处，面电荷密度较小；表面凹陷处，面电荷密度很小，甚至为零，如图 4.12 所示.

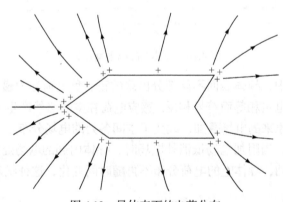

图 4.12　导体表面的电荷分布

3. 尖端放电

如果将金属针接在起电机(图 4.13)的一个电机上，让它带上足够的电量，这时在金属针的尖端附近就会产生很强的电场，可使空气分子电离，并使离子急剧运动. 在离子运动过程中，由于碰撞可使更多的空气分子电离. 在金属针附近与金属针上电荷异号的离子，向着尖端运动，落在金属针上并与那里的电荷中和；在金属针附近与金属针上电荷同号的粒子背离尖端运动，形成"电风"，并会把附近的蜡烛吹向一边，如图 4.14 所示.

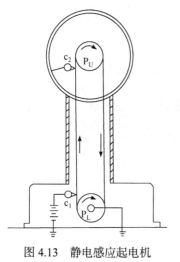

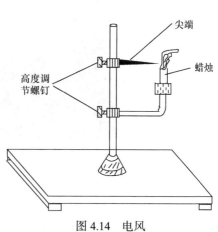

图 4.13　静电感应起电机
c_1，c_2—尖端导体；P_U—上滑轮；P_L—下滑轮

图 4.14　电风

可见，对于具有尖端的导体，无疑尖端处的电场特别强，在导体的尖端附近，由于场强很大，当达到一定量值时，空气中原有残留的离子在这个电场的作用下将发生剧烈运动，并获得足够大的动能与空气分子碰撞而产生大量的离子. 其中和导体上电荷异号的离子被吸引到尖端上，与尖端上的电荷中和，这样尖端处的电荷逐渐减少，这种现象称为**尖端放电**，如图 4.15 所示. 避雷针就是根据尖端放电原理制造的. 当雷电发生时，利用尖端放电原理，使强大的放电电流从和避雷针连接并良好接地的粗导线中流过，从而避免了建筑物遭受雷击的破坏.

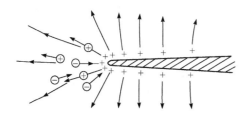

图 4.15　尖端放电

而在离子撞击空气分子时，有时由于能量较小而不足以使分子电离，但会使分子获得一部分能量而处于高能状态. 处于高能状态的分子是不稳定的，总要返回低能量的基态，在返回基态的过程中要以发射光子的形式将多余的能量释放出去，于是在尖端周围就会出现黯淡的光环，这种现象称为**电晕**，如图 4.16 所示.

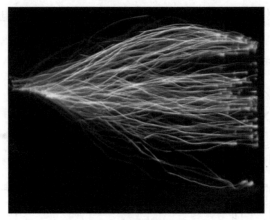

图 4.16　尖端放电的电晕现象

4. 静电屏蔽

如图 4.17 表示一个接地的导体空腔,它把整个空间分成腔内和腔外两个区域. 那么腔内电荷 q 发生变化是否影响腔外电场,而腔外电荷 Q 发生变化是否影响腔内电场? 结论是,接地导体空腔可以消除空腔内、外电荷所产生的电场之间的相互影响,这称为**静电屏蔽**.

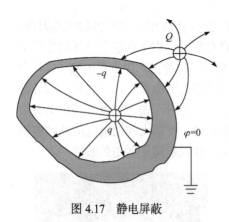

图 4.17　静电屏蔽

静电屏蔽在电磁测量和无线电技术中有广泛的应用. 通常利用金属丝织成的接地网罩屏蔽一些精密的电磁仪器,使它们不受外界电场的影响. 例如,常将测量仪器或整个实验室用金属壳或金属网罩起来,使测量免受外部电场的影响. 为了不让高压电器设备影响外界,也用接地金属网罩把它们屏蔽起来.

值得一提的是,平常乘坐电梯或者封闭空间里手机信号不好的现象并不是静电屏蔽,而是属于电磁屏蔽. 排除或抑制高频电磁干扰的措施,称为**电磁屏蔽**. 电磁屏蔽与静电屏蔽从原理上说有相似之处,但本质上是有区别的,电磁屏蔽指的是对电磁波而言的,而静电屏蔽则只能屏蔽静电场(Celozzi et al., 2008).

5. 电容和电容器

1) 孤立导体的电容

理论和实验均表明,不同大小和形状的孤立导体若带上等量的电荷,其电势并不相同,而且随着电量的增加,各导体的电势将按各自的一定比例上升. 导体

所带电量 q 与它的电势 V 的比值，叫作该导体的**电容**，用 C 表示为

$$C = \frac{q}{V}. \tag{4.25}$$

电容反映了**孤立导体储存电荷和电能的能力**，只取决于导体自身的几何因素，即导体的形状和大小，而与导体是否带电或带电多少无关.

国际单位制中，电容的单位是法拉(F)，实际应用中，常采用微法(μF)和皮法(pF)，且 $1\text{F} = \frac{1\text{C}}{1\text{V}}$ ，$1\mu\text{F} = 10^{-6}\text{F}$，$1\text{pF} = 10^{-12}\text{F}$.

2) 电容器的电容

孤立导体是很难实现的一种理想情况. 为了消除其他导体的影响，可采用静电屏蔽的原理，用一个封闭的导体壳 B 将导体 A 包围起来，就可以使由导体 A 和导体壳 B 构成的一对导体系不再受到壳外导体的位置及带电状态的影响. 一般来说，壳外的带电体及导体壳外表面上的感应电荷不会改变 AB 之间的电势差 $V_A - V_B$. 显然，导体壳 B 内表面上的感应电荷与导体 A 上所带电荷量 q_A 等值异号，与导体的形状无关. 由真空或电介质隔开的两个导体组成的系统，就称为**电容器**.

电容器的电容定义为

$$C = \frac{q}{V_A - V_B}, \tag{4.26}$$

式中的 q 为任一极板上电荷量的绝对值. 电容器的电容只取决于两极板的大小、形状、相对位置及极板间电介质的电容率，在量值上等于两导体间的电势差为单位值时极板上所容纳的电荷量.

实际上，对其他导体的屏蔽并不需要非常严格，通常就用两块非常接近的、中间充满电介质(空气、蜡纸、云母片、涤纶薄膜、陶瓷等)的金属板(箔或膜)构成. 下面介绍几种常见的真空电容器的电容(梁灿彬 等，2018b).

A. 平行板电容器

由靠得很近、互相平行、同样大小的两片金属板组成平行板电容器. 如图 4.18 所示，设每块极板的面积为 S，两极板内表面间的距离为 d，且极板的线度远大于两极板内表面间距离，这时两对应面都可看成无限大平面，这种电容器称为**理想电容器**.

平行板电容器的电容为

$$C = \varepsilon_0 \frac{S}{d}. \tag{4.27}$$

上式表明平行板电容器的电容 C 和极板的面积 S 成正比, 和两极板内表面间的距离 d 成反比, 而和极板上所带的电荷量无关. 说明当两极板间为真空时, 电容 C 只和电容器本身的几何结构有关. 比例系数 ε_0 为真空中的介电常量, 也称为真空电容率. 增加平行板电容器的面积, 减少两极板间的距离, 则它的电容就增大. 在实用上, 常用改变极板相对面积的大小或改变极板间距离的方法来改变电容器的电容. 可在一定范围内改变其电容值的电容器叫作**可变电容器**, 它被广泛应用于电子设备(如收音机的频率调谐电路)中.

B. 球形电容器

球形电容器是由半径分别为 R_A 和 R_B 的两个同心金属球壳所组成的, 如图 4.19 所示.

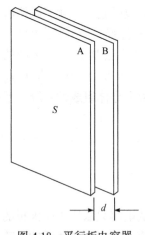

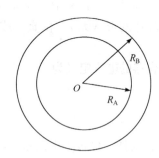

图 4.18　平行板电容器　　　　　　图 4.19　球形电容器

根据电容的定义, 球形电容器的电容为

$$C = \frac{q}{V_A - V_B} = 4\pi\varepsilon_0 \frac{R_A R_B}{R_B - R_A},\qquad(4.28)$$

再次说明了电容器的电容只和它的几何结构有关. 结构形状一定的电容器, 其电容值具有固定值, 与它是否带电或所带电荷量的多少无关.

C. 圆柱形电容器

圆柱形电容器是由长为 l, 半径分别为 R_A 和 R_B 的两个同轴金属圆筒(面)组成, 如图 4.20 所示. 由电容的定义, 求得圆柱形电容器的电容为

$$C = \frac{q}{V_A - V_B} = 2\pi\varepsilon_0 \frac{l}{\ln\left(\dfrac{R_B}{R_A}\right)},\qquad(4.29)$$

可见圆柱形电容器两极板间为真空时, 电容只和它的几何结构有关. 单位长度的电容为

$$C_l = \frac{2\pi\varepsilon_0}{\ln\left(\dfrac{R_B}{R_A}\right)}. \tag{4.30}$$

D. 电介质电容器

以上所举的例子中, 电容器极板间都是真空的, 而实际常用的电容器多数在两极板间充满某种电介质. 实验证明, 充有电介质的电容器电容可增大好多倍, 说明电容器的电容还和两极板间所充的电介质有关. 实验指出, 两极板间为真空时的电容 C_0 与两极板间充满某种均匀电介质时的电容 C 的比值为

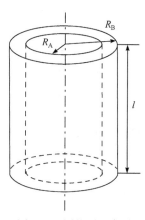

图 4.20　圆柱形电容器

$$\varepsilon_r = \frac{C}{C_0}, \tag{4.31}$$

ε_r 叫作该介质的**相对电容率**(或**相对介电常量**), 它是表征电介质本身特性的物理量, 在量值上等于电容器两极板间充满电介质时的电容和两极板间为真空时的电容之比. 上式指出, 当两极板间充满均匀电介质时, 电容器的电容要增至 ε_r 倍. 例如, 平板电容器极板间充满相对电容率为 ε_r 的均匀电介质后, 其电容为

$$C = \varepsilon_r C_0 = \varepsilon_r \frac{\varepsilon_0 S}{d} = \varepsilon \frac{S}{d}, \tag{4.32}$$

式中 $\varepsilon = \varepsilon_r \varepsilon_0$ 叫作**电介质的电容率**. 按所充电介质的不同, 电容器可分为空气电容器、纸介质电容器、云母电容器、陶瓷电容器、涤纶电容器、钛酸钡电容器和电解电容器等, 如图 4.21 所示.

电解电容器

涤纶电容器

金属膜电容器

图 4.21　各种各样的电容器

每个电容器的成品, 除了标明型号和电容之外, 还标有一个重要的性能指标——耐压值. 例如, 电容器上标有 100 F 25 V 等字样, 100 F 表示电容器的电容, 而 25 V 表示电容器的**耐压值**. 耐压值是指电容器工作时两极板上所能承受的电压

值，如果外加的电势差超过电容器上所规定的耐压值，电容器中的场强太大，两极板间的电介质就有被击穿的危险，即电介质失去绝缘性能而转化为导体，电容器遭到破坏．这种情况称为**电介质的击穿**，使用时必须注意．

实际使用的电容器种类繁多，外形各不相同，但基本结构是一致的．电容器的用途很多，应用非常广，在电路中具有**隔直流、通交流**的作用，可与其他元件组合成振荡放大器以及时间延迟电路等．电容器还是一种**储能元件**，使用大容量的电容器组，在充电过程中所聚积和储存的电能，可在放电过程的极短时间内释放出来，从而获得很大的电功率，例如脉冲式激光打孔机中就有这样的电容器组．测量放射性射线粒子数的盖革(H. W. Geiger)计数管，也相当于一个具有轴对称电场的圆柱形电容器．

6. 静电场中的电介质

电介质是电阻率很大、导电能力很差的物质，电介质的主要特征在于它的原子或分子中的电子和原子核的结合力很强，电子处于束缚状态．在一般条件下，电子不能挣脱原子核的束缚，因而在电介质内部能做宏观运动的电子极少，导电能力也就极弱．通常为了突出电场与电介质相互影响的主要方面，在静电问题中总是忽略电介质微弱的导电性，而将其看作理想的绝缘体．当电介质处在电场中时，在电介质中，不论是原子中的电子，还是分子中的离子，或是晶体点阵上的带电粒子，在电场的作用下都会在原子大小的范围内移动，当达到静电平衡时，在电介质的表面层或体内会出现极化电荷．

1) 无极分子和有极分子

按照近代原子核式模型，原子是由带正电的原子核和分布在核外的电子系组成的，核内的正电荷与核外的电子系都在做复杂的运动．但在研究原子的静电特性时，我们可以设想核内的正电荷与核外的电子系的负电荷在空间有稳定的分布，这些分布在极小范围内(原子的线度是 10^{-10} m)的电荷系在远处所激发的电场，在一级近似下，可以认为是各自等效于集中在某点的一个电荷所激发的电场，这个点叫作该电荷系的"中心"．在正常情况下，核外负电荷相对核内正电荷做球形对称分布，因此所有的原子正、负电荷中心重合在一起，每个原子的电偶极矩等于零．

A. 无极分子

当原子结合成分子时，原子中最外层的价电子将在各原子间重新分配．有一类电介质，其分子各原子核外的价电子为几个原子所共有，即价电子是在几个原子核的联合场中运动．因此，其正、负电荷的中心重合在一起，它的等效电偶极矩等于零，凡属于这种类型的分子叫作**无极分子**(如图 4.22 所示)．例如，氦(He)、氮(N_2)、甲烷(CH_4)等分子是无极分子，由于每个分子的等效电偶极矩 $p = 0$，电介质整体也是呈电中性的.

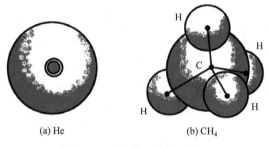

(a) He　　　　　　　　　　(b) CH_4

图 4.22　无极分子结构示意图

B. 有极分子

另一类电介质，一个原子失去电子成为正离子，而另一个原子得到电子成为负离子，然后正、负离子互相吸引构成分子. 因此，分子中正电荷与负电荷的中心不重合，这一对等值异号的点电荷系等效于一个电偶极子，它的电偶极矩的方向由负离子指向正离子. 凡属于这种类型的分子叫作**有极分子**(如图 4.23 所示). 例如，氨(NH_3)、水蒸气(H_2O)、一氧化碳(CO)、二氧化硫(SO_2)、硫化氢(H_2S)、甲醇(CH_3OH)等分子都是有极分子.

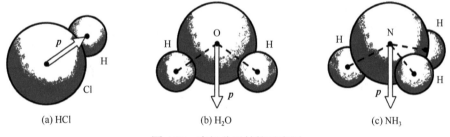

(a) HCl　　　　　　　(b) H_2O　　　　　　(c) NH_3

图 4.23　有极分子结构示意图

设有极分子的正电荷中心和负电荷中心之间的距离为 r_e，分子中全部正电荷或负电荷的总电荷量为 q，则有极分子的等效电偶极矩 $p = qr_e$. 整块电介质可以看成是无数的电偶极子的聚集体，虽然每一个分子的等效电偶极矩不为零，但由于分子的无规则热运动，各个分子的电偶极矩的方向是杂乱无章的，所以不论从电介质的整体来看，还是从电介质中的某个体积(包含大量分子)来看，其中各个分子电偶极矩的矢量和 $\sum p$ 平均来说等于零，电介质是呈电中性的.

2) 电介质的极化

A. 无极分子的位移极化

在无外电场时，无极分子电介质对外不显电性. 当无极分子处在外电场中时，在电场力的作用下分子中的正、负荷中心将发生相对位移,形成一个电偶极子,它们的等效电偶极矩 p 的方向都沿着电场的方向. 对于一块电介质的整体来说,由于电介质中每一个分子都形成了电偶极子,在电介质中将做如图 4.24 所示的排列.

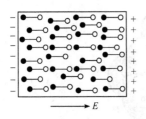

图 4.24　无极分子的位移极化

在电介质内部, 相邻电偶极子的正、负电荷互相靠近, 如果电介质是均匀的, 则在它内部处处仍然保持电中性, 但是在电介质的两个和外电场强度 E_0 相垂直的表面层里(厚度为分子等效电偶极矩的轴长 l), 将分别出现正电荷和负电荷. 这些电荷不能离开电介质, 也不能在电介质中移动, 称为**极化电荷**. 这种在外电场作用下, 在电介质中出现极化电荷的现象叫作**电介质的极化**. 外电场越强, 每个分子的正、负电荷中心之间的相对位移越大, 分子的电偶极矩也越大, 电介质两表面上出现的极化电荷也越多, 被极化的程度越高. 当外电场撤去后, 正、负电荷的中心又重合在一起, 电介质表面上的极化电荷也随之消失. 这类分子通常看作是由两个等量异号电荷以弹性力相联系的一个弹性电偶极子, 其电偶极矩 p 的大小与场强成正比. 由于无极分子的极化在于正、负电荷中心的相对位移, 所以常叫作**位移极化**.

B. 有极分子的取向极化

而对有极分子电介质来说, 每个分子本来就等效为一个电偶极子, 它在外电场的作用下, 将受到力矩的作用, 使分子的电偶极矩 p 转向电场的方向, 如图 4.25 所示. 这样, 大量分子电偶极矩的统计平均便在沿外电场方向出现一附加的电偶极矩. 宏观上, 则在电介质与外电场垂直的两表面上出现极化电荷. 当外电场撤去后, 由于分子的热运动而使分子的电偶极矩又变成沿各个方向均匀分布, 电介质仍呈中性. 有极分子的极化方向就是等效电偶极子转向外电场的方向, 所以叫作**取向极化**. 一般说来, 分子在取向极化的同时还会产生位移极化, 但是, 对有极分子电介质来说, 在静电场作用下, 取向极化的效应强很多, 因而其主要的极化机理是取向极化.

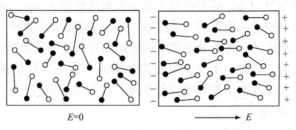

$E=0$　　　　　　　　　　　　　E

图 4.25　有极分子的取向极化

3) 电介质的极化强度

用**极化强度**矢量 P 表示电介质的极化程度，定义为单位体积内分子电偶极矩的矢量和，即当电介质处于稳定的极化状态时，电介质中每一点有一定的极化强度，不同点的极化强度可以不同，这表示不同部分的极化程度和极化方向不一样．如果在电介质中各点的电极化强度的大小和方向都相同，电介质的极化就是均匀的，否则极化是不均匀的．在国际单位制中，电极化强度的单位是 C/m^2，与面电荷密度的单位相同．

实验证明，对于各向同性的线性电介质，极化强度 P 与电介质内该点处的合场强 E 成正比，在国际单位制中，这个关系可以写成

$$P = \chi_e \varepsilon_0 E , \tag{4.33}$$

式中比例系数 χ_e 和电介质的性质有关，叫作电介质的**电极化率**，是一个量纲为一的量．如果是均匀介质，则介质中各点的 χ_e 值相同；如果是不均匀电介质，则 χ_e 是电介质各点位置的函数 $\chi_e(x,y,z)$，电介质不同点的 χ_e 值不同．

7. 有电介质时的高斯定理

1) 电位移矢量

在电介质中，考虑到电场和极化电荷的共同作用，定义 $D = \varepsilon_0 E + P$ 为**电位移矢量**．

为了描述电位移 D，仿照电场线方法在有电介质的静电场中做电位移线，使线上每一点的切线方向和该点电位移 D 的方向相同，并规定在垂直于电位移线的单位面积上通过的电位移线数目等于该点的电位移 D 的量值．D 的单位是 C/m^2．

电位移线是从正的自由电荷出发，终止于负的自由电荷，这与电场线不一样，电场线起始于各种正电荷，包括自由电荷和极化电荷，如图 4.26 所示．

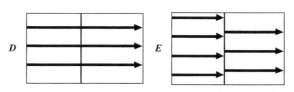

图 4.26　电位移线和电场线的区别

电位移矢量 D 的定义式说明电位移 D 与场强 E 和电极化强度 P 有关，但 D 没有明显的物理意义．引进 D 的优点仅在于计算通过任一闭合曲面的电位移通量时，可以不考虑极化电荷的分布，算出 D 后再利用其他关系式，继续算出电介质中的场强 E．

各向同性介质中，电位移等于场强的 ε 倍，即 $D = \varepsilon E$．这说明，在各向同性

介质中，**D**、**P** 的方向相同，大小成正比.

2) 有介质时的高斯定理

引入电位移矢量 **D** 后，高斯定理就表示为：**通过电介质中任一闭合曲面的电位移通量等于该面所包围的自由电荷量代数和**. 高斯定理在电介质中的形式变为

$$\oiint_S \boldsymbol{D} \cdot \mathrm{d}\boldsymbol{S} = \sum_{(S)} q_{0i} , \qquad (4.34)$$

称为有电介质时的高斯定理，它是普遍适用的，是静电场的基本定理之一.

4.1.3　磁场的产生——电流与磁场

磁铁能吸引铁、钴、镍等物质，这一性质称为**磁性**. 磁现象的根源是什么？联想到电荷产生电场，自然会想到是否存在"磁荷"来激发磁场，人们曾设想用**磁单极子**(磁核)来充当"磁荷"的角色，但至今尚未在实验上检测到磁单极子(赵近芳 等，2017).

1820 年丹麦物理学家奥斯特发现，载流导线附近的磁针会受到力的作用而发生偏转，首先揭示了**电流的磁效应**. 同年，法国物理学家安培(A. M. Ampère)提出假设：磁性物质的磁性来源于物质分子内的"分子电流". 这就是著名的"**安培假说**". 在电磁学中，可以认为电流或运动的电荷是磁现象的根源.

1. 基本磁现象

磁铁总是分两极，即 N 极和 S 极，也叫北极和南极. 要特别说明的是，磁铁的南北极与地球的南北极正好相反，这是由于地球的南北极是使用小磁针探测地磁场而命名的，因此，磁针的北极指向应该是地球的南极.

磁现象一般总是与磁力有关. 两个磁铁的**同性磁极互相排斥，异性磁极互相吸引**. 如图 4.27 所示，载流导线附近的磁针受磁力作用发生偏转，载流导线之间、运动电荷之间都存在磁力，置于磁极之间的载流线圈受磁力作用发生转动(电动机原理)，磁极之间的电子束受磁力作用发生偏转. 这表明，除了磁铁之间有磁力之外，电流和磁铁之间、电流和电流之间也都存在磁力.

安培首先提出，铁之所以显现强磁性是因为组成铁块的分子内存在着永恒的电流环，这种电流没有像导体中电流所受到的那种阻力，并且电流环可因外来磁场的作用而自由地改变方向. 这种电流在后来的文献中被称为"安培电流"或分子电流. 这个假设称为安培假说，**即任何物质中的分子都存在回路电流，称为分子电流**.

一个通电螺线管可以看成是一个柱形磁铁，其极性用右手螺旋定则确定：用右手的四指沿电流的方向握住螺线管，伸直的拇指就指向 N 极. 按照安培分子电

流假设，磁性物质的磁性来源于物质分子内的分子电流. 作为一个模型，分子电流可视为圆电流，它在磁性上相当于小磁针，其极性用右手螺旋定则确定. 如图 4.28 所示表示一个磁棒中的分子电流，如果这些分子电流定向排列，在宏观上磁棒就会显示出 N、S 极.

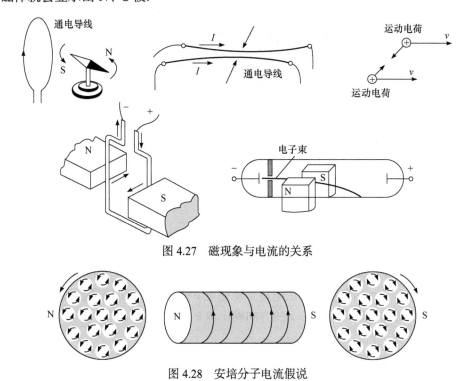

图 4.27 磁现象与电流的关系

图 4.28 安培分子电流假说

安培提出分子电流的时候，还不能解释分子电流是怎样形成的. 现在我们知道，原子由带正电的原子核和围绕原子核运动的电子组成，电子不仅绕核运动，而且还有自旋. 分子电流就是由这些带电粒子的运动等效形成的.

2. 磁感应强度

电荷在其周围产生电场，电场对置于其中的电荷有电力的作用. 可以认为，电流或运动的电荷在其周围激发磁场，磁场对置于其中的磁针、电流、运动电荷施加磁力. 电力的性质用电场强度 E 描述，磁力的性质则用磁感应强度 B 描述. 为什么没有与电场强度对应地称作磁场强度呢？这完全是出于历史上的原因. B 是一个矢量，因此不仅要定义它的大小，还要定义它的方向.

在磁场中任意一点 P 放置一个小磁针，我们把小磁针稳定后 N 极的指向定义为 P 点 B 的方向. 为定义 B 的大小，如图 4.29 所示，在磁场中让一个运动的检验

电荷 q_0 (> 0)以速度 $\boldsymbol{v}$ 经过 P 点,测量检验电荷所受磁力随电量 q_0 和速度 $\boldsymbol{v}$ 的变化情况. 实验发现:

(1) 当电荷 q_0 静止时, 电荷所受磁力为零.

(2) 当 $\boldsymbol{v}$ 与 $\boldsymbol{B}$ 平行时, 电荷所受磁力也为零. 因此, 磁场中的 P 点处存在一个特定的方向, 电荷沿此方向运动时, 磁力为零. 我们定义这个特定的方向为 P 点处磁场的方向, 即沿着运动试探电荷通过该点时不受磁力的方向.

(3) 当 $\boldsymbol{v}$ 与 $\boldsymbol{B}$ 垂直时, 电荷受到的磁力最大 (F_{m}).

(4) 比值 $\dfrac{F_{\mathrm{m}}}{q_0 v}$ 在 P 点具有确定的量值而与运动检验电荷的 q_0、$\boldsymbol{v}$ 无关. 比值 $\dfrac{F_{\mathrm{m}}}{q_0 v}$ 只与场点 P 的位置有关, 而与检验电荷无关, 它反映了磁场本身的强弱. 我们就将这一比值定义为磁场中 P 点的**磁感应强度**($\boldsymbol{B}$ 矢量)的大小, 即

$$B = \frac{F_{\mathrm{m}}}{q_0 v}, \tag{4.35}$$

磁场方向就是磁感应强度的方向.

(5) 磁力 $\boldsymbol{F}$ 总是垂直于 $\boldsymbol{B}$ 和 $\boldsymbol{v}$ 构成的平面.

磁感应强度方向可通过下列方式确定: 由正电荷所受力 $\boldsymbol{F}_{\mathrm{m}}$ 的方向, 按右手螺旋定则, 沿小于 π 的角度转向正电荷运动速度 $\boldsymbol{v}$ 的方向, 这时螺旋前进的方向就是该点 $\boldsymbol{B}$ 的方向, 即可用 $\boldsymbol{F}_{\mathrm{m}} \times \boldsymbol{v}$ 的方向确定 $\boldsymbol{B}$ 的方向.

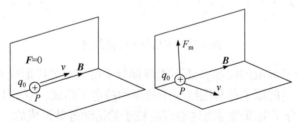

图 4.29　运动电荷在磁场中的受力

国际单位制中, 磁感应强度的单位为特斯拉(Tesla), 国际代号为 T, $1\mathrm{T} = 1\mathrm{N} / (\mathrm{A} \cdot \mathrm{m})$. 以前磁感应强度的单位使用高斯(Gs), $1\mathrm{T} = 10^4 \mathrm{Gs}$.

为了形象地描绘磁场的分布, 类比电场中引入电场线的方法引入**磁感应线**($\boldsymbol{B}$ 线), 在画法上, 磁感应线的规定与电场线是一样的. 在实验上, 可以用铁粉(小磁针)在磁场中的排列来显示磁感应线的分布, 如图 4.30 所示.

在任何磁场中, 磁感应线都是和闭合电流相互套链的闭合曲线, 其环绕方向与电流流向形成右手螺旋关系. 通过磁场中某点处垂直于 $\boldsymbol{B}$ 矢量的单位面积的磁感应线数等于该点 $\boldsymbol{B}$ 矢量的量值.

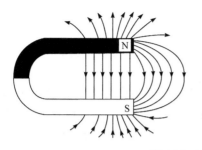

图 4.30　磁感应线

　　在我们周围有很多的天然磁场和人造磁场，磁场的强度也差别很大. 表 4.1 给出了一些磁场的磁感应强度的数值.

表 4.1　一些磁场的磁感应强度(B/T)

磁场	磁感应强度/T
地磁场的水平分量(在磁赤道处)	$(3 \sim 4) \times 10^{-5}$
地磁场的水平分量(在南、北磁极处)	$(6 \sim 7) \times 10^{-5}$
地磁场在地面附近的平均值	5×10^{-5}
普通永久磁铁	$0.4 \sim 0.8$
电动机或变压器铁芯中的磁场	$0.8 \sim 1.7$
回旋加速器的磁场	> 1
磁流体发电机磁场	$4 \sim 6$
实验室使用的最强磁场	30
磁疗用磁铁的磁场	$0.15 \sim 0.18$

3. 毕奥-萨伐尔定律

　　恒定电流所激发的磁场，称为恒定**磁场**，或**静磁场**. 1820 年法国物理学家毕奥(J. B. Biot)和萨伐尔(F. Savart)总结出电流激发磁场的实验定律. 与研究静电场相似，将电流看作是无穷多小段电流的集合. 小段电流称为**电流元**，用 $I\mathrm{d}l$ 表示. $\mathrm{d}l$ 表示在载流导线上沿电流方向取的线元，I 为导线中的电流. 任意形状的线电流所激发的磁场等于各段电流元所激发磁场的矢量和. 法国物理学家拉普拉斯在研究和分析了毕奥、萨伐尔等的实验资料后，找出了电流元 $I\mathrm{d}l$ 在空间任一点 P 处所激发的磁感应强度 $\mathrm{d}\boldsymbol{B}$ 的定量形式.

　　如图 4.31 所示，在通有恒定电流 I 的导线上取一个有向线元 $\mathrm{d}l$，$\mathrm{d}l$ 的方向与电流的方向一致. 在真空中，电流元 $I\mathrm{d}l$ 在相对线元的矢径为 $\boldsymbol{r}$ 的 P 点所产生的磁

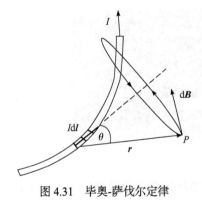

图 4.31　毕奥-萨伐尔定律

场为

$$dB = \frac{\mu_0}{4\pi} \frac{Idl \times r}{r^3}.$$　　　　(4.36)

上式所表示的规律称为**毕奥-萨伐尔定律**，是计算电流磁场的基本公式. 可以看出，dB 既垂直于电流元的方向，也垂直于矢径方向，其磁感应线是一系列以 dl 的延长线为中心的同心圆.

如果 Idl 与 r 之间的夹角为 θ，则 dB 的大小为

$$dB = \frac{\mu_0}{4\pi} \frac{Idl \sin \theta}{r^2},$$　　　　(4.37)

常量 $\mu_0 = 4\pi \times 10^{-7} \mathrm{T} \cdot \dfrac{\mathrm{m}}{\mathrm{A}}$，称为**真空磁导率**.

实验表明磁场满足叠加原理：载流导线 L 在空间某点产生的磁感应强度 B，等于载流导线上各个电流元 Idl 所产生的 dB 的矢量和，即

$$B = \int_L dB = \frac{\mu_0}{4\pi} \int_L \frac{Idl \times r}{r^3}.$$　　　　(4.38)

毕奥-萨伐尔定律是根据大量实验事实进行分析后得出的结果，由于实验上无法得到电荷能在其中做恒定运动的电流元，所以不能直接实验验证. 但将定律应用到各种形状的电流分布时，计算得到的总磁感应强度和实验测得的结果相符，就间接证明了定律的正确性，同时也证明了和电场强度 E 一样，磁感应强度 B 也遵守叠加原理.

4. 运动电荷的磁场

电流激发磁场，实质上就是运动的带电粒子在其周围空间激发磁场. 设在导体的单位体积内有 n 个可以做自由运动的带电粒子，每个粒子带有电荷量 q，以速度 v 沿电流元 Idl 的方向做匀速运动而形成导体中的电流. 如果电流元的截面为 S，那么单位时间内通过截面 S 的电荷量为 $qnvS$，即电流 I 为

$$I = qnvS.$$　　　　(4.39)

由于 Idl 与 v 的方向相同，在电流元 Idl 内有 $dN = nSdl$ 个带电粒子以速度 v 运动着，dB 就是这些运动电荷所激发的磁场，将 I、dN 代入毕奥-萨伐尔定律，就可以得到每一个以速度 v 运动的电荷所激发的磁感应强度 B 为

$$B = \frac{\mathrm{d}B}{\mathrm{d}N} = \frac{1}{nS\mathrm{d}l} \frac{\mu_0}{4\pi} \frac{I\mathrm{d}l \times r}{r^3} = \frac{1}{nS\mathrm{d}l} \frac{\mu_0}{4\pi} \frac{qnvS\mathrm{d}l \times r}{r^3} = \frac{\mu_0}{4\pi} \frac{qv\mathrm{d}l \times r}{r^3 \mathrm{d}l}. \tag{4.40}$$

电子运动的方向即为电流的方向，因此可以把 $v\mathrm{d}l$ 写成 $v\mathrm{d}l$，则有

$$B = \frac{\mu_0}{4\pi} \frac{qv \times r}{r^3}, \tag{4.41}$$

式中的 r 是从运动电荷所在点指向场点的矢量，B 的方向垂直于 v 与 r 组成的平面，如果运动电荷是正电荷，那么 B 的指向符合右手螺旋定则；如果运动电荷是负电荷，则 B 的指向相反. 这就是计算匀速运动点电荷磁场的公式，但只适用于电荷低速运动的情形.

　　两个等量异号的电荷做相反方向运动时产生的磁场相同. 金属导体中假定正电荷运动的方向作为电流的流向所激发的磁场，与金属中实际上是电子做反向运动所激发的磁场是相同的. 进一步的理论表明，只有当电荷运动的速度远小于光速时，才可近似得到与恒定电流元的磁场相对应的上式；当带电粒子的速度 v 接近光速 c 时，上式不再成立(郭奕玲 等，2005).

　　运动电荷除激发磁场外，同时还在周围空间激发电场，弱电荷运动的速度比光速小得多，则场点的场强仍可以用电荷的瞬时位置指向场点的矢量表示，为

$$E = \frac{1}{4\pi\varepsilon_0} \frac{q}{r^3} r, \tag{4.42}$$

由此，运动电荷激发的磁感应强度可以写成

$$B = \mu_0\varepsilon_0 v \times E. \tag{4.43}$$

上式表明，运动电荷所激发的电场和磁场是紧密联系的. 只是一个运动电荷所激发的电磁场不再是恒定场. 运动电荷的磁场已被实验所证实.

　　5. 典型电流的磁场

　　给定电流分布，由毕奥-萨伐尔定律和叠加原理可以求空间各点的磁场.

　　1) 载流长直导线的磁场

　　设有长为 L 的载流直导线，其中电流为 I，如图 4.32 所示. 离直导线距离为 r 的 P 点的磁感应强度为

$$B = \frac{\mu_0 I}{4\pi r}(\cos\theta_1 - \cos\theta_2), \tag{4.44}$$

式中 θ_1 和 θ_2 是直线的两个端点到 P 点的矢量与直导线之间的夹角，显然下端点相应的角为锐角，上端点相应的角为钝角.

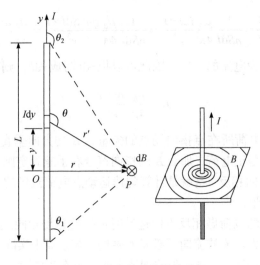

图 4.32 载流长直导线的磁场

对于半无限长载流直导线，取 $\theta_1 = \dfrac{\pi}{2}$ 和 $\theta_2 = \pi$，由上式可得

$$B = \frac{\mu_0 I}{4\pi r}\left(\cos\frac{\pi}{2} - \cos\pi\right) = \frac{\mu_0 I}{4\pi r} ; \tag{4.45}$$

对于无限长载流直导线，则取 $\theta_1 = 0$ 和 $\theta_2 = \pi$，由上式可得

$$B = \frac{\mu_0 I}{4\pi r}\left(\cos 0 - \cos\pi\right) = \frac{\mu_0 I}{2\pi r} , \tag{4.46}$$

与实验结果完全符合.

2) 载流圆线圈轴线上的磁场

设有圆形线圈 L，半径为 R，通以电流 I，如图 4.33 所示. 载流圆线圈轴线上 P 点(离圆心 O 的距离为 a)的磁感应强度为

$$B = \frac{\mu_0 I R^2}{2(R^2 + a^2)^{3/2}} = \frac{\mu_0}{2\pi}\frac{IS}{(R^2 + a^2)^{3/2}} , \tag{4.47}$$

式中 $S = \pi R^2$ 为圆线圈的面积. 其中有两个特殊点：

(1) 在圆心 O 点处，$a = 0$，由上式得

$$B = \frac{\mu_0 I}{2R} ; \tag{4.48}$$

(2) 在远离线圈处，即 $a \gg R$，$a \approx r$，轴线上各点的 B 值近似为

$$B = \frac{\mu_0}{2\pi}\frac{IS}{a^3} = \frac{\mu_0}{2\pi}\frac{IS}{r^3}.$$

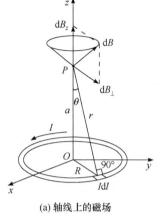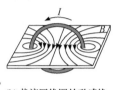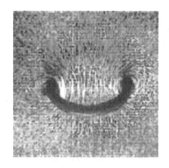

(a) 轴线上的磁场　　　　　(b) 载流圆线圈的磁感线　　　　(c) 载流圆线圈磁场的实物图

图 4.33　载流圆线圈的磁场

引入 $\boldsymbol{p}_m = IS\boldsymbol{e}_n$ ，上式写成矢量式，变为

$$\boldsymbol{B} = \frac{\mu_0}{2\pi}\frac{\boldsymbol{p}_m}{r^3}. \tag{4.49}$$

上式和电偶极子在轴线上场强 $\boldsymbol{E} = \dfrac{\boldsymbol{p}_e}{2\pi\varepsilon_0 r^3}$ 相似，所以 $\boldsymbol{p}_m$ 称为载流线圈的磁矩，

大小等于 IS ，方向与线圈平面的法线方向相同，式中的 $\boldsymbol{e}_n$ 为法线方向的单位矢量.

如果线圈有 N 匝，则磁场加强 N 倍，这时线圈磁矩要定义为

$$\boldsymbol{p}_m = NIS\boldsymbol{e}_n. \tag{4.50}$$

3) 载流直螺线管内部的磁场

直螺线管是指均匀地密绕在直圆柱面上的螺线形线圈. 设螺线管的半径为 R ，电流为 I ，每单位长度有线圈 n 匝，如图 4.34 所示.

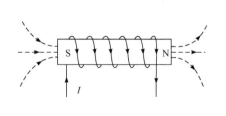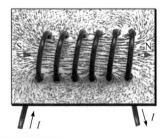

图 4.34　载流直螺线管内部的磁场

假设轴线上某点 P 到螺线管两端的连线与轴线的夹角分别为 β_1 和 β_2，则 P 点的磁感应强度为

$$B = \frac{\mu_0}{2} nI \left(\cos \beta_2 - \cos \beta_1 \right) . \tag{4.51}$$

如果螺线管为无限长，即螺线管的长度较直径大得多时，$\beta_1 \to \pi$，$\beta_2 \to 0$，所以

$$B = \mu_0 nI . \tag{4.52}$$

以上结果说明，任何绕得很紧密的长螺线管内部轴线上的磁感应强度和点的位置无关. 还可以证明，对于不在轴线上的内部各点也有 $B = \mu_0 nI$. 因此，无限长螺线管内部的磁场是均匀的.

对长螺线管的端点来说，有 $\beta_1 \to \dfrac{\pi}{2}$，$\beta_2 \to 0$，所以磁感应强度为 $B = \dfrac{1}{2}\mu_0 nI$，恰好是内部磁感应强度的一半. 长直螺线管所激发的磁感应强度的方向沿着螺线管轴线，其指向可按右手螺旋定则确定，右手四指表示电流的方向，拇指就是磁场的指向，如图 4.35 所示.

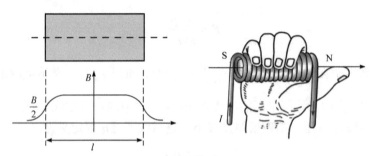

图 4.35　载流长直螺线管的磁场及方向

4.1.4　磁场的特点——恒定磁场的性质

恒定磁场对载流导线和带电运动粒子都有力的作用. 恒定磁场与静电场一样，是在一定空间区域内连续分布的矢量场. 因此，也可以仿照电场的研究方式，从磁感线在空间的分布出发研究恒定磁场的性质.

1. 磁通连续定理

磁感应强度是描述磁场的矢量，磁场是一个矢量场，因此可以像用电场线描述电场一样，用磁感应线形象地描述磁场. 而磁场中通过一给定曲面的总磁感应线数，称为通过该曲面的**磁通量**，用 Φ_m 表示.

在曲面上取面积元 $\mathrm{d}\boldsymbol{S}$，其法线方向与该点处 $\boldsymbol{B}$ 的方向之间的夹角为 θ，如

图 4.36 所示，则通过面积元 dS 的磁通量为 d$\varPhi_\mathrm{m} = B\cos\theta \cdot$ dS，写成矢量标积的形式

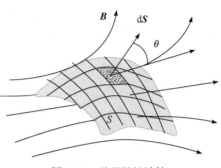

$$\mathrm{d}\varPhi_\mathrm{m} = \boldsymbol{B} \cdot \mathrm{d}\boldsymbol{S}, \qquad (4.53)$$

通过有限曲面 S 的磁通量为

$$\varPhi_\mathrm{m} = \iint_S \boldsymbol{B} \cdot \mathrm{d}\boldsymbol{S}. \qquad (4.54)$$

图 4.36　磁通量的计算

磁通量的单位为 $\mathrm{T} \cdot \mathrm{m}^2$，叫作韦伯，国际代号为 Wb. 由此，$1\,\mathrm{T} = 1\,\mathrm{Wb/m}^2$.

闭合曲面一般规定向外为正法线方向，磁感应强度从闭合面穿出处的磁通量为正，穿入处的磁通量为负. 由于磁感应线是闭合线，穿入闭合曲面的磁感应线数必然等于穿出闭合曲面的磁感应线数，所以通过任一闭合曲面的总磁通量必然为零，即

$$\oiint_S \boldsymbol{B} \cdot \mathrm{d}\boldsymbol{S} = 0, \qquad (4.55)$$

这表明，恒定磁场是无源场. 上式称为**磁通连续定理**，也叫作**磁场的高斯定理**，是电磁场理论的基本方程之一，它与静电学中的高斯定理 $\oiint_S \boldsymbol{E} \cdot \mathrm{d}\boldsymbol{S} = \dfrac{\sum q_i}{\varepsilon_0}$ 相对应. 这两个方程的差别反映出磁场和静电场是两类不同特性的场，**磁场是属涡旋式的场**，其磁感应线无头无尾，是闭合的；而**静电场是属发散式的场**，激发静电场的场源(电荷)是电场线的源头或尾闾.

2. 安培环路定理

静电场是保守力场，$\oint \boldsymbol{E} \cdot \mathrm{d}\boldsymbol{l} = 0$，由此引入了电势描述静电场. 恒定电流激发的磁场，也可以用磁感应强度沿任一闭合曲线的线积分 $\oint \boldsymbol{B} \cdot \mathrm{d}\boldsymbol{l}$($\boldsymbol{B}$ 矢量的环流)来反映磁场的某些性质. 只是 $\boldsymbol{B}$ 矢量的环流不具有功的意义，但其规律却揭示了磁场的一个重要特性. 表达电流与其所激发的磁场之间的普遍规律，称为**安培环路定理**. 具体表述如下：

在磁场中，沿任何闭合曲线 $\boldsymbol{B}$ 矢量的线积分(或称 $\boldsymbol{B}$ 矢量的环流)，等于真空的磁导率乘以穿过以闭合曲线为边界所张任意曲面的各恒定电流的代数和，用公式表示为

$$\oint_L \boldsymbol{B} \cdot \mathrm{d}\boldsymbol{l} = \mu_0 \sum I. \qquad (4.56)$$

定理表达式中电流的正、负与积分时在闭合曲线上所取的绕行方向有关，如果所取积分方向与电流流向满足右手螺旋定则关系，则电流为正，相反的电流为负，如图 4.37 所示.

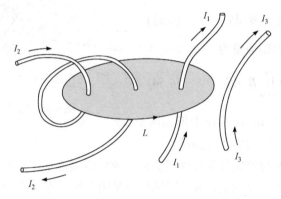

图 4.37 载流长直螺线管的磁场及方向

注意，定理中的电流 I 只是穿过环路的电流，说明 $\boldsymbol{B}$ 的环流 $\oint_L \boldsymbol{B} \cdot \mathrm{d}\boldsymbol{l}$ 只和穿过环路的电流有关，而与未穿过环路的电流无关. 但是环路上任一点的磁感应强度 $\boldsymbol{B}$ 却是**所有电流激发的场在该点叠加后的总场强**. 另外，定理只适用于闭合的载流导线，而对于任意设想的一段载流导线是不成立的.

$\boldsymbol{B}$ 矢量的环流不一定等于零，表明磁场不是保守力场，它不是有势场，一般不能引进标量势的概念描述磁场，这说明磁场和静电场是本质上不同的场.

至此，我们得到真空中恒定磁场所满足的两个基本方程

$$\oiint_S \boldsymbol{B} \cdot \mathrm{d}\boldsymbol{S} = 0 \quad \text{(磁通连续定理)}, \tag{4.57}$$

$$\oint_L \boldsymbol{B} \cdot \mathrm{d}\boldsymbol{l} = \mu_0 \sum I \quad \text{(安培环路定理，恒定磁场)}, \tag{4.58}$$

表明磁场是无源、有旋场，磁感应线闭合.

3. 安培力

1) 载流导线在磁场中受力

放置在磁场中的载流导线要受到磁力的作用，这个力称为**安培力**，也叫作**磁场力**或**磁力**. 1820 年安培通过实验发现：电流元 $I\mathrm{d}\boldsymbol{l}$ 在磁场中磁感应强度为 $\boldsymbol{B}$ 处所受的磁场力，等于 $I\mathrm{d}\boldsymbol{l}$ 与 $\boldsymbol{B}$ 的矢量积，如图 4.38 所示，即

$$\mathrm{d}\boldsymbol{F} = I\mathrm{d}\boldsymbol{l} \times \boldsymbol{B}. \tag{4.59}$$

上式称为**安培定律**. 可以看出，安培力垂直于电流元的方向，也垂直于磁场方向. 如果 dl 的方向与 B 的方向的夹角为 θ ，则 dF 的大小为 $IdlB\sin\theta$.

由力的叠加原理可知，一段任意形状的载流导线所受的磁力等于作用在它各个电流元上的安培力的矢量和，即

$$F = \int_L \mathrm{d}F = \int_L I\mathrm{d}l \times B , \qquad (4.60)$$

积分遍及整个载流导线. 如图 4.39 表示匀强磁场中一段任意形状的载流导线，它所受的安培力

$$F = \int_{(ab)} I\mathrm{d}l \times B = I\left(\int_{(ab)} \mathrm{d}l\right) \times B = Il \times B , \quad (4.61)$$

其中 l 是由 a 引向 b 的矢量. 这说明，载流导线在匀强磁场中所受的安培力，等于从起点到终点连接的一根直导线通过相同电流时受到的安培力.

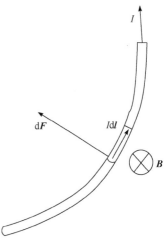

图 4.38　电流元 $I\mathrm{d}l$ 在磁场中所受的安培力

2) 磁场对载流线圈的力矩　磁矩

在匀强磁场中闭合载流线圈所受安培力的矢量和为零，但磁场可能对载流线圈有力矩作用. 如图 4.40 所示，在磁感应强度为 B 的匀强磁场中，有一边长分别为 l_1 和 l_2 的刚性矩形平面载流线圈，电流为 I，线圈平面法线方向单位矢量为 n ，n 与电流 I 的方向服从右手螺旋定则. 设 n 与 B 的夹角为 θ . 容易看出，导线 ab 和 cd 所受的磁力大小相等，方向相反，并在同一直线上.

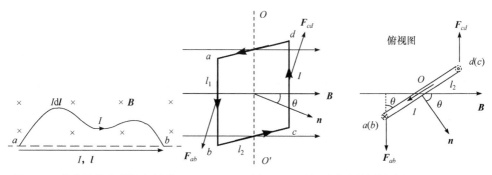

图 4.39　载流导线在磁场中所受
　　　　的安培力

图 4.40　磁场对载流线圈的力矩

由俯视图可以看出，作用在线圈上的力偶矩为

$$M = BIS \sin\theta, \tag{4.62}$$

式中 $S = l_1 l_2$ 为线圈的面积. 写成矢量式

$$\boldsymbol{M} = IS\boldsymbol{n} \times \boldsymbol{B}. \tag{4.63}$$

如果线圈有 N 匝, 则线圈所受的力偶矩为

$$M = NBIS \sin\theta = \mu B \sin\theta, \tag{4.64}$$

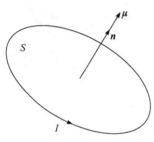

上式中的 $\mu = NIS$, 是线圈的磁矩. 磁矩是矢量, 用 $\boldsymbol{\mu}$ 表示, 如图 4.41 所示, 一个电流为 I、面积为 S 的平面载流线圈, 其磁矩

$$\boldsymbol{\mu} = NIS\boldsymbol{n}. \tag{4.65}$$

磁矩的方向就是载流线圈平面法线的正方向 $\boldsymbol{n}$ (与电流 I 成右手螺旋关系), 所以力矩也可写成矢量式

图 4.41　平面载流线圈的磁矩

$$\boldsymbol{M} = \boldsymbol{\mu} \times \boldsymbol{B}. \tag{4.66}$$

上式不仅对长方形线圈成立, 对于在匀强磁场中任意形状的平面线圈也同样成立. 甚至对带电粒子沿闭合回路的运动以及带电粒子的自旋所具有的磁矩, 计算在磁场中所受的磁力矩作用时也都可用上述公式.

磁场对载流线圈所施的磁力矩, 总是促使线圈转到其线圈磁矩的方向与外磁场方向相同的稳定平衡位置处. 利用载流线圈在磁场中转动的特性可以用载流试探小线圈来检测磁场, 由线圈在稳定平衡位置时磁矩 $\boldsymbol{\mu}$ 的指向确定外磁场 $\boldsymbol{B}$ 的方向, 并由线圈所受的最大磁力矩 $M_{\max}$ 确定外磁场的 B 值 $\dfrac{M_{\max}}{p_{\mathrm{m}}}$ (即单位磁矩所受的最大磁力矩).

平面载流线圈在均匀磁场中任意位置上所受的合力均为零, 仅受力矩的作用. 因此, 在均匀磁场中的平面载流线圈只发生转动, 不会发生整个线圈的平动.

磁场对载流线圈作用力矩的规律是制成各种电动机、动圈式电表和电流计等的基本原理.

4. 洛伦兹力

洛伦兹力是运动点电荷在磁场中受到的作用力. 它是 1895 年洛伦兹(H. A. Lorentz)作为基本假设提出的, 因此得名.

当一个电量为 q 的带电粒子以运动速度 $\boldsymbol{v}$ 沿磁场方向运动时, 作用在带电粒子上的磁力为零; 带电粒子的运动方向与磁场方向相垂直时, 所受磁力最大, 记

作 F_m，大小为

$$F_m = qvB. \tag{4.67}$$

磁力 F_m、电荷运动速度 v 和磁感应强度 B 三者相互垂直. 如果带电粒子运动的方向与磁场方向成夹角 θ，则所受磁力 F 的大小为

$$F = qvB\sin\theta, \tag{4.68}$$

方向垂直于 v 和 B 所决定的平面，指向由 v 经小于180°的角转向 B 按右手螺旋定则决定，用矢量式表示为

$$F = qv \times B. \tag{4.69}$$

上式就是洛伦兹力——磁场对运动电荷作用力的公式. 由于洛伦兹力与电荷运动方向垂直，所以**洛伦兹力对运动电荷不做功**.

5. 带电粒子在磁场中的运动

1) 均匀磁场

如图 4.42 所示，设有一均匀磁场，磁感应强度为 B，一电荷为 q，质量为 m 的粒子，以初速度 v 进入磁场中运动.

A. v 与 B 互相平行

这时作用于带电粒子的洛伦兹力等于零，带电粒子不受磁场的影响，进入磁场后仍做匀速直线运动.

B. v 与 B 垂直

这时粒子将受到与运动方向垂直的洛伦兹力 F，F 的大小为

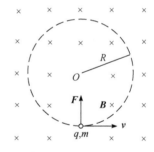

图 4.42　带电粒子在均匀磁场中的运动

$$F = qvB, \tag{4.70}$$

方向垂直于 v 与 B. 粒子速度的大小不变，只改变方向. 带电粒子做匀速圆周运动，而洛伦兹力为向心力，有

$$qvB = m\frac{v^2}{R} \quad 或 \quad R = \frac{mv}{qB}, \tag{4.71}$$

式中 R 是粒子的圆形轨道半径. 对于所讨论的带电粒子，其轨道半径与带电粒子的运动速度成正比，而与磁感应强度成反比，速度越小，洛伦兹力也越小，轨道

弯曲得越厉害. 带电粒子绕圆形轨道一周所需的时间称为回转周期, 大小为

$$T = \frac{2\pi R}{v} = 2\pi \frac{m}{qB}.$$ (4.72)

周期 T 与带电粒子的运动速度无关, 这一特点是磁聚焦和回旋加速器的理论基础.

C. $\boldsymbol{v}$ 与 $\boldsymbol{B}$ 斜交成 θ 角

此时可将 $\boldsymbol{v}$ 分解成两个分矢量: 平行于 $\boldsymbol{B}$ 的分矢量 $v_{\parallel} = v\cos\theta$ 和垂直于 $\boldsymbol{B}$ 的分矢量 $v_{\perp} = v\sin\theta$. 带电粒子在垂直于磁场的平面内以 $v_{\perp}$ 做匀速圆周运动, 而平行于 $\boldsymbol{B}$ 的速度分量 $v_{\parallel}$ 不受磁场的影响, 带电粒子合运动的轨道是一螺旋线, 螺旋线的半径是

$$R = \frac{mv_{\perp}}{qB},$$ (4.73)

螺距是

$$h = v_{\parallel}T = v_{\parallel}\frac{2\pi R}{v_{\perp}} = v_{\parallel}\frac{2\pi m}{qB},$$ (4.74)

表明螺距只和平行于磁场的速度分量 $v_{\parallel}$ 有关, 而与垂直于磁场的速度分量 $v_{\perp}$ 无关.

2) 非均匀磁场

带电粒子在均匀磁场中可绕磁感应线做螺旋运动, 螺旋线的半径 R 与磁感应强度 B 成反比, 所以当带电粒子在非均匀磁场中向磁场较强的方向运动时, 螺旋线的半径将随着磁感应强度的增加而不断减小. 同时, 带电粒子在非均匀磁场中受到的洛伦兹力, 恒有一指向磁场较弱方向的分力, 此分力阻止带电粒子向磁场较强的方向运动. 这样可能使粒子沿磁场方向的速度逐渐减小到零, 从而迫使粒子反向运动. 如图 4.43 所示, 如果在一长直圆柱形真空室中形成一个两端很强、中间较弱的磁场, 那么两端较强的磁场对带电粒子的运动起着阻塞的作用, 能迫

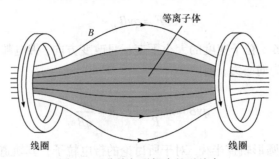

图 4.43　非均匀磁场中的磁约束

使带电粒子局限在一定的范围内往返运动，这种装置称为**磁塞**. 由于带电粒子在两端处的运动好像光线遇到镜面发生反射一样，这种装置也称为**磁镜**. 在受控热核反应装置中，一般都采用这种磁场把等离子体约束在一定的范围内. **磁约束**现象在宇宙中也存在.

3) 带电粒子在电场和磁场中运动的应用

如果在空间内除了磁场外还有电场存在，那么带电粒子还要受到电场力的作用. 这时，带有电荷量 q 的粒子在静电场 $\boldsymbol{E}$ 和磁场 $\boldsymbol{B}$ 中以速度 $\boldsymbol{v}$ 运动时受到的作用力将是

$$F = q\boldsymbol{E} + q\boldsymbol{v} \times \boldsymbol{B} . \tag{4.75}$$

上式叫作**洛伦兹关系式**. 当粒子的速度 v 远小于光速 c 时，根据牛顿第二定律，带电粒子的运动方程为

$$q\boldsymbol{E} + q\boldsymbol{v} \times \boldsymbol{B} = m\boldsymbol{a} , \tag{4.76}$$

式中 m 为粒子的质量，$\boldsymbol{a}$ 为粒子的加速度. 一般的情况下，求解这一方程比较复杂. 但事实上经常遇到利用电磁力来控制带电粒子运动的实例，所用的电场和磁场分布都具有某种对称性，使得求解方程简便得多.

A. 磁聚焦

如图 4.44 所示，从阴极 F 发射出来的电子束经过极板 P 和阴极 F 间的电压 U 加速后，先通过一横向电场，再进入一纵向均匀磁场. 由于电子束受横向电场作用后稍有散开，各电子将以不同的角度(很小)进入磁场，其垂直磁场的速度分量不相等，电子将沿着磁感应线做不同半径的螺旋线运动，但其平行于磁场的速度分量近似相等(通过相同的加速电场)，以致经过一个螺距的运动之后，散开的电子束又会聚于一点，这和一束近轴光线经过透镜后聚焦的现象类似，叫作**磁聚焦**(梁灿彬 等，2018a).

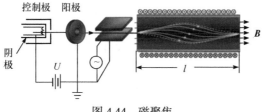

图 4.44　磁聚焦

利用纵向磁场聚焦的方法可以测得电子的**荷质比** $\dfrac{e}{m_e}$，

$$\frac{e}{m_e} = \frac{8\pi^2 n^2}{B^2 l^2} U, \tag{4.77}$$

目前公认的数值为

$$\frac{e}{m_e} = 1.758820024(11) \text{ C/kg}, \tag{4.78}$$

由此可求出电子的质量为

$$m_e = 9.10938356(11) \text{ kg}. \tag{4.79}$$

B. 回旋加速器

回旋加速器是利用带电粒子在电场和磁场的联合作用下，用多次加速的方法来获得高能粒子的装置，是原子核物理、高能物理等实验研究的一种基本设备，原理如图 4.45 所示.

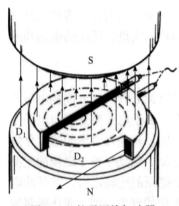

图 4.45　粒子回旋加速器

当粒子速度远小于光速时，粒子在 D 形电极半盒内运动所需的时间为

$$t = \frac{m\pi}{qB}, \tag{4.80}$$

D 形电极的半径为 R 的回旋加速器引出粒子的最终速度为

$$v = \frac{q}{m} BR, \tag{4.81}$$

粒子的动能为

$$E_k = \frac{1}{2} mv^2 = \frac{q^2}{2m} B^2 R^2. \tag{4.82}$$

当粒子的速度接近光速时，按照**相对论原理**可知，物体的质量随速度而变化

$$m = \frac{m_0}{\sqrt{1 - \left(\dfrac{v}{c}\right)^2}}, \tag{4.83}$$

粒子在半盒内运动所需的时间为

$$t = \frac{m\pi}{qB} = \frac{m_0\pi}{qB\sqrt{1-\left(\dfrac{v}{c}\right)^2}}, \tag{4.84}$$

因此交变电场的频率应满足下式

$$\nu_{\mathrm{m}} = \frac{qB}{2\pi m} = \frac{qB}{2\pi m_0}\sqrt{1-\left(\frac{v}{c}\right)^2}. \tag{4.85}$$

按照这个特点设计的回旋加速器叫作**同步回旋加速器**.

C. 质谱仪

带电粒子的电荷和质量是粒子的最基本属性. 对带电粒子的电荷量、质量和两者之比的测定，在近代物理学的发展中具有重大意义，它是研究物质结构的基础. **质谱仪**是用磁场和电场的各种组合来达到把电荷量相等但质量不同的粒子分离开来的一种仪器，是研究同位素的重要工具，也是测定离子荷质比的仪器. 最早的质谱仪是根据英国物理学家 J. J. 汤姆孙的方法而设计的，以后阿斯顿(F. M. Aston)、班布里奇(Bainbridge)等创用了一些新的方法. 质谱仪的原理如图 4.46 所示.

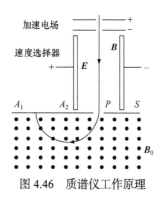

图 4.46　质谱仪工作原理

加速电场将粒子加速，速度选择器是利用电场和磁场的共同作用把从离子源中射出的具有不同速度的离子分离，挑选出具有一定速度的离子的装置. 只有满足速度

$$v = \frac{E}{B} \tag{4.86}$$

的粒子可以进入磁场. 粒子在磁场 B_0 中的运转半径 R 为

$$R = \frac{mv}{qB_0} = \frac{mE}{qB_0 B}. \tag{4.87}$$

不同质量的同位素离子在磁场 B_0 中做半径不同的圆周运动，就将按照不同的质量分别射到照相底片上不同的位置，形成线谱状的细条，每一细条相当于一定的质量，根据细条的位置可知圆周的半径，因此可算出相应的质量，所以这种仪器叫**质谱仪**. 利用质谱仪可以准确测定同位素的相对原子量.

质谱仪的应用之一是通过对铅的各种同位素含量的测定来确定岩石的年代. 人们已经估算出地球、月球和其他一些天体的年龄. 1897 年 J. J. 汤姆孙利用电场和磁场使阴极射线发生偏转，证实了组成阴极射线的是带电粒子，并测出其荷质比与构成阴极的金属材料和管内气体的种类有关，说明这些带电粒子是一切物质原子的组成部分，从而在物理史上首先发现第一个基本粒子——电子.

6. 磁场中的磁介质

1) 磁介质

放在磁场中的任何实物性物质都要和磁场发生相互作用，统称为**磁介质**. 磁介质在磁场中要被磁化，磁化的磁介质会产生附加磁场，实际上是磁介质受到磁场的作用要产生磁化电流，磁化电流又产生附加磁场.

如图 4.47 所示，设有一根中空的长直螺线管，沿导线通过电流，测出此时管内的磁感应强度 B_0. 然后在螺线管内充满某种磁介质，在保持电流不变的情况下，磁化了的磁介质激发附加磁感应强度 B'，这时磁场中任一点的磁感应强度 B 等于 B_0 和 B' 的矢量和，可以测出管内磁介质中的磁感应强度 B. 实验结果表明 B 与 B_0 之间的关系为

$$B = B_0 + B' = \mu_r B_0 , \tag{4.88}$$

式中 μ_r 称为磁介质的**相对磁导率**，它取决于介质的种类和状态. 表 4.2 给出了几种磁介质的相对磁导率.

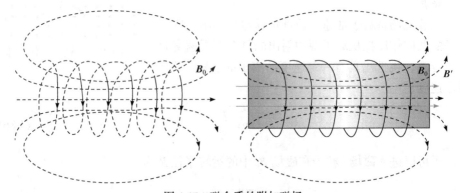

图 4.47 磁介质的附加磁场

表 4.2 几种磁介质的相对磁导率

磁介质种类		相对磁导率
抗磁质 $\mu_r < 1$	铋(293 K)	$1 - 16.0 \times 10^{-5}$
	汞(293 K)	$1 - 2.9 \times 10^{-5}$
	铜(293 K)	$1 - 1.0 \times 10^{-5}$
	氢(气体)	$1 - 3.98 \times 10^{-5}$

续表

磁介质种类		相对磁导率
顺磁质 $\mu_r > 1$	氧(液体，90 K)	$1 + 769.9 \times 10^{-5}$
	氧(气体，293 K)	$1 + 344.9 \times 10^{-5}$
	铝(293 K)	$1 + 1.65 \times 10^{-5}$
	铂(293 K)	$1 + 26 \times 10^{-5}$
铁磁质 $\mu_r \gg 1$	纯铁	5×10^3(最大值)
	硅钢	7×10^2(最大值)
	坡莫合金	1×10^5(最大值)

相对磁导率 μ_r 略大于 1 的磁介质，称为**顺磁质**，例如锰、铬、铂、氮等都属于顺磁性物质. μ_r 略小于 1 的磁介质，称为**抗磁质**，例如水银、铜、铋、硫、氯、氢、银、金、锌、铅等都属于抗磁质. 一切抗磁质和大多数顺磁质有一个共同点，就是它们所激发的附加磁场极其微弱，μ_r 几乎都等于 1，所以一般在工程技术中不考虑它们对磁场的影响. 还有一类磁介质，它们磁化后所激发的附加磁感应强度 B' 远大于 B_0，使得 $B \gg B_0$，它们的 μ_r 值很大，并与磁场的大小有关，这种磁介质叫**铁磁质**，例如铁、镍、钴、钆以及这些金属的合金，还有铁氧体等物质，它们在工程技术中有广泛的应用. 铁磁质的磁性叫**铁磁性**. 当超过某一温度时铁磁质失去铁磁性而变为通常的顺磁质，这一温度称为**居里点**. 几种常见铁磁质的居里点如下：铁为 1040 K，钴为 1390 K，镍为 630 K.

2) 磁化强度和磁场强度

介质中某点附近单位体积内的分子磁矩的矢量和，称为该点的**磁化强度**. 若用 M 表示磁介质的磁化程度，则有

$$M = \lim_{\Delta V \to 0} \frac{\sum m_i}{\Delta V}. \tag{4.89}$$

对于顺磁质，M 与外磁场同向；对于抗磁质，M 与外磁场反向. 磁化强度的单位是 A/m，与线电流密度的单位相同.

磁场中有介质时，磁化过程达到稳定后磁化电流也达到恒定，可以看成是由传导电流 I_0 和磁化电流 I' 组成的恒定电流系统. 按照安培环路定理

$$\oint_L \boldsymbol{B} \cdot \mathrm{d}\boldsymbol{l} = \mu_0 \left(\sum_{(L内)} I_{0,\mathrm{int}} + \sum_{(L内)} I' \right), \tag{4.90}$$

式中 L 表示任一闭合回路，$\sum_{(L内)} I_{0,\mathrm{int}}$ 表示穿过以 L 为边界的任一曲面的传导电流.

B 为总磁感应强度，它等于传导电流的磁场 B_0 和磁化电流的磁场 B' 的矢量和．将上式改写成不显含 I' 的形式，将 $\displaystyle\sum_{(L内)} I' = \oint_L M \cdot \mathrm{d}l$ 代入上式

$$\oint_L \left(\frac{B}{\mu_0} - M \right) \cdot \mathrm{d}l = \sum_{L内} I_{0,\mathrm{int}} . \tag{4.91}$$

定义**磁场强度** H ，即

$$H = \frac{B}{\mu_0} - M . \tag{4.92}$$

因 B 由所有电流共同产生，而 M 与磁化电流有关，则 H 包含了磁化电流 I' 的效应．磁场强度单位是 A/m ，与磁化强度、线电流密度的单位相同．

引入 H 后，安培环路定理就写出不显含 I' 的形式

$$\oint H \cdot \mathrm{d}l = \sum_{L内} I_{0,\mathrm{int}} . \tag{4.93}$$

此式的意义在于：**在有磁介质的磁场中，沿任意闭合路径磁场强度的线积分等于该闭合路径所包围的自由电流的代数和**．表明矢量的环流只和自由电流 I 有关，而在形式上与磁介质的磁性无关．也就是说，当自由电流 I 给定后，不论磁场中放进什么样的磁介质或者同一块磁介质放在不同的地方，虽然在不同的情况下空间同一点的矢量不同，但矢量的环流只和自由电流有关．因此，引入磁场强度这个物理量后，在磁场分布具有高度对称性时，能够使我们比较方便地处理有磁介质时的磁场问题，就像引入电位移矢量后使我们能够比较方便地处理有电介质时的静电场问题一样．安培环路定理和静磁场的另一普遍规律——磁场中的高斯定理一起，是处理电磁场问题的基本定理．

由于上式是由安培环路定理推导出来的，并具有与安培环路定理相同的形式，所以它叫作**有磁介质时的安培环路定理**，也叫作 H 的环路定理：**在恒定磁场内，磁场强度 H 沿任一回路的环流，等于穿过该回路的所有传导电流的代数和**．

磁场对磁介质有磁化作用，被磁化后的磁介质反过来也将影响原来的磁场分布．实验表明，对于各向同性的线性磁介质(顺磁质和抗磁质)，磁化强度与磁场强度成正比， 即

$$M = \chi_\mathrm{m} H = (\mu_\mathrm{r} - 1) H , \tag{4.94}$$

其中 χ_m 是一个只决定于介质本身性质的常数，称为介质的**磁化率**，并且 $\chi_\mathrm{m} = \mu_\mathrm{r} - 1$ ， μ_r 即前面引入的相对磁导率．

将上式代入磁场强度的定义式 $H = \dfrac{B}{\mu_0} - M$，得

$$H = \frac{B}{\mu_0 \mu_r} = \frac{B}{\mu}, \tag{4.95}$$

式中 $\mu = \mu_0 \mu_r$ 叫**磁介质的磁导率**. 上式就是在各向同性的顺磁质和抗磁质中 H 和 B 之间的关系. 在真空中 $\mu_r = 1$，因此

$$H_0 = \frac{B_0}{\mu_0}. \tag{4.96}$$

3) 铁磁质

铁、钴、镍和它们的一些合金、稀土族金属(在低温下)以及一些氧化物(如用来做磁带的 CrO_2)都具有明显而特殊的磁性. 首先是它们的相对磁导率都比较大，而且随磁场的强弱发生变化；其次是它们都有明显的**磁滞效应**.

用实验研究铁磁质的性质时，通常把铁磁质试样做成环状，外面绕上若干匝线圈(如图 4.48 所示). 线圈中通有电流后，铁磁质就被磁化. 当励磁电流为 I 时，环中的磁场强度 H 为

$$H = \frac{NI}{2\pi r}. \tag{4.97}$$

式中 N 为环上线圈的总匝数，r 为环的平均半径. 这时环内的 B 可以用另外的方法测出，于是可以得出一组对应的 H 和 B 的值. 改变电流 I，可以依次测得许多组 H 和 B 的值，这样就可以绘出一条关于试样的 H-B 关系曲线以表示试样的磁化特点. 这样的曲线叫**磁化曲线**.

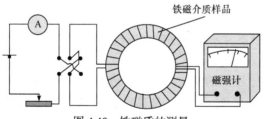

图 4.48 铁磁质的测量

如果从试样完全没有磁化开始，逐渐增大电流 I，从而逐渐增大 H，那么所得的磁化曲线就叫初始磁化曲线，一般如图 4.49 所示. H 较小时，B 随 H 成正比地增大，H 再稍大时 B 就开始急剧地但也约成正比地增大，接着增大变慢，当 H 到达某一值后再增大时，B 就几乎不再随 H 增大而增大了. 这时铁磁质试样到达

了一种磁饱和状态，它所有的原子磁矩都沿同一方向排列整齐了.

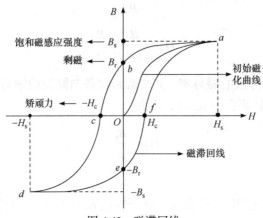

图 4.49　磁滞回线

实验证明，各种铁磁质的起始磁化曲线都是"不可逆"的，即当铁磁质到达磁饱和后，如果慢慢减小磁化电流以减小 H 的值，铁磁质中的 B 并不沿起始磁化曲线逆向逐渐减小，而是减小得比原来增加时慢. 如图 4.49 中 aB_r 段所示，当 $I = 0$ ，因而 $H = 0$ 时，B 并不等于 0. 而是还保持一定的值，这种现象叫**磁滞效应**. H 恢复到零时铁磁质内部仍保留的磁化状态叫**剩磁**，相应的磁感应强度常用 B_r 表示.

要想将剩磁完全消除，必须改变电流的方向，并逐渐增大反向的电流，当 H 增大到 $-H_c$ 时的 c 点，$B = 0$. 这个使铁磁质中的 B 完全消失的 H_c 值叫作**铁磁质的矫顽力**.

再增大反向电流以增大 H，可以使铁磁质达到反向的磁饱和状态. 将反向电流逐渐减小到零，铁磁质会达到 $-B_r$ 所代表的反向剩磁状态 d. 把电流改回原来的方向并逐渐增大，铁磁质又会经过 H_c 表示的状态回到原来的饱和状态 a. 这样，磁化曲线就形成了一个闭合曲线，这一闭合曲线叫**磁滞回线**. 由磁滞回线可以看出，铁磁质的磁化状态并不能由励磁电流或 H 值单值地确定，它还取决于该铁磁质此前的磁化历史.

如图 4.50 所示，不同的铁磁质的磁滞回线的形状不同，表示它们各具有不同的剩磁和矫顽力 H_c. 纯铁、硅钢、坡莫合金(含铁、镍)等材料的矫顽力 H_c 很小，因而磁滞回线比较"瘦"，这些材料叫**软磁材料**，常用作变压器和电磁铁的铁心. 碳钢、钨钢、铝镍钴合金(含 Fe、Al、Ni、Co、Cu)等材料具有较大的矫顽力 H_c，因而磁滞回线显得"胖"，它们一旦磁化后对外加的较弱磁场有较大的抵抗力，或者说它们对于其磁化状态有一定的"记忆能力"，这种材料叫**硬磁材料**，常用来做永久磁体、记录磁带或电子计算机的记忆元件. **矩磁材料**的磁滞回线近乎矩形，表示矫顽力更大，制作永磁体产生的磁场更强. 一般矩磁材料都是人工合成的合金，比如钕铁硼、钐钴、铁钴钒等.

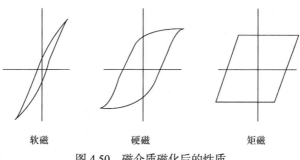

图 4.50　磁介质磁化后的性质

实验指出，把铁磁质放到周期性变化的磁场中被反复磁化时，它会变热. 变压器或其他交流电磁装置中的铁心在工作时由于这种反复磁化发热而引起的能量损失叫**磁滞损耗**或"铁损"。单位体积的铁磁质反复磁化一次所发的热和这种材料的磁滞回线所围的面积成正比. 因此，在交流电磁装置中，利用软磁材料(如硅钢)作铁心是相宜的.

4.2　电与磁的共生共存——电磁场

在静电场和恒定磁场的基本规律表达式中电场和磁场是各自独立、互不相关的. 然而，激发电场和磁场的源——电荷和电流却是相关的，电场和磁场之间也必然存在着相互联系、制约的关系. 1820 年奥斯特发现了电流的磁效应，人们自然会想到，磁能不能生电？1831 年法拉第经过系统研究，发现了**电磁感应现象**，并总结出电磁感应定律，为揭示电与磁之间的内在联系奠定了实验基础.

电磁感应现象的发现，不仅阐明了变化的磁场能够激发电场这一关系，还进一步揭示了电与磁之间的内在联系，促进了电磁理论的发展，从而奠定了现在电工技术的基础. 英国物理学家麦克斯韦提出感生电场和位移电流的假设，于 1865 年总结出描述电磁场规律的方程——**麦克斯韦方程组**，并预言存在电磁波. 1888 年德国物理学家赫兹用实验证实了电磁波的存在. 电磁感应现象的发现为人类获取电能开辟了道路，引起了一场重大的工业和技术革命.

4.2.1　电与磁的相互转化——电磁感应定律

电磁感应定律是建立在广泛的实验基础上的. 为了探索磁能不能生电，法拉第从 1824 年开始进行实验，终于在 1831 年 8 月 29 日这天取得了突破性的进展. 如图 4.51 所示，在一个软铁环上绕两个互相绝缘的线圈 A 和 B. 导线下面平行放置一只小磁针，以检测导线中是否有电流. 法拉第发现，在合上开关，线圈 A 接通电流的瞬间，磁针偏转，随即复原；再打开开关，线圈 A 电流中断的瞬间，磁针反向偏转，随即复原. 磁针偏转并复原，说明线圈 B 中出现瞬间感应电流. 合上或者打开开关的瞬间，A 中的电流发生变化，使穿过线圈 B 的磁通量发生变化，因此感应电流的产生是磁通量发生变化的结果.

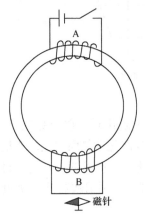

图 4.51　法拉第电磁感应实验

此后，法拉第还做过一些实验，例如把条形磁铁插入线圈，发现条形磁铁插入和拔出的瞬间，线圈中出现感应电流. 法拉第把可以产生感应电流的情况分为五类：变化中的电流，变化中的磁场，运动的恒定电流，运动的磁铁和运动中的导线. 其实法拉第的实验大体上可以归结为两类：一类是磁铁与线圈有相对运动时，线圈中产生了电流；另一类是当一个线圈中电流发生变化时，在它附近的其他线圈中也产生了电流.

法拉第将这些现象与静电感应类比，把它们称作"电磁感应"现象. 对实验仔细分析可概括出一个能反映其本质的结论：当穿过一个闭合导体回路所包围的面积内的磁通量发生变化时，不管这种变化是由什么原因引起的，在导体回路中就会产生感应电流，这种现象称为**电磁感应现象**.

必须注意，由于线圈中插入铁芯后线圈中的感应电流大大增加，说明感应电流的产生是因为磁感应强度 B 通量的变化，而不是由于磁场强度 H 通量的变化.

瑞士物理学家科拉顿(J. D. Colladon)在 1825 年把磁铁插入连有灵敏电流计的螺旋线圈，试图观察线圈中是否会出现感应电流. 但为了避免磁铁对电流计产生影响，他特意把电流计放在隔壁房间. 他先把磁铁插入线圈，再跑到隔壁房间观察电流计的偏转，每次得到都是零结果. 由于实验的安排有问题，科拉顿失去了观察到瞬时变化的良机.

1. 电动势

恒定电流是闭合的，单靠静电力不能维持电路中的恒定电流. 因为在静电场的作用下，移动到电势较低位置的正电荷无法回到原来电势较高的位置，电流在电阻上消耗的焦耳热也得不到补充. 为了维持电流的恒定流动，电路中必须有某种非静电性质的力作用于电荷. 提供非静电力的装置，称为**电源**. 在化学电池(干电池、蓄电池)中，非静电力是溶液中离子与极板的化学亲和力，发电机中的非静电力是磁场对运动电荷的洛伦兹力.

用 K 表示作用在单位正电荷上的非静电力. 在电源外部只有静电场 E，而在电源内部除 E 外还有 K，因此电源内部欧姆定律的微分形式为

$$j = \sigma(E + K). \tag{4.98}$$

在电源中把单位正电荷从负极移动到正极,非静电力所做的功称为**电源的电动势**,
用 ε 表示, 定义为

$$\varepsilon = \int_{-}^{+} K \cdot dl . \tag{4.99}$$

电动势有正、负. 通常把由电源负极指向电源正极的方向规定为电源中电动
势的正方向. 如果非静电力分布在整个导体回路上, 则导体回路中的电动势

$$\varepsilon = \oint_{L} K \cdot dl . \tag{4.100}$$

电动势的单位是 V(伏特), 与电势的单位相同, 但其物理意义截然不同. 电动
势反映非静电力做功的本领, 而电势反映的是静电场的保守性, 即场强的环流为
零的性质.

2. 法拉第电磁感应定律

1831 年法拉第发现, 导体回路中的感应电流正比于导体的导电能力, 由此他
意识到感应电流是由与导体性质无关的感应电动势产生的, 即使没有导体回路,
感应电动势依然存在.

回路中的感应电流也是一种带电粒子的定向运动. 这里的定向运动并不是静
电场力作用于带电粒子而形成的, 因为在电磁感应的实验中并没有静止的电荷作
为静电场的场源. 感应电流应该是电路中的一种非静电力对带电粒子作用的结果.
因此, 电磁感应实验中的非静电力也可以用电动势的概念加以说明, 叫作**感应电
动势**. 感应电流只是回路中存在感应电动势的对外表现, 由闭合回路中磁通量的
变化直接产生的结果应是感应电动势.

1834 年, 俄国物理学家楞次在进一步概括了大量实验结果的基础上, 得出了
确定感应电流方向的法则, 称为**楞次定律**: **导体回路中感应电流的方向, 总是使
得感应电流所激发的磁场阻碍引起感应电流的磁通量的变化**. 闭合回路中产生的
感应电流具有确定的方向, 它总是使感应电流所产生的通过回路面积的磁通量,
去补偿或者反抗引起感应电流的磁通量的变化. 事实表明楞次定律实质上是能量
守恒定律在电磁感应现象中的具体表现.

1845 年, 德国物理学家诺伊曼(F. E. Neumann)给出了在对法拉第的电磁感应
实验进行定量研究之后, 总结得出的用感应电动势来描述电磁感应的基本定律:
通过回路所包围面积的磁通量发生变化时, 回路中产生的感应电动势 ε_i 与磁通量
对时间的变化率成正比(后面我们用下标 i 表示感应或感生). 如果采用国际单位

制, 以 Φ 表示通过闭合导体回路的磁通量, 以 ε_i 表示磁通量发生变化时在导体回路中产生的感应电动势, 则定律可表示为

$$\varepsilon_i = -\frac{\mathrm{d}\Phi}{\mathrm{d}t}. \tag{4.101}$$

这一公式就是法拉第电磁感应定律的一般表达式. 在约定的正负符号规则下, 式中的负号反映了感应电动势的方向与磁通量变化的关系, 它是楞次定律的数学表现.

在电磁感应定律中, 穿过导体回路 L 的磁通量定义为

$$\Phi = \iint_S \boldsymbol{B} \cdot \mathrm{d}\boldsymbol{S} = \iint_S B\cos\theta\,\mathrm{d}S, \tag{4.102}$$

其中 S 是以回路 L 为边界的任意曲面. 如图 4.52 所示, 设定回路 L 的绕向后, 面元 $\mathrm{d}\boldsymbol{S}$

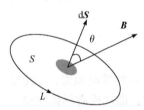

的法线取在由 L 的绕向按右手螺旋定则决定的 S 面的同一侧; $\boldsymbol{B}$ 是面元 $\mathrm{d}\boldsymbol{S}$ 处的磁感应强度, 它与 $\mathrm{d}\boldsymbol{S}$ 方向的夹角为 θ. 由上式看出, 如果设定回路 L 的绕向与 $\boldsymbol{B}$ 的方向成右手螺旋关系, 则穿过回路的磁通量 $\Phi > 0$. 磁通量的单位是 Wb (韦伯).

图 4.52　法拉第电磁感应
定律中的磁通量

如果回路是由 N 匝导线串联而成, 那么在磁通量变化时, 每匝中都将产生感应电动势. 则应把通过每匝的磁通量相加, 即 $\Psi = \Phi_1 + \Phi_2 + \cdots$, Ψ 称为**磁链**. 如果每匝中通过的磁通量都相同, 则 N 匝线圈中的总电动势应为各匝中电动势的总和, 即

$$\varepsilon_i = -N\frac{\mathrm{d}\Phi}{\mathrm{d}t} = -\frac{\mathrm{d}(N\Phi)}{\mathrm{d}t}. \tag{4.103}$$

习惯上把 $N\Phi$ 称为线圈的磁通量匝数或磁链数. 如果每匝中的磁通量不同, 就应该用各圈中磁通量的总和 $\sum\Phi$ 来代替 $N\Phi$, 叫作**穿过线圈的全磁通**.

确定感应电动势 ε_i 的符号规则如下: 在回路上先任意选定一个转向作为回路的绕行方向, 再用右手螺旋定则确定此回路所包围面积的正法线方向 $\boldsymbol{e}_n$, 然后确定通过回路面积的磁通量的正负, 凡穿过回路面积的 $\boldsymbol{B}$ 方向与 $\boldsymbol{e}_n$ 相同者为正, 相反者为负; 最后再考虑 Φ 的变化, 感应电动势 ε_i 的正负只由 $\dfrac{\mathrm{d}\Phi}{\mathrm{d}t}$ 决定, 如图 4.53 所示.

如果闭合回路的电阻为 R, 则在回路中的感应电流为

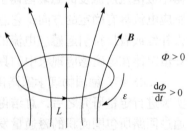

图 4.53　感应电动势的符号法则

$$I_{\mathrm{i}} = \frac{\varepsilon_{\mathrm{i}}}{R} = -\frac{1}{R}\frac{\mathrm{d}\varPhi}{\mathrm{d}t}. \tag{4.104}$$

利用 $I = \dfrac{\mathrm{d}q}{\mathrm{d}t}$，可算出在 t_1 到 t_2 这段时间内通过导线的任一截面的感生电荷量为

$$q = \int_{t_1}^{t_2} I_{\mathrm{i}}\mathrm{d}t = -\frac{1}{R}\int_{t_1}^{t_2}\mathrm{d}\varPhi = \frac{1}{R}\left(\varPhi_1 - \varPhi_2\right), \tag{4.105}$$

式中 $\varPhi_1$、$\varPhi_2$ 分别是 t_1、t_2 时刻通过导线回路所包围面积的磁通量. 上式表明，在一段时间内通过导线截面的电荷量与这段时间内导线回路所包围的磁通量的变化值成正比，而与磁通量变化的快慢无关. 如果测出感生电荷量，而回路的电阻又已知，就可以计算磁通量的变化量. 常用的磁通计就是根据这个原理设计的.

根据电动势的概念可知，当通过闭合回路的磁通量变化时，在回路中出现某种非静电力，感应电动势就等于移动单位正电荷沿闭合回路一周这种非静电力所做的功. 如果用 $\boldsymbol{E}_{\mathrm{k}}$ 表示等效的非静电性场强，则感应电动势 ε_{i} 可表示为

$$\varepsilon_{\mathrm{i}} = \oint \boldsymbol{E}_{\mathrm{k}} \cdot \mathrm{d}\boldsymbol{l}. \tag{4.106}$$

又因通过闭合回路所包围面积的磁通量为 $\varPhi = \iint_S \boldsymbol{B} \cdot \mathrm{d}\boldsymbol{S}$，于是法拉第电磁感应定律又可表示为积分形式

$$\oint \boldsymbol{E}_{\mathrm{k}} \cdot \mathrm{d}\boldsymbol{l} = -\frac{\mathrm{d}}{\mathrm{d}t}\iint_S \boldsymbol{B} \cdot \mathrm{d}\boldsymbol{S}, \tag{4.107}$$

式中积分面 S 是以闭合回路为边界的任意曲面.

大块导体处于变化的磁场或在磁场中运动时，导体中产生的感应电流呈涡旋状，叫作**涡流**. 利用涡流的热效应制成的感应电炉，广泛应用于金属的冶炼. 为了减少变压器铁芯中的涡流，通常把彼此绝缘的硅钢片叠合起来，代替整块铁芯.

根据楞次定律，涡流在磁场中所受安培力将阻碍导体与磁场之间的相对运动，产生机械效应. 利用涡流的机械效应可以实现电磁制动和电磁驱动.

此外，在涡流的影响下，交变电流将向导线表面集中，这称为**趋肤效应**. 频率越高，趋肤效应越强. 趋肤效应减小了导线的有效面积，增大了实际电阻. 为减弱趋肤效应，在高频电路中一般采用多股编织导线. 利用趋肤效应可以对金属进行表面淬火(赵凯华 等，2018).

3. 动生电动势

法拉第电磁感应定律表明，只要通过回路所围面积中的磁通量发生变化，回路中就会产生感应电动势. 由 $\varPhi = \iint_S \boldsymbol{B} \cdot \mathrm{d}\boldsymbol{S}$ 可知，使磁通量发生变化的方法是多

种多样的，但从本质上可归纳为两类：一类是磁场保持不变，导体回路或导体在磁场中运动，产生的电动势称为**动生电动势**；另一类是导体回路不动，磁场发生变化，产生的电动势称为**感生电动势**.

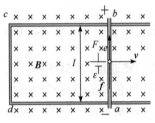

图 4.54　动生电动势的产生

1) 磁场不变、导体在磁场中运动的动生电动势
　　产生动生电动势的非静电力，是磁场作用在运动电荷上的洛伦兹力. 如图 4.54 所示，当导体在恒定磁场中以速度 v 向右运动时，导体内的自由电子也随导体以速度 v 运动，自由电子受到的洛伦兹力为 $f = -ev \times B$，单位正电荷受到的非静电力为

$$K = \frac{-ev \times B}{-e} = v \times B . \tag{4.108}$$

在一般情况下，磁场可以不均匀，导体中各个部分的运动速度可能不同，但只要将导体分割成许多小段，每一小段导体中的动生电动势可表示为

$$\mathrm{d}\varepsilon = (v \times B) \cdot \mathrm{d}l , \tag{4.109}$$

其中 v 是该段导体的运动速度，$\mathrm{d}l$ 代表导体线元，积分后就得到整个导体的动生电动势

$$\varepsilon = \int (v \times B) \cdot \mathrm{d}l . \tag{4.110}$$

对于导体回路

$$\varepsilon = \oint_L (v \times B) \cdot \mathrm{d}l . \tag{4.111}$$

回路中建立起感应电流后，载流直导线在外磁场中又要受到安培力 F 的作用，其大小为

$$F = BI_i l , \tag{4.112}$$

方向在纸面内垂直于导线向左. 所以如要维持 ab 向右做匀速运动，使在 ab 导线中产生恒定的电动势，从而在回路中建立恒定的感应电流 I_i，就必须在 ab 段上施加一同样大小方向向右的外力 F'. 因此，在维持 ab 段导线做匀速运动过程中，外力 F' 必须克服安培力 F 而做功，它所消耗的恒定功率为

$$P = F'v = BI_i lv . \tag{4.113}$$

因为运动导线相当于一个电源，其动生电动势 $\varepsilon_i = Blv$，它向回路中供应的电功率为

$$P_e = \varepsilon_i I_i = B I_i l v. \tag{4.114}$$

可以看到，P_e 正好等于 P. 这一关系从能量的转换来说就是：**电源向回路中供应的电能来源于外界供给的机械能.**

实质上，我们这里所讨论的就是发电机的工作原理(图 4.55)，也就是动生电动势的一个实际应用. 发电机是把机械能转化为电能的装置，从力学方面来说，外力 $\boldsymbol{F}'$ 做功表示外界向发电机供给了机械能，磁场力做负功表示发电机接受了此能量. 在回路方面来说，电源的电动势为 ε_i，电源向电路中供应出电能，其电功率为 $\varepsilon_i I_i$. 由此可见，"磁场力做负功，接受了机械能"和"电源向电路中供应电能"就是"机械能向电能转化"同一事实的两个侧面. 所以，要使发电机不断地工作，就得用水轮机、汽轮机或其他动力机械带动导线运动，把机械能不断地转化为电能.

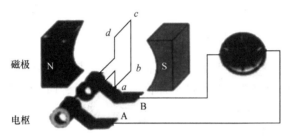

图 4.55　旋转电枢式发电机工作原理

2) 磁场中转动的线圈内的感应电动势

设在均匀磁场中做匀速转动的矩形线圈 $ABCD$ 的匝数为 N，面积为 S，使这些线圈在匀强磁场中绕固定的轴线 OO' 转动，磁感应强度 $\boldsymbol{B}$ 与 OO' 轴垂直. 当 $t = 0$ 时，线圈平面的法线单位矢量 $\boldsymbol{e}_n$ 与磁感应强度 $\boldsymbol{B}$ 之间的夹角为零，经过时间 t，线圈平面的法线单位矢量 $\boldsymbol{e}_n$ 与 $\boldsymbol{B}$ 之夹角为 θ，这时通过每匝线圈平面的磁通量为

$$\Phi = BS\cos\theta. \tag{4.115}$$

当线圈以 OO' 为轴转动时，夹角 θ 随时间改变，所以 Φ 也随时间改变. 根据法拉第电磁感应定律，N 匝线圈中所产生的动生电动势为

$$\varepsilon_i = -N\frac{\mathrm{d}\Phi}{\mathrm{d}t} = NBS\sin\theta\frac{\mathrm{d}\theta}{\mathrm{d}t}, \tag{4.116}$$

式中 $\dfrac{\mathrm{d}\theta}{\mathrm{d}t}$ 是线圈转动时的角速度 ω. 若 ω 是常量，在 t 时刻，$\theta = \omega t$，代入上式得

$$\varepsilon_i = NBS\omega\sin\omega t. \tag{4.117}$$

令 $\varepsilon_0 = NBS\omega$，表示当线圈平面平行于磁场方向的瞬时动生电动势，也就是线圈中最大动生电动势的量值. 这样

$$\varepsilon_i = \varepsilon_0 \sin \omega t . \tag{4.118}$$

上述关系表明在匀强磁场内转动的线圈中所产生的电动势是随时间作周期性变化的，周期为 $\dfrac{2\pi}{\omega}$. 在两个相邻的半周期中，电动势的方向相反，这种电动势叫**交变电动势**. 在交变电动势的作用下，线圈中的电流也是交变的，叫作**交变电流或交流**. 由于线圈内自感应的存在，交变电流的变化要比交变电动势的变化滞后一些，所以线圈中的电流一般可以写成

$$I = I_0 \sin(\omega t - \varphi) . \tag{4.119}$$

这就是发电机的基本原理.

4. 感生电动势和感生电场

导线或线圈在磁场中运动时所产生的感应电动势，其非静电力起源于洛伦兹力. 电磁感应现象又表明：当导线回路固定不动，而磁通量的变化完全由磁场变化所引起时，导线回路内也将产生感应电动势. 这种由于磁场变化引起的感应电动势，称为**感生电动势**.

产生感生电动势的非静电力，不能用洛伦兹力来解释. 由于这时的感应电流是原来宏观静止的电荷受到非静电力作用形成的，而静止电荷受到的力只能是电场力，所以这时的非静电力也只能是一种电场力. 麦克斯韦分析后提出，变化的磁场在其周围激发了一种电场，这种电场称为**感生电场**. 它就是产生感生电动势的"非静电场". 当闭合导线处在变化的磁场中时，就是由这种电场作用于导体中的自由电荷，从而在导线中引起感生电动势和感应电流的出现. 如果用 E_i 表示感生电场的场强，则当回路固定不动，回路中磁通量的变化全由磁场的变化所引起时，在一个导体回路 L 中产生的感生电动势应为

$$\varepsilon_i = \oint_L E_i \cdot \mathrm{d}l . \tag{4.120}$$

根据法拉第电磁感应定律应该有

$$\oint_L E_i \cdot \mathrm{d}l = -\frac{\mathrm{d}\Phi}{\mathrm{d}t} . \tag{4.121}$$

法拉第当时只着眼于导体回路中感应电动势的产生，麦克斯韦更着重于电场和磁场的关系研究. 他指出，在磁场变化时，不但在导体回路中，而且在空间任

一点都会产生感生电场, 而且感生电场沿任何闭合路径的环路积分都满足上式. 用 B 表示磁感应强度, 则上式表示的法拉第电磁感应定律可表为

$$\oint_L \boldsymbol{E}_i \cdot \mathrm{d}\boldsymbol{l} = -\frac{\mathrm{d}\boldsymbol{\Phi}}{\mathrm{d}t} = -\frac{\mathrm{d}}{\mathrm{d}t}\iint_S \boldsymbol{B} \cdot \mathrm{d}\boldsymbol{S} = -\iint_S \frac{\partial \boldsymbol{B}}{\partial t} \cdot \mathrm{d}\boldsymbol{S} . \tag{4.122}$$

上式明确反映出变化的磁场能激发电场. 式中 $\mathrm{d}\boldsymbol{l}$ 表示空间内任一静止回路 L 上的位移元, S 为该回路所限定的任意曲面, 面元 $\mathrm{d}\boldsymbol{S}$ 的法线取在由 L 的绕向按右手螺旋定则决定的 S 面的同一侧. 上式就是感生电场所满足的环路定理, 它表明变化的磁场激发电场. 由于感生电场的环路积分不等于零, 所以它又叫作**涡旋电场**(图 4.56).

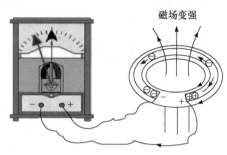

图 4.56 涡旋电场的产生

再从场的观点来看, 场的存在与否并不取决于空间有无导体回路存在, 变化的磁场总是在空间激发电场, 因此不管闭合回路是否由导体构成, 也不管闭合回路是处在真空或介质中, 式(4.122)都是适用的. 也就是说, 如果有导体回路存在, 感生电场的作用便驱使导体中的自由电荷做定向运动, 从而显示出感应电流; 如果不存在导体回路, 就没有感应电流, 但是变化的磁场所激发的电场还是客观存在的. 这个假说已经被近代的科学实验所证实, 例如**电子感应加速器**的基本原理就是用变化的磁场所激发的电场来加速电子的, 它的出现无疑是为感生电场的客观存在提供了一个令人信服的证据. 从理论上来说, 麦克斯韦的这个 "感生电场" 的假说和另一个关于位移电流(即变化的电场激发感生磁场)的假说, 都是奠定电磁场理论、预言电磁波存在的理论基础.

在一般的情况下, 空间的电场可能既有静电场 $\boldsymbol{E}_s$, 又有感生电场 $\boldsymbol{E}_i$. 这样, 在自然界中存在着两种以不同方式激发的电场, 所激发电场的性质也截然不同. 由静止电荷所激发的电场 $\boldsymbol{E}_s$ 是保守力场(无旋场), 在该场中电场强度沿任一闭合回路的线积分恒等于零, 即

$$\oint \boldsymbol{E}_s \cdot \mathrm{d}\boldsymbol{l} = 0 , \tag{4.123}$$

电场线永远不会形成闭合线. 但变化磁场所激发的感生电场 $\boldsymbol{E}_i$ 是非保守力场, 在该场中电场强度沿任一闭合回路的线积分并不一定等于零. 根据叠加原理, 总电场 $\boldsymbol{E} = \boldsymbol{E}_s + \boldsymbol{E}_i$ 沿某一封闭路径的环路积分应是静电场的环路积分和感生电场的回路积分之和. 由于前者为零, 所以 $\boldsymbol{E}$ 的环路积分就等于 $\boldsymbol{E}_i$ 的环流. 因此, 有

$$\oint_L \boldsymbol{E} \cdot \mathrm{d}\boldsymbol{l} = -\iint_S \frac{\partial \boldsymbol{B}}{\partial t} \cdot \mathrm{d}\boldsymbol{S} . \tag{4.124}$$

这就是普遍情况下的电场所满足的环路定理. 这一公式是关于磁场和电场关系的又一个普遍的基本规律.

电子感应加速器就是利用感生电场对电子加速的. 如图 4.57 所示, 在圆柱形电磁铁两极间放置一个环形真空管道, 励磁线圈中的交变电流产生交变磁场 $\boldsymbol{B}$, 引起感生电场 $\boldsymbol{E}_{\mathrm{i}}$, 其电场线是一系列同心圆. 环形管道中的电子被感生电场 $\boldsymbol{E}_{\mathrm{i}}$ 加速, 并在磁场的洛伦兹力 $\boldsymbol{F}$ 的作用下沿圆形轨道回转.

图 4.57　电子感应加速器

5. 互感和自感

在实际电路中, 磁场的变化常常是由于电流的变化引起的, 因此把感生电动势直接和电流的变化联系起来有重要的实际意义. 互感和自感现象的研究就是要找出这方面的规律.

1) 互感

当一闭合导体回路中的电流随时间变化时, 它周围的磁场也随时间变化, 在它附近的另一导体回路中就会产生感生电动势. 这种电动势叫作**互感电动势**.

如图 4.58 所示, 有两个固定的闭合回路 L_1 和 L_2. 闭合回路 L_2 中的互感电动势是由于回路 L_1 中的电流 i_1 随时间变化引起的, 以 ε_{21} 表示此电动势. 下面说明 ε_{21} 与 i_1 的关系.

由毕奥-萨伐尔定律可知, 电流 i_1 产生的磁场正比于 i_1, 因而通过所围面积的、由 i_1 所产生的全磁通 Ψ_{21} 也应该和 i_1 成正比, 即

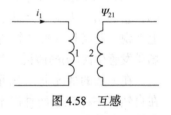

图 4.58　互感

$$\Psi_{21} = M_{21} i_1 , \tag{4.125}$$

其中比例系数 M_{21} 叫作回路 L_1 对回路 L_2 的互感系数, 它取决于两个回路的几何形状、相对位置、它们各自的匝数以及它们周围磁介质的分布. 对两个固定的回路 L_1 和 L_2 来说, 互感系数是一个常数. 在一定的条件下电磁感应定律给出

$$\varepsilon_{21} = -\frac{\mathrm{d}\Psi_{21}}{\mathrm{d}t} = -M_{21} \frac{\mathrm{d}i_1}{\mathrm{d}t} . \tag{4.126}$$

如果回路 L_2 中的电流 i_2 随时间变化, 则在回路 L_1 中也会产生感应电动势 ε_{12}.

根据同样的道理, 可以得出通过 L_1 所围面积的、由 i_2 所产生的全磁通 Ψ_{12} 应该与 i_2 成正比, 即

$$\Psi_{12} = M_{12} i_2, \tag{4.127}$$

而且

$$\varepsilon_{12} = -\frac{\mathrm{d}\Psi_{12}}{\mathrm{d}t} = -M_{12}\frac{\mathrm{d}i_2}{\mathrm{d}t}. \tag{4.128}$$

上两式中的 M_{12} 叫 L_2 对 L_1 的互感系数. 可以证明对给定的一对导体回路, 有

$$M_{12} = M_{21} = M, \tag{4.129}$$

M 就叫作这两个导体回路的**互感系数**, 简称**互感**. 在国际单位制中, 互感系数的单位名称是亨利(Henry), 符号为 H, 可知　$1\mathrm{H} = 1\dfrac{\mathrm{V} \cdot \mathrm{s}}{\mathrm{A}} = 1\Omega \cdot \mathrm{s}$.

2) 自感

当一个电流回路的电流 i 随时间变化时, 通过回路自身的全磁通也发生变化, 因而回路自身也产生感生电动势, 这就是**自感现象**. 这时产生的感生电动势叫**自感电动势**. 在这里, 全磁通与回路中的电流成正比, 即

$$\Psi = Li, \tag{4.130}$$

式中比例系数 L 叫作回路的**自感系数**(简称**自感**), 它取决于回路的大小、形状、线圈的匝数以及它周围磁介质的分布. 自感系数与互感系数的量纲相同, 在国际单位制中, 自感系数的单位也是 H.

由电磁感应定律可得, 在 L 一定的条件下自感电动势为

$$\varepsilon_L = -\frac{\mathrm{d}\Psi}{\mathrm{d}t} = -L\frac{\mathrm{d}i}{\mathrm{d}t}. \tag{4.131}$$

回路的正方向一般就取电流 i 的方向. 当电流增大, 即 $\dfrac{\mathrm{d}i}{\mathrm{d}t} > 0$ 时, 上式给出 $\varepsilon_L < 0$, 说明 ε_L 的方向与电流的方向相反; 当 $\dfrac{\mathrm{d}i}{\mathrm{d}t} < 0$ 时, 上式给出 $\varepsilon_L > 0$, 说明 ε_L 的方向与电流的方向相同. 由此可知自感电动势的方向总是要阻碍回路自身电流的变化. 因此自感系数是线圈 "**电磁惯性**" 的量度(赵近芳 等, 2017).

下面求密绕长直螺线管的自感系数. 设螺线管的长度为 l, 螺线管的半径为 $R(R \ll l)$, 则长直螺线管可看作无限长密绕螺线管, 管内的磁场 $B = \mu_0 \mu_{\mathrm{r}} n I$ (I 为螺线管内电流的稳定值), 且磁链

$$\Psi = nl\pi R^2 B = l\pi R^2 \mu_0 \mu_{\mathrm{r}} n^2 I = \mu_0 \mu_{\mathrm{r}} n^2 IV, \qquad (4.132)$$

式中 V 代表螺线管的体积. 因此, 密绕长直螺线管的自感系数为

$$L = \frac{\Psi}{I} = \mu_0 \mu_{\mathrm{r}} n^2 V. \qquad (4.133)$$

3) 磁场的能量

设计一个实验, 如图 4.59 所示, A 和 B 两支路的电阻调至相同. 合上电键, A 灯比 B 灯先亮, 就是因为在合上电键后, A、B 两支路同时接通, 但 B 灯的支路中有一多匝线圈, 自感系数较大, 因而电流增长较慢. 而在实验中, 线圈的电阻比灯泡的电阻小得多. 在打开电键时, 灯泡突然强烈地闪亮一下再熄灭, 就是因为多匝线圈支路中的较大的电流在电键打开后通过灯泡而又逐渐消失的缘故.

在电路中, 当电键打开后, 电流已不再向灯泡供给能量了, 它突然强烈地闪亮一下所消耗的能量从哪里来的呢? 由于使灯泡闪亮的电流是线圈中的自感电动势产生的电流, 而这电流随着线圈中磁场的消失而逐渐消失, 所以可以认为使灯泡闪亮的能量是原来储存在通有电流的线圈中的, 或者说是储存在线圈中的磁场中的. 因此, 这种能量叫作**磁能**. 自感为 L 的线圈中通有电流 I 时所储存的磁能应该等于这个电流消失时自感电动势所做的功.

图 4.60 表示一个由电源、线圈、电阻和开关组成的电路. 在电路中电流恒定的情况下, 线圈中无自感电动势, 电源提供的能量转化为电阻所释放的焦耳热.

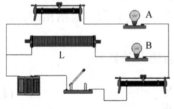
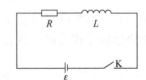

图 4.59　自感实验　　　　　　图 4.60　电能、磁能和热能的转换

在开关刚接通时, 电路中的电流 i 不能立刻达到稳定值, 而是经过一段时间 t 才从零增加到 I, 在这段时间内线圈中自感电动势 $\varepsilon' = -L\dfrac{\mathrm{d}i}{\mathrm{d}t}$. 按全电路的欧姆定律, $\varepsilon + \varepsilon' = iR$, 有

$$\varepsilon = iR + L\frac{\mathrm{d}i}{\mathrm{d}t}, \qquad (4.134)$$

因此, 电源在 t 时间内提供的能量为

$$\int \varepsilon \mathrm{d}q = \int_0^t \varepsilon i \mathrm{d}t = \int_0^t i^2 R \mathrm{d}t + \frac{1}{2} LI^2, \tag{4.135}$$

式中第一项为 t 时间内电阻释放的焦耳热，第二项则是载流线圈中磁场的能量，表示为

$$W_{\mathrm{m}} = \frac{1}{2} LI^2. \tag{4.136}$$

把电路中的线圈看成密绕长直螺线管，$L = \mu_0 \mu_{\mathrm{r}} n^2 V$，代入上式，并注意 $B = \mu_0 \mu_{\mathrm{r}} nI$，得

$$W_{\mathrm{m}} = \frac{1}{2} LI^2 = \frac{1}{2} \mu \cdot n^2 VI^2 = \frac{1}{2} \frac{B^2 V}{\mu_0 \mu_{\mathrm{r}}}, \tag{4.137}$$

由此可得磁场能量密度(利用磁场强度 $H = \dfrac{B}{\mu_0 \mu_{\mathrm{r}}}$)

$$w_{\mathrm{m}} = \frac{1}{2} \frac{B^2}{\mu_0 \mu_{\mathrm{r}}} = \frac{1}{2} BH. \tag{4.138}$$

上式虽然是从一个特例中推出的，但是可以证明它对磁场普遍有效. 利用上式就可以求得某一磁场所储存的总能量为

$$W_{\mathrm{m}} = \iiint w_{\mathrm{m}} \mathrm{d}V = \iiint \frac{1}{2} \frac{B^2}{\mu_0 \mu_{\mathrm{r}}} \mathrm{d}V = \iiint \frac{1}{2} BH \mathrm{d}V, \tag{4.139}$$

此式的积分遍及整个磁场分布的空间. 但由于铁磁质具有磁滞现象，该公式对铁磁质不适用.

4.2.2　电磁场统一理论——麦克斯韦方程组

电磁理论发展到这里，已经显示出电与磁之间具有密切不可分的性质，两者在很多方面规律相同，同时又具有互补性. 麦克斯韦根据前辈科学家的研究成果，提出了电磁场的统一理论.

1. 位移电流和普遍情况下的安培环路定理

麦克斯韦提出的位移电流假设，揭示了变化的电场如何激发磁场.

1) 位移电流假设

图 4.61 表示一个平行板电容器(充满电介质)的充电过程. 绕导线做闭合回路

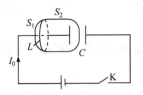

图 4.61　平行板电容器的充电过程

L，以 L 为边界做两个曲面 S_1 和 S_2，其中 S_1 与导线相交；S_2 与导线不相交，而是从电容器极板间穿过. 在电容器充电过程中导线的电流是变化的，电容器内的电场也是变化的，因此是一个非恒定过程.

在恒定电流产生的磁场中，安培环路定理的表达式为

$$\oint_L \boldsymbol{H} \cdot \mathrm{d}\boldsymbol{l} = \sum_{(L内)} I_{0i} , \tag{4.140}$$

其中 $\displaystyle\sum_{(L内)} I_{0i}$ 表示穿过以 L 为边界的任一曲面的传导电流. 恒定电流一定是连续的，但是图中的传导电流不连续，穿过面 S_1 的传导电流为 I_0，而穿过面 S_2 的传导电流为零. 因此，在非恒定情况下上式不成立.

为了把安培环路定理推广到非恒定情况，1861 年麦克斯韦提出假设：在电场变化的空间内存在电流. 麦克斯韦把它称为**位移电流**，上述假设叫位移电流假设. 电容器内的位移电流接续了导线中的传导电流，使图中所示非恒定过程中的电流保持连续. 用 I_d 表示位移电流，则有 $I_\mathrm{d} = I_0$.

设极板上堆积的自由电荷为 q_0，则 $I_0 = \dfrac{\mathrm{d}q_0}{\mathrm{d}t}$. 根据高斯定理，电容器内的电位移 $D = \sigma_0 = \dfrac{q_0}{S}$，因此

$$I_0 = \frac{\mathrm{d}q_0}{\mathrm{d}t} = S\frac{\mathrm{d}D}{\mathrm{d}t} . \tag{4.141}$$

电容器内的**位移电流密度**可表示为

$$j_\mathrm{d} = \frac{I_\mathrm{d}}{S} = \frac{I_0}{S} = \frac{\mathrm{d}D}{\mathrm{d}t} . \tag{4.142}$$

推广到一般情况，并考虑到位移电流密度的方向，有

$$\boldsymbol{j}_\mathrm{d} = \frac{\partial \boldsymbol{D}}{\partial t} , \tag{4.143}$$

这表明，位移电流密度矢量等于电位移矢量的时间变化率.

在任意变化的电场中，通过某一曲面 S 的位移电流

$$I_\mathrm{d} = \iint_S \boldsymbol{j}_\mathrm{d} \cdot \mathrm{d}\boldsymbol{S} = \iint_S \frac{\partial \boldsymbol{D}}{\partial t} \cdot \mathrm{d}\boldsymbol{S} . \tag{4.144}$$

把 $\boldsymbol{D} = \varepsilon_0 \boldsymbol{E} + \boldsymbol{P}$ 代入，得

$$I_{\mathrm{d}} = \iint_S \varepsilon_0 \frac{\partial \boldsymbol{E}}{\partial t} \cdot \mathrm{d}\boldsymbol{S} + \iint_S \frac{\partial \boldsymbol{P}}{\partial t} \cdot \mathrm{d}\boldsymbol{S} \ , \tag{4.145}$$

这表明位移电流包括两部分，一部分是由变化的电场 $\boldsymbol{E}$ 产生，另一部分来源于电介质极化强度 $\boldsymbol{P}$ 的变化. 可以证明，$\iint_S \frac{\partial \boldsymbol{P}}{\partial t} \cdot \mathrm{d}\boldsymbol{S}$ 就是通过面 S 的极化电流. 由于 $\boldsymbol{P}$ 的变化也是由 $\boldsymbol{E}$ 的变化引起的，所以位移电流产生的根源是变化的电场. 真空中的位移电流不是电荷的流动，而是电场的变化.

2) 普遍情况下的安培环路定理

引入位移电流，即假设变化的电场可以激发磁场，非恒定情况下的安培环路定理可表示为

$$\oint_L \boldsymbol{H} \cdot \mathrm{d}\boldsymbol{l} = \sum_{(L内)} \left(I_{0\mathrm{i}} + I_{\mathrm{d}} \right). \tag{4.146}$$

将 I_{d} 的表达式代入，得

$$\oint_L \boldsymbol{H} \cdot \mathrm{d}\boldsymbol{l} = \sum_{(L内)} I_{0\mathrm{i}} + \iint_S \frac{\partial \boldsymbol{D}}{\partial t} \cdot \mathrm{d}\boldsymbol{S}, \tag{4.147}$$

其中 S 为以回路 L 为边界的任一曲面. 设定 L 的绕向后，可用右手螺旋定则来确定 I_0 的正、负以及 $\mathrm{d}\boldsymbol{S}$ 的方向. 上式就是普遍情况下的安培环路定理，它表明电流和变化的电场如何激发磁场.

麦克斯韦的感生电场假设和位移电流假设，解释了电场和磁场的统一性，这是麦克斯韦对电磁场理论所做出的最突出的贡献.

2. 麦克斯韦方程组

麦克斯韦把电磁现象的普遍规律概括为四个方程式，通常称之为**麦克斯韦方程组**，即

$$\oiint_S \boldsymbol{D} \cdot \mathrm{d}\boldsymbol{S} = \iiint_V \rho \mathrm{d}V \ , \tag{4.148}$$

$$\oint_L \boldsymbol{E} \cdot \mathrm{d}\boldsymbol{l} = -\iint_S \frac{\partial \boldsymbol{B}}{\partial t} \cdot \mathrm{d}\boldsymbol{S} \ , \tag{4.149}$$

$$\oiint_S \boldsymbol{B} \cdot \mathrm{d}\boldsymbol{S} = 0 \ , \tag{4.150}$$

$$\oint_L \boldsymbol{H} \cdot \mathrm{d}\boldsymbol{l} = \iint_S \left(\boldsymbol{j} + \frac{\partial \boldsymbol{D}}{\partial t} \right) \cdot \mathrm{d}\boldsymbol{S} \ . \tag{4.151}$$

方程组中 ρ 为自由电荷密度；$\iiint_V \rho \mathrm{d}V = \sum_{(S内)} q_0$；$j$ 为传导电流密度矢量，$\iint_S j \cdot \mathrm{d}S = \sum_{(L内)} I_{0i}$. 描述介质电磁性质的**介质方程组**(适用于各向同性的线性介质)为

$$j = \sigma E, \tag{4.152}$$

$$D = \varepsilon_0 \varepsilon_r E, \tag{4.153}$$

$$H = \frac{B}{\mu_0 \mu_r}. \tag{4.154}$$

为了求出电磁场对带电粒子的作用从而预言粒子的运动，还需要一条独立的电磁学规律——**洛伦兹力公式**

$$F = qE + qv \times B, \tag{4.155}$$

这一公式实际上是电场 E 和磁场 B 的定义.

真空中的麦克斯韦方程组是

$$\oiint_S E \cdot \mathrm{d}S = \frac{q}{\varepsilon_0} = \frac{1}{\varepsilon_0} \iiint_V \rho \mathrm{d}V, \tag{4.156}$$

$$\oiint_S B \cdot \mathrm{d}S = 0, \tag{4.157}$$

$$\oint_L E \cdot \mathrm{d}l = -\frac{\mathrm{d}\Phi}{\mathrm{d}t_0} = -\iint_S \frac{\partial B}{\partial t} \cdot \mathrm{d}S, \tag{4.158}$$

$$\oint_L B \cdot \mathrm{d}l = \mu_0 I + \frac{1}{c^2} \frac{\mathrm{d}\Phi_e}{\mathrm{d}t} = \mu_0 \iint_S \left(j + \varepsilon_0 \frac{\partial E}{\partial t} \right) \cdot \mathrm{d}S. \tag{4.159}$$

这就是关于真空的**麦克斯韦方程组的积分形式**. 在已知电荷和电流分布的情况下，这组方程可以给出电场和磁场的唯一分布. 特别是当初始条件给定后，这组方程还能唯一地预言电磁场此后变化的情况. **正像牛顿运动方程能完全描述质点的动力学过程一样，麦克斯韦方程组能完全描述电磁场的动力学过程.**

3. 方程组中各方程的物理意义

方程(4.156)是**高斯定理**. 它说明电场强度和电荷的关系. 尽管电场和磁场的变化也有关系(如感生电场)，但总的电场和电荷的联系总服从这一高斯定理.

方程(4.157)是**磁通连续定律**. 它说明，目前的电磁场理论认为在自然界中没有单一的"磁荷"(磁单极子)存在.

方程(4.158)是**法拉第电磁感应定律**. 它说明变化的磁场和电场的联系. 虽然电场和电荷也有联系, 但电场和磁场的联系符合这一规律.

方程(4.159)是一般形式下的**安培环路定理**. 它说明磁场和电流(即运动的电荷)以及变化的电场的联系.

利用麦克斯韦方程组, 原则上可以解决各种宏观电磁学问题. 但不完全适用于微观电磁现象和过程, 例如原子的结构和辐射问题就无法用宏观电磁学解释, 只能用后来建立的量子电动力学说明(乔际平 等, 1991).

4. 电磁波

电磁波在当今信息技术和人类生活的各个方面已成为不可或缺的"工具"了, 从电饭锅、微波炉、手机、广播、电视到卫星遥感、宇宙飞行的控制等都要利用电磁波. 电磁波的可能存在是麦克斯韦在 1873 年根据他创立的电磁场理论导出的. 根据上面所介绍的麦克斯韦方程组可以证明, 电荷做加速运动(例如简谐振动)时, 其周围的电场和磁场将发生变化, 并且这种变化会从电荷所在处向四周传播. 这种互相紧密联系的变化的电场和磁场就叫**电磁波**. 麦克斯韦根据他得到的电磁波的传播速度和光速相同而把电磁波的领域扩展到了光现象. 麦克斯韦的理论预言在 20 年后被赫兹用实验证实, 从而开启了无线电应用的新时代.

电磁波是横波, 即电磁波中的电场 E 和磁场 $B(H)$ 的方向都和传播方向垂直. 即若电磁波沿 z 轴正方向传播, k 表示 z 轴正方向的单位矢量, 则有 $E \perp k$, $B \perp k$. 以最简单的电磁波即**简谐电磁波**(电场和磁场都做简谐变化的电磁波)为例(图 4.62), 其电场方向和磁场方向相互垂直, 即 $E \perp H$, 这说明 k、E、H 三个矢量互相垂直, 传播方向、电场方向和磁场方向三者形成右手螺旋关系, 即

$$k = E \times B. \tag{4.160}$$

电磁波中电场 E 和磁场 H 的变化是同相的, 即 E 和 H 同时达到各自的极大值. E 和 H 的振幅之间有确定的关系. 用 E_0 和 H_0 分别表示 E 和 H 的振幅, 有

$$E_0 = \sqrt{\frac{\mu_0 \mu_r}{\varepsilon_0 \varepsilon_r}} H_0. \tag{4.161}$$

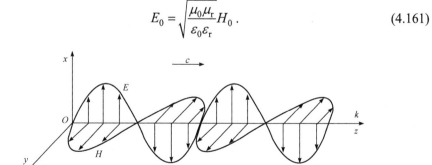

图 4.62　简谐电磁波

电磁波在介质中的传播速度

$$v = \frac{1}{\sqrt{\varepsilon_0 \mu_0 \varepsilon_r \mu_r}} ,\qquad (4.162)$$

真空中电磁波的传播速度(光速)

$$c = \frac{1}{\sqrt{\varepsilon_0 \mu_0}} . \qquad (4.163)$$

在光学中, 介质的折射率等于真空光速 c 与光在介质中传播速度 v 之比, 即

$$n = \frac{c}{v} = \sqrt{\varepsilon_r \mu_r} . \qquad (4.164)$$

电磁波具有能量, 电磁波的传播伴随能量的传播. 定义电磁波的**能流密度矢量 S (坡印亭矢量)** 为单位时间内通过垂直于电磁波传播方向的单位面积的电磁波能量, 其方向就是电磁波的传播方向. 可以证明

$$S = E \times H . \qquad (4.165)$$

对于简谐电磁波, 各处的 E 和 B 都随时间做余弦式的变化. 以 E_0 和 B_0 分别表示电场和磁场的最大值(即振幅),则电磁波的强度 I 等于坡印亭矢量在一个周期内的平均值, 即

$$I = \bar{S} = \frac{1}{2} E_0 H_0 = c \varepsilon_0 E^2 = \frac{1}{2} c \varepsilon_0 E_0^2 \propto E_0^2 \text{或} H_0^2 . \qquad (4.166)$$

电磁波的传播伴随动量的传播. 电磁波的动量密度矢量

$$g = \frac{1}{c^2} S = \frac{1}{c^2} (E \times H) . \qquad (4.167)$$

正是因为电磁波具有动量, 因此光照射物体时会对物体产生压力, 称为**光压**.

按照波长把电磁波分成不同波段：无线电波、红外线、可见光、紫外线、X射线、γ射线等. 不同波段的电磁波有不同的性质和应用.

本 章 小 结

本章我们从静电场、恒定磁场和电磁场三个方面介绍了电磁学的有关内容. 电磁学作为经典物理学的一个分支, 就其基本原理而言, 已发展得相当完善, 它可用来说明宏观领域内的各种电磁现象. 20 世纪, 随着原子物理学、原子核物理学和粒子物理学的发展, 人类的认识深入到微观领域, 在带电粒子与电磁场的相

互作用问题上，经典电磁理论遇到困难. 虽然经典理论曾给出一些有用的结果，但是许多现象都是经典理论不能说明的. 而量子理论的出现，特别是物质粒子和电磁场都具有波粒二象性的量子物理的观点，使人们对电磁场的认识更进一步，对电磁现象的解释也逐渐完善. 在量子物理研究的推动下，经典电磁理论发展为量子电磁理论. 大家在后续学习中会逐步了解和掌握.

参 考 文 献

郭奕玲, 沈慧君, 2005. 物理学史[M]. 北京: 清华大学出版社.

梁灿彬, 曹周键, 陈陟陶, 2018a. 普通物理学教程 电磁学(拓展篇)[M]. 北京: 高等教育出版社.

梁灿彬, 秦光戎, 梁竹健, 2018b. 电磁学[M]. 4 版. 北京: 高等教育出版社.

乔际平, 刘甲珉, 1991. 重要物理概念规律的形成与发展[M]. 石家庄: 河北教育出版社.

赵近芳, 王登龙, 2017. 大学物理学(上)[M]. 北京: 北京邮电大学出版社.

赵凯华, 陈熙谋, 2018. 电磁学[M]. 4 版. 北京: 高等教育出版社.

Celozzi S, Araneo R, Lovat G, 2008. Electromagnetic Shielding[M]. New Jersey: John Wiley & Sons, Inc. Hoboken.

复习思考题

(1) 关于电的基本性质有哪些？

(2) 静电场中的导体具备什么性质？

(3) 电荷在导体表面上的分布特点是什么？说出身边利用静电平衡的导体的几个实例.

(4) 电磁学中的高斯定理和环路定理分别表示了电场和磁场的什么性质？

(5) 电与磁的相互关系是什么？

(6) 电是如何产生磁场的？

(7) 磁是如何产生电场的？

(8) 麦克斯韦在统一电磁场理论中主要引入了哪些概念？

(9) 电磁学是中学物理中讲授内容较多的部分，请至少了解五位在电磁学中做出突出贡献的科学家及其成果.

第 5 章
照亮人类的光

内容摘要　光学是研究光的产生和传播、光所引起的各种效应以及与光有密切关系的其他现象的一门科学. 本章在对光的本性有所了解的基础上, 分别从几何光学和波动光学的角度介绍光的传播特点, 之后再把目光聚焦在激光这一新型光源上, 进而介绍量子光学的相关内容. 几何光学和波动光学属于经典光学的内容, 而量子光学则属于现代光学的范畴.

在人类历史上, 光的重要和神奇是一个永恒的主题. 没有光, 我们不能认识世界; 其实没有光, 根本就没有这个世界, 没有一切生命现象: 因为"万物生长靠太阳". 光是如此重要、如此神秘, 对光的认识和研究自然会是一门古老的科学, 在物理学中也始终占据高位. 爱因斯坦在青年时代就立志"我将用我的余生思索光的本性", 而一直到晚年, 他承认"并没有使我接近答案!"爱因斯坦都这么说, 可以想象人们对光的认识并没有达到理想的程度(葛惟昆, 2021).

然而对光的认识的局限性并没有阻挡住人们借助于光去认识世界的向往. 光让我们直观地感受到了空间, 认知到了色彩; 我们借助于光, 不仅认识了身边的世界, 还认识了遥远的其他星球上的世界, 并可以宽慰地认为, 我们所在的地球在这个宇宙中并不孤独. 可以这么说, 在人类感官得到的外界信息中, 至少 90% 是通过眼睛这个天然的光学系统获得的! 更为重要的是, 利用所观察到的光现象, 许多重要的物理理论被抽象出来, 而这些物理理论又是我们进一步认识物理世界的工具或基础. 当然, 如果说基于光学理论所生产的众多日用品和娱乐产品是我们日常生活不可缺少的, 那么基于光学研究所诞生的高端科技则是与人类生存安全息息相关的!

本章我们将从对光的本性的认识出发, 在介绍光的直线传播及其原理的基础上, 进一步讨论光波在传播过程中所发生的干涉、衍射及偏振等现象, 最后通过对激光这一新型光源的介绍, 初步了解量子光学的基本思想.

5.1　光的本性——波粒二象性

光到底是什么？它到底是怎么传播的？人们在对光的漫长认识过程中，逐渐形成了两种对立的学说，即光的波动说与微粒说. 在大约 17 世纪后的很长一段时期，微粒说占据统治地位，波动说几乎销声匿迹；到了 19 世纪初，由于一连串的发现和众多科学家的努力，光的波动说再次复兴并压倒了微粒说；20 世纪初，爱因斯坦提出了光的量子说，康普顿(A. H. Compton)证实了光的粒子性，使人们对光的本性又有了全新的认识. 到今天，光具有波粒二象性已经成了人们的共识.

5.1.1　光与波动——光的波动说

光的波动说是光的本性的一种学说(乔际平 等，1991). 该学说认为，光是一种波动，由发光体引起，和声波一样依靠介质来传播.

1. 光的波动说的建立过程

波动说的创始人是法国物理学家笛卡儿(R. Descartes). 17 世纪上半叶，他提出光的物质说，并用"以太"假说来说明光的本性. 他认为，如果一物体被加热并发光，这就意味着组成物体的粒子处于运动状态并给"以太"粒子以压力. 压力向四面八方传播，在达到人眼后引起人的光感，而光的颜色设想为起源于"以太"粒子的不同的转动速度. 虽然笛卡儿有关光的波动的学说是非常原始的，但为之后的微粒说与波动说的争论埋下了伏笔.

把光的波动说引上正路的是英国科学家胡克. 他在 1665 年出版的《显微术》一书中明确提出光是一种振动. 他以物体受到外部影响在黑暗中发光为例，认为发光体的一部分处在或多或少的运动中，是一种很短的振动. 在分析光的传播时，胡克提到了光速的大小是有限的，并认为"在一种均匀介质中，这一运动在各个方向都以相等的速度传播". 因此发光体的每一个振动形成一个球面向四周扩展，犹如石子投入水中所形成的波那样，而射线和波面交成直角. 胡克还把波面的思想用于对光的折射现象的研究，提出了薄膜颜色的成因是由于两个界面反射、折射后所形成的强弱不同、步调不一的两束光的叠加. 这里已包含着波阵面、干涉等不少波动说的基本概念.

明确指出光是一种波动的是荷兰物理学家惠更斯. 他在 1690 年出版的《光论》这本书中，把光的传播方式与声音在空气中的传播作了比较，认为光束在传播中的相互交叉并不妨碍彼此的后续传播(图 5.1). 他又根据光速的有限性，论证了光是介质的一部分依次向其他部分传播的一种运动，认为光和声波、水波一样是一种球面波. 惠更斯不仅努力对各种光的波动现象进行解释, 而且试图从理论的高度去总结普遍的规律, 并提出了著名的**惠更斯原理**, 即球形波面上的每一点(面源)都是一个次级球面波的子波源, 子波的波速与频率等于初级波的波速和频率, 此后每一时刻的子波波面的包络就是该时刻总的波动的波面. 运用这个次波原理, 惠更斯不但成功解释了反射和折射定律, 还解释了冰洲石(又称方解石)的双折射现象.

图 5.1　激光束空中交叉互不影响

在光的波动说形成过程中, 以牛顿为代表的光的微粒说也逐步建立起来, 并由于其在解释光的直线传播、光的折射、反射及色散现象方面的成功, 在 17 世纪末到 19 世纪以前一直占统治地位. 19 世纪初, 由于一大批物理学家的共同努力, 光的波动说再度复兴, 并取得了极大成功. 其中, 英国学者托马斯·杨(T. Young)在光学中首次引入了"干涉"的概念, 并提出了著名的"干涉原理"或"波的叠加原理", 完成了著名的双缝干涉实验, 同时成功测定了光的波长. 杨的开创性工作从根本上证明了波动理论的正确性, 为波动说的复兴奠定了基础. 另一个对波动说做出突出贡献的是法国物理学家菲涅耳(A. J. Fresnel), 他在光学的理论和实验研究中, 不仅提出了著名的惠更斯-菲涅耳原理(图 5.2), 而且运用这个原理, 以严密的数学方法计算出了衍射带的分布, 并解释了光在均匀介质中的近似直线传播现象和干涉现象. 另

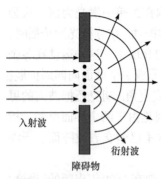

入射波

衍射波

障碍物

图 5.2　惠更斯-菲涅耳原理

外他还提出了"相干光"的概念, 设计和进行了著名的双面镜和双棱镜实验, 明确指出光和声的波动性就是产生衍射和干涉现象的原因, 并用不同的波长解释光的不同颜色. 可以这么说, 正是杨和菲涅耳等的杰出工作, 使光的波动说在 19 世

纪有关光的本性的争论中占据统治地位.

2. 光的波动说的局限性

毫无疑问,由于认识程度以及实验手段的限制,早期的科学家在提出波动说的过程中不可避免地面临一些问题并受到人们的质疑. 首先笛卡儿光的原始波动说是基于"以太"假设,胡克的光波动理论也受笛卡儿的影响,认为光的传播需要介质. 惠更斯虽然给出了次波原理,但没有给波动过程以严密的数学描述,也没有提到波长的概念,他的次波包络面也没有从一定相位的叠加所造成的强度分布来考虑,只不过是光传播的一种几何的定性说明,故仍停留在几何光学的观念范围内. 由于他认为光波和声波一样是一种纵波,因此无法解释光的偏振现象;而且惠更斯所谓的波动实际上只是一种脉冲而不是一个波列,也没有建立起波动过程的周期性概念. 因此,用他的理论无法解释颜色的起源,也不能说明干涉、衍射等有关光的本质的现象.

光的波动说在经杨和菲涅耳等的努力再度复兴之后,在 19 世纪中叶后又得到了发展. 1845 年法拉第发现了光的偏振面在强磁场中会发生旋转的现象,揭示了光和电磁现象之间的内在联系. 1856 年,德国物理学家韦伯(W. E. Weber)和柯尔劳斯(R.Kohlrausch)发现并测定了电荷的电磁单位与静电单位的比值等于光在真空中的传播速度,进一步说明了光和电磁之间的内在联系. 1849 年法国物理学家菲佐(A. H. L. Fizeau)测定了光速,1850 年傅科(J. B. L. Foucault)又使用旋转镜法得到了更加精确的测量值,并测定了光在水中的速度小于在空气中的速度,从而给光的波动说以充分精确的实验证明,光速的测定也为光的电磁理论提供了有力的证据. 1865 年麦克斯韦电磁场理论的建立使光的波动说达到了顶峰.

至此光的波动说似乎十分圆满了,但是把波动看作"以太"中的机械弹性波就必须赋予"以太"许多附加甚至相互矛盾的性质,如光是横波,则"以太"必须有非常大的切变弹性,而这种性质只有固体才有,因此波动说仍然面临困难,而且随后的实验发现也证明了光的波动说具有一定的局限性(姚启钧,2014).

5.1.2 光与粒子——光的微粒说

光的微粒说是光的本性的另一种学说,起源于 17 世纪的科学巨匠、光学大师牛顿. 该学说认为,光是由一颗颗像小弹丸一样的机械微粒所组成的粒子流,发光物体接连不断地向周围空间发射高速直线飞行的光粒子流,一旦这些光粒子进入人的眼睛,冲击视网膜,就引起了视觉(章志鸣 等,2009).

1. 光的微粒说的建立过程

光的微粒说也是在光的波动说的形成过程中逐步建立起来的,其中经典物理大师牛顿在微粒说的建立过程中发挥了巨大的作用. 他首先在光的色散现象研究中得出结论: 单色的光束是不能再改变的, 是光的"原子", 就像物质的原子一样; 白光是各种光粒子的混合物, 棱镜只能将它们分类, 使各种光粒子有不同的偏转角度(图 5.3). 在牛顿 1704 年出版的《光学》一书中, 他提出光是微粒流的理论, 认为光的直线传播是由于这些微粒从光源飞出来, 在真空或均匀物质内由于惯性而做匀速直线运动. 在解释光的折射、衍射、干涉等现象的过程中, 牛顿进一步发展和完善了光的微粒说. 他认为, 光在光密介质中的速度大于光疏介质中的速度; 当光粒子通过障碍物的边缘时, 由于两者之间有引力作用, 使光束进入了几何阴影区; 当光投射到一个物体上时, 可能激起物体中"以太"粒子的振动, 就像投入水中的石块在水面上激起波纹一样, 他甚至设想可能正是由于这种波依次地赶过光线而引起干涉现象.

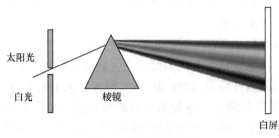

太阳光

白光　　　　　　棱镜

白屏

图 5.3　光的色散现象

　　从以上可以看出, 牛顿对光的本性的看法基本上是倾向于微粒说的观点, 但其中也包含一些波动性的观点. 在两种学说的争论中, 由于当时牛顿显赫的声望和权威, 而且光的微粒说也成功解释了光的直线传播、光的反射和折射等现象, 再加上微粒说与当时关于物质结构的原子说不矛盾, 所以 17 世纪的物理学家多数都赞同光的微粒说, 这样一直持续到 18 世纪末, 致使在 19 世纪以前微粒说在光的本性的争论中一直占统治地位. 尽管如此, 牛顿严谨的治学态度使他始终认为虽然做过许多光学实验, 但始终做得还很不充分, 对光的本质只能提出一些问题, 还停留在假设阶段, 他希望"留给那些认为值得努力去把这个假说应用于解释各种现象的人们去思考"(乔际平 等, 1991).

　　2. 光的微粒说的局限性

　　由于处在经典物理学发展的初期, 牛顿光的微粒说仍然摆脱不了时代的束缚, 在解释光的一些现象时仍然基于"以太"学说. 在 1887 年美国物理学家迈克耳孙(A. A. Michelson)和莫雷(E. W. Morley)使用当时最精密的仪器实验证明地球周围根本不存在"以太"以后, 光的干涉和衍射等问题是光的微粒说难以解决的.

　　同光的波动说一样, 光的微粒说显然也不是"万能"的, 比如, 它无法解释为什么几束在空间交叉的光线能彼此互不干扰地独立前行；干涉现象是波动的一个特性，微粒说却对此难以给出令人信服的解释；菲涅耳实验成功地演示了明暗相间的衍射图样，即光可以绕过障碍物的边缘拐弯传播，从微粒说看来，光的衍射现象是不可理解的；牛顿和惠更斯在解释光的折射现象时，对于水中光速的假设是截然相反的. 到了 19 世纪中叶，法国物理学家菲佐和傅科先后精确地测出光在水中的传播速度只有空气中速度的四分之三，支持了波动说，也给微粒说以致命的打击.

　　总之，光的波动说和光的微粒说在解释光的有关现象时都有成功一面，也都有各自的软肋，说明由于时代的局限性，这两种有关光的本性的学说都带有一定的片面性，也呼唤有一个新的理论出来对光的本性有更全面的解释.

5.1.3　光的波动性和粒子性——波粒二象性

　　光的波动说和微粒说之争持续了近三个世纪，此起彼落，直到 20 世纪初新的事实的发现和理论的提出，让科学家们认识到，光既能像波一样向前传播，有时又表现出粒子的特征. 光的这种既具有波动特性又具有粒子特性的特点我们称为"**波粒二象性**".

　　1. 光电效应

　　1) 光电效应的发现

　　对传统的光的本性的认识提出挑战的是德国物理学家赫兹. 一提起赫兹，大家立马会联想到电磁波，因为正是赫兹用实验证实了麦克斯韦预言的电磁波的存在，并证实了光也是一种电磁波. 1886 年 12 月，赫兹在进行电磁波实验时偶然发现：用两片连着电源的金属板构成一个腔，当光照到一片金属板上时，如果光的频率合适，就可以测量到电流，即电子从一边的金属板跑到另一边的金属板上，即**光电效应**(图 5.4). 尽管这是偶然情况下发现的一种效应，但凭着科学家敏锐的直觉，赫兹意识到它的重要性，并猜想他所观察到的光和电之间这种相互作用可以揭示光和电的本性！他随后选择不同的金属材料、利用不同的光源进行实验，取得

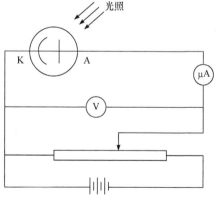

图 5.4　光电效应原理图

了重要的成果. 他在 1887 年 7 月 7 日写给父亲的一封信中这样描述他的研究情况："这个效应是明显的，然而又是令人迷惑的. 如果少一些迷惑那自然更好；但

不能轻易解开谜底也并非坏事, 因为一旦谜底揭开, 将会有许多新的事实被澄清" (蒋长荣 等, 2005).

2) 光电效应的解释

赫兹对情势的估计是完全正确的. 光电效应在 1887 年的确是个谜, 因为当时人们对原子结构、金属结构以及电子知之甚少, 所以不知道这个电子是从哪里来的, 也不知道这个电流的强度和电压的大小及方向与光的频率和强度有什么关系. 然而赫兹的实验研究为人们后来解决这些问题奠定了坚实的基础.

1900 年, 德国物理学家普朗克为了解释黑体辐射实验结果, 提出了两条著名的假设: ①黑体是由带电谐振子组成, 这些谐振子辐射电磁波, 并和周围的电磁场交换能量; ②这些谐振子的能量不能连续变化, 只能取一些分立值, 这些分立值是最小能量 ε 的整数倍, 而且假设频率为 ν 的谐振子的最小能量为 $\varepsilon = h\nu$, 并称之为**能量子**, h 称为普朗克常量. 普朗克利用这两条假设成功解释了黑体辐射能谱问题. 1905 年爱因斯坦发展了普朗克的能量子概念, 并用光量子概念圆满地解释了经典物理理论无法解决的光电效应实验事实.

爱因斯坦认为, 既然谐振子辐射能量是以一份份的方式, 而每一份能量又取决于它的频率 ν, 如果电磁波是一种能量, 光又是一种电磁波, 那么光也是不连续的, 或者光也可以分成一份份的, 每一份的光就叫**光量子**, 简称**光子**. 光子不可再分, 其能量值 $\varepsilon = h\nu$. 在光电效应实验中, 要想把金属板中电子打出来, 需要一个最小的能量值, 即**逸出功**. 当光子打到金属板上时, 每一光子携带的能量要大于这个逸出功, 电子才能逸出, 也就是光的频率大于某个值的时候, 电子才会被打出来(这个电子因此称为**光电子**), 刚好这个频率的值落在了紫光范围内, 这就是为什么赫兹做实验时只有紫颜色的光和紫光频率以上的电磁波才能把电子打出来的原因. 爱因斯坦根据光的量子理论成功解释了**光电效应**, 同时总结出了光电效应方程, 即

$$hv = \frac{1}{2}mv^2 + A, \tag{5.1}$$

其中 v 是光电子的速度, A 是逸出功. 十年后美国的实验物理学家密立根所做的密立根实验完全证实了爱因斯坦光电效应方程和理论的正确性, 从而确定了**光的量子理论**. 爱因斯坦和密立根也分别获得了 1921 年和 1923 年的诺贝尔物理学奖.

2. 康普顿效应

1) 康普顿效应的发现

1895 年, 德国物理学家伦琴(W. Röntgen)在做有关阴极射线性质研究的实验

时，偶然发现了 X 射线，即伦琴射线. 1922 年，美国物理学家康普顿在研究 X 射线通过实物物质发生散射的实验时，发现了一个新的现象，即散射光中除了有原波长 λ_0 的 X 射线外，还产生了波长 $\lambda > \lambda_0$ 的 X 射线，其波长的增量随散射角的不同而变化；在同一散射角下，对于所有散射物质，波长的改变都相同. 实验结果还表明，散射光的强度随散射物原子序数的增加而减小. 这种现象称为**康普顿效应**(图 5.5).

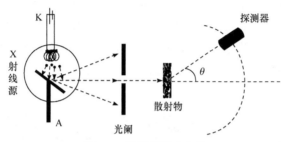

图 5.5　康普顿效应实验

2) 康普顿效应的解释

按照经典电磁理论，光是波长很短的电磁波. 当这种电磁波通过物体时，将引起物体内带电粒子的受迫振动，从入射光吸收能量. 而每个振动着的带电粒子可看作振动电偶极子，它们向四周辐射，这就成为散射光. 根据光的波动观点，带电粒子受迫振动频率应等于入射光的频率，所以散射光的频率应与入射光的频率相同. 显然光的波动理论虽然能够解释波长不变的散射，但不能解释康普顿效应.

面对这种实验所观测到的事实，康普顿于 1923 年用普朗克和爱因斯坦的光量子理论圆满进行了解释. 根据光量子理论，入射光是由许多光子组成的，它们不但具有能量 $h\nu$，而且还具有动量 $h\nu/c$(c 为真空中的光速). 这样问题就转化为光子与自由电子的弹性碰撞问题了(弹性碰撞遵循动量和能量守恒定律)，由此计算出的数值与实验结果相符. 康普顿效应能够在理论上得到与实验相符的解释，证实了光具有粒子性. 而光不仅具有能量，而且还具有动量，这也是光的物质性的体现. 这种物质性早在 1899 年俄国物理学家列别捷夫(P. N. Lebedev)所完成的光压实验中就予以了证明.

3. 光的波粒二象性

人们对光的本性的认识过程本质上是光的波动说和微粒说哪一个占主导地位的论战过程. 从 17 世纪初笛卡儿提出两点假说开始，到 20 世纪初光的量子理论成熟，前后经过了三百多年的时间. 在这一论战和探索过程中，牛顿、惠更斯、杨、菲涅耳、普朗克等一大批物理学家都做出了自己的贡献，也成为论战双方的主辩手. 他们的每次论战,其结果都向正确认识光的本性更进一步. 正是他们的努力, 才逐渐揭开了遮盖在光的本性外面那层扑朔迷离的面纱.

　　其实在 1905 年, 爱因斯坦就凭借他对光的本性的认识的敏锐嗅觉, 分析整合前人的实验和理论结果, 对光的本性有了一个基本的概述. 他在德国《物理年报》上发表的题为《关于光的产生和转化的一个推测性观点》的论文中指出, 对于时间的平均值, 光表现为波动性; 对于时间的瞬间值, 光表现为粒子性. 这是历史上第一次揭示微观客体波动性和粒子性的统一, 即**波粒二象性**(图 5.6). 之后随着法国物理学家德布罗意物质波概念的提出、美国物理学家戴维孙和革末电子衍射实验的开展以及英国物理学家汤姆孙对电子在晶体中干涉现象的发现, 物质粒子所具有的波动性得到了充分的证明, 也使得爱因斯坦提出的光的波粒二象性这一科学理论最终得到了学术界的广泛认可.

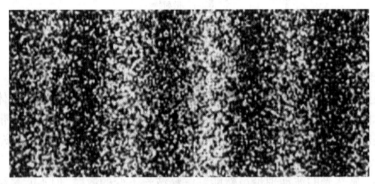

图 5.6　电子的衍射花纹所体现的波粒二象性

　　今天, 当我们借助当代物理学理论及众多现代科技手段的支持, 对光的本性的认识过程有了全面的了解后发现, 我们所熟悉的光也是一种物质, 它是由光子组成的. 光子在很多方面具有经典粒子的属性, 但光子的出现概率是按波动光学的语言来分布的. 由于普朗克常量极小, 因此频率不十分高的光子能量和动量很小, 个别光子不易显示出可观测的效应. 人们平时看到的是大量光子的统计行为, 只有在一些特殊场合, 尤其是牵涉到光的发射与吸收等过程, 个别光子的粒子性会明显地表现出来, 波长越短, 粒子性越明显. 虽然有关光的波动性和粒子性的争论已经尘埃落定, 但有关光的本性的问题将来是否还有新的观点或新的论据出现, 我们不好断定. 因为在群星璀璨的科学史上, 不断有新星划破长空, 不断有陈星陨坠尘埃, 到底哪一颗是恒星、哪一颗是流星, 需要时光来检验!

5.2　光的传播——经典光学

　　通过前面的学习, 我们知道了光是一种物质, 它具有波粒二象性; 光也是一种能量，能量大小由光子的频率决定. 很多能量转移的过程中都有光子的产生，当光子的数目达到一定程度且频率在人能感受的范围中时，就成了生活中肉眼所见到的光——当然有许多频率的光我们肉眼是看不到的. 能够发光的物体称作光源. 光源按发光原理分，除了有**热辐射发光、电致发光、光致发光外，还有化学发光、生物发光**等. 那么光源发出的光到底如何传播、光的传播遵循什么规律，下面从几何光学和波动光学两个方面分别予以介绍(姚启钧，2014).

5.2.1　光的直线传播——几何光学

几何光学是光学学科中以光线为基础，研究光的传播和成像规律的一个重要的分支学科. 在几何光学中，把组成物体的物点看作是几何点，把它所发出的光束看作是无数几何光线的集合，光线的方向代表光能的传播方向. 在此假设下，根据光线的传播规律，研究物体被透镜或其他光学元件成像的过程，并在此基础上对光学仪器的光学系统进行设计. 几何光学对于认识透镜的成像规律具有重要的意义.

1. 光的直线传播定律

光在均匀介质中沿直线方向传播，这是**光的直线传播定律**. 例如，树林里透过树枝的一束束光芒，这些光束在传播的过程中光线是直的，并没有改变传播路线；再如，光在液体中传播时，其路径是直线，也属于光的直线传播. 日(月)食和小孔成像(图 5.7)等现象都是光以直线传播的例证，大地测量等很多光学测量工作也都以此为根据. 有关光的直线传播、小孔成像和镜面成像等规律，两千多年前我国战国时期的思想家墨子在其《墨经》一书中就有所记载.

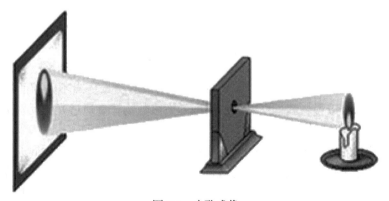

图 5.7　小孔成像

当两束光在直线传播过程中相遇时，它们互不干扰，仍按各自途径继续传播；当它们会聚在同一点时，在该点上光的能量是简单相加的. 这就是**光的独立传播**

定律. 在节日的晚上，在文艺晚会舞台的上空，我们经常会发现颜色不同的激光束相遇，相遇前后光束的颜色和传播路径并不发生变化，但在相交处亮度是增强的(图 5.1). 两束手电光相遇也是如此. 这些都是光的独立传播定律的体现. 需要说明的是，当光在透明介质中传播时，若光波强度超过某一限度，独立传播原理不再成立. 这种现象是一种非线性效应，属于非线性光学研究的内容.

2. 光的折射、反射和全反射

1) 光的折射

当光从一种介质斜射入另一种介质时，传播方向发生改变，从而使光线在不同介质的交界处发生偏折. 例如，插在水中的筷子，在水平面处看筷子如同折断一样，这是因为光从空气中传播至水中时，传播介质发生了变化，使得光线在水面处发生偏折. 再如，潭清疑水浅，人们从岸上看水底物体，感觉物体的位置比实际位置要浅，反映的也是光的折射原理.

在光的折射现象中，从一种介质照射到介质界面的光线称为入射光线，沿光的传播方向入射到第二种介质的光线称为折射光线，入射线同法线组成的角称为入射角，折射光线同法线组成的角称为折射角. 折射光线和入射光线分别位于法线的两侧，且与法线在同一平面内，入射角的正弦值同折射角正弦值的比值为一恒定值，这就是**光的折射定律**. 如果光由折射率为 n_1 的介质射入折射率为 n_2 的介质，入射角用 θ_1 表示，折射角用 θ_2 表示，则折射定律可用公式表示为

$$\frac{\sin\theta_1}{\sin\theta_2} = \frac{n_2}{n_1}. \tag{5.2}$$

2) 光的反射和全反射

光的反射是我们最常见的一种光学现象. 当光照射到两种不同介质的分界面上时，便有部分光自界面射回原介质中的现象，称为光的反射. "床前明月光，疑是地上霜"，月光是月球反射的太阳光，照在地面上后又反射进入人的眼帘；"群峰倒影山浮水，无水无山不入神"，桂林山水的美景更离不开湖面对山色的反射(图 5.8). 可以说，我们所看到的周围的大多数物体是通过光的反射进入我们眼睛的.

在光的反射现象中，除了入射光线外，还有在介质交界面反射回原介质的光线，我们称之为反射光线，反射光线同法线组成的角称为反射角. 反射光线、入射光线和法线位于同一平面内，反射光线和入射光线分居在法线的两侧，反射角等于入射角，这就是**光的反射定律**.

还有一种光学现象大家比较熟悉. 炎热的夏天开车在柏油马路上行驶，会发现远处马路上有"水"出现，明亮光滑，甚至会出现远处车辆的倒影，会不由得

想看看到底是什么东西，而当车开近时这些景象就忽然消失了. 与此相关的另一种自然现象就是"海市蜃楼"，即在平静无风的海面，有时会在空中映现出远方船舶、岛屿甚至城郭楼台，或在遥远的沙漠里，突然出现一片湖水；然而大风一起，景象全然消逝. 这是什么原因呢？利用前面介绍的光的折射和反射定律，这种现象很容易得到解释.

图 5.8　桂林山水甲天下

当光线由光密介质射入光疏介质时，一般会同时发生反射和折射，而且按照公式(5.2)，要离开法线折射(图 5.9(a)). 当入射角 θ_1 增加到某种情形(图 5.9(b))时，折射线沿交界面伸展，即折射角 $\theta_2 = 90°$，该入射角 θ_1 称为临界角，并用 θ_C 表示. 若入射角大于 θ_C，则无折射，全部光线均反射回光密介质(图 5.9(c))，此现象称为**全反射**. 当光线由光疏介质射到光密介质时，因为光线靠近法线而折射，故这时不会发生全反射. 上述的夏天马路水影和"海市蜃楼"就可以用全反射现象进行解释.

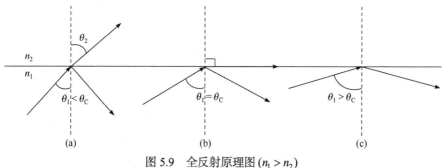

图 5.9　全反射原理图 $(n_1 > n_2)$

炎热的夏天，柏油马路被太阳晒得灼热，接近路面的气温升高极快. 由于空气不善于传热，所以在无风的时候，空气上下层间的热量交换极小，遂使下热上冷的气温垂直差异非常显著，并导致下层空气密度反而比上层小的反常现象. 在这种情况下，如果前方有一辆车，由车倾斜向下投射的光线，因为是由密度大的空气层进入密度小的空气层，会发生折射. 折射光线到了贴近地面热而稀的空气层时，就发生全反射，从而把车的影像送到人眼中，很容易给予人们以水边倒影的幻觉，以为远处一定是个水面；如果是在海面上，白昼海水温度比较低，特别是有冷水流经过的海面，水温更低，下层空气受水温影响，比上层空气更冷，所以出现下冷上暖的反常现象(正常情况是下暖上凉，平均每升高 100 m，气温降低0.6℃左右). 下层空气本来就因气压较高，密度较大，再加上气温又较上层更低，密度就显得特别大，因此空气层下密上疏的差别异常显著. 假使在遥远的地方有一座城市，一般情况下是看不到它的. 如果由于这时空气下密上稀的差异太大了，来自这座城市的光线先由密的气层逐渐折射进入稀的气层，并在上层发生全反射，又折回到下层密的气层中来. 经过这样弯曲的线路，最后投入我们的眼中，就能看到它的像，从而形成"海市蜃楼"(图 5.10).

图 5.10　海市蜃楼

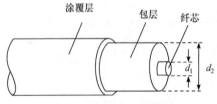

图 5.11　光纤内部结构图

全反射现象在现代科技中一个重要应用是光纤通信. 光纤是一种纤细、柔软的固态玻璃物质，它由纤芯、包层、涂覆层三部分组成(图 5.11). 纤芯主要采用高纯度的二氧化硅(SiO_2)，并掺有少量的掺杂剂，以提高纤芯的光折射率 n_1；包层也是高纯度的二氧化硅(SiO_2)，也掺有一些掺杂剂，以降低包层的光折射率 n_2，使

$n_1 > n_2$. 涂覆层采用丙烯酸酯、硅橡胶、尼龙, 增加机械强度和可弯曲性. 当光由光纤一端射入时, 由于 $n_1 > n_2$, 满足全反射的条件, 射线在纤芯和包层的交界面产生全反射, 并形成把光闭锁在光纤纤芯内部向前传播的必要条件, 即使光纤发生弯曲, 光线也不会射出光纤之外, 从而达到了远距离安全通信的目的.

3. 透镜成像

我们在日常生活和科学实验中所使用的光学仪器就是利用前面介绍的光的直线传播、光的折射和反射原理, 通过透镜来实现成像的. 常用的透镜有凸透镜和凹透镜.

1) 凸透镜成像

凸透镜是边缘薄、中间厚的透镜, 至少要有一个表面制成球面, 亦可两面都制成球面. 可分为双凸、平凸及凹凸透镜三种. 凸透镜主要对光起会聚的作用. 凸透镜是折射成像, 依据物距和焦距的关系, 成像情况可以分为四种(表 5.1): ①倒立、缩小的实像; ②倒立、等大的实像; ③倒立、放大的实像; ④正立、放大的虚像.

表 5.1　凸透镜成像规律

物距(u)	像距(v)	正倒	大小	虚实	物象位置	特点	应用
$u > 2f$	$f < v < 2f$	倒立	缩小	实像	物像异侧	—	照相机、摄像机
$u = 2f$	$v = 2f$	倒立	等大	实像	物像异侧	成像大小分界点	测焦距
$f < u < 2f$	$v > 2f$	倒立	放大	实像	物像异侧	—	投影仪、电影放映机
$u = f$	—	—	—	不成像	—	成像虚实分界点	探照灯
$u < f$	$v > u$	正立	放大	虚像	物像同侧	虚像在物体同侧虚像在物体之后	放大镜

2) 凹透镜成像

凹透镜由两面都磨成凹球面的透明镜体组成, 它主要对光线起发散作用. 凹透镜也是折射成像, 依据物体是实物还是虚物以及物距和焦距的关系, 成像情况可以分为五种(表 5.2): ①正立、缩小的虚像; ②正立、放大的实像; ③倒立、放大的虚像; ④倒立、等大的虚像; ⑤倒立、缩小的虚像.

表 5.2　凹透镜成像规律

类型	物距(u)	像距(v)	正倒	大小	虚实	物象位置	应用
实物	镜前任意	$v < f$	正立	缩小	虚像	物像同侧	近视眼镜
	$u < f$	$v > u$	正立	放大	实像	物像同侧	
	$u = f$	$v = \infty$	—	无穷大	—	无穷远	
虚物	$f < u < 2f$	$v > u$	倒立	放大	虚像	物像异侧	伽利略望远镜
	$u = 2f$	$v = u$	倒立	等大	虚像	物像异侧	
	$u > 2f$	$v < u$	倒立	缩小	虚像	物像异侧	

近视眼镜就是用的凹透镜成像的原理，而伽利略望远镜则是用凸透镜作为物镜、凹透镜作为目镜制作而成的(图 5.12).

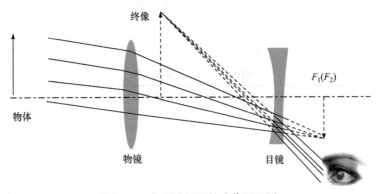

图 5.12　伽利略望远镜成像原理图

4. 费马原理

光线为何在穿过介质时发生反射和折射并遵循相应的定律？17 世纪的法国人费马(de P Fermat)也对此问题非常感兴趣. 费马是一个专业律师，同时也是一位业余数学家. 著名的数学史学家贝尔(E. T. Bell)在 20 世纪初所撰写的著作中，称费马为"业余数学家之王". 贝尔深信，费马比其同时代的大多数专业数学家取得的成就更大，因为他对解析几何、微积分、概率论、数论都做出了杰出的贡献. 我们这里所关心的是他对光学所做的贡献.

1) 最短时间原理

早在古希腊时期，欧几里得(Euclid)就提出了光的直线传播定律和反射定律，后由海伦(A. Heron)揭示了这两个定律的理论实质——光线取最短路径. 若干年后，费马将这个理论上升为**费马原理**，即**最短时间原理**. 他的想法是这样的，在

从一点行进到另一点的所有可能的路径中，光走的是用时最短的路径.

　　如图 5.13 所示，假设平面镜 MM' 上方有两点 A 和 B，如果 A 点发出的光必须在最短的时间内碰到镜面后再返回到 B，哪个路径用时最短？一个方法是沿着 ADB 路径尽快到达镜子然后再走到 B——当然这时要走一条很长的路径 DB；如果让 D 略向右偏移到 E，虽然稍稍增加了第一段距离，但却大大减少了第二段距离，这样就使总的路程减少，从而使传播的时间也相应地减少. 那么怎样找到需要时间最短的 C 点呢？一个好的方法是过 B 点向镜面 MM' 作垂线，垂足为 F，然后延长 BF 至 B' 点使得 $BF = B'F$. 几何学告诉我们 $\triangle BEB'$ 是等腰三角形，从而有 $AE + EB = AE + EB'$. 显然，只有当 E 点在 DF 连线上移动到 AB' 与该连线的交点 C 时，$AE + EB'$ 的最短路径是线段 $AB' = AC + CB$！既然 AB' 是直线，则 $\angle ACD = \angle B'CF$，但 $\triangle BCB'$ 是等腰三角形，所以 $\angle BCF = \angle B'CF$，从而有 $\angle ACD = \angle BCF$——这实际上证明了反射定律的成立. 也就是说，光的反射定律是最短时间原理的必然结果.

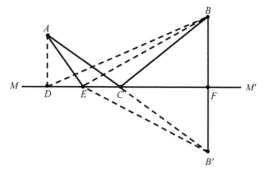

图 5.13　最短时间原理说明

　　现在用最短时间原理来证明折射定律. 假设 A 是介质(比如空气) n_1 (折射率)中的一点，B 是介质(比如水) n_2 (折射率)中的另一点，我们的问题仍然是光线如何在最短时间内从 A 走到 B(图 5.14). 为了方便理解，我们设想 X 标出的线是一河岸，一小伙站在岸上 A 处，此时他发现一姑娘从船上不慎掉入水中，正在 B 点向他呼救，而小伙会义不容辞去救姑娘. 如果小伙足够理智的话，他不会沿直线 AB 过去，因为他知道在岸上跑的速度肯定要比水中游的速度快，因此他要设计一个路线，从 A 点到达 B 点所用的时间最短. 如果 ACB 是用时最短路径的话，则意味着其他任何路径(比如 AMB)用时都较长. 那么最短路径 ACB 要满足什么条件呢？

　　为解决上面提的问题，先介绍**光程**的概念. 光程(l)等于光在介质中传播路程与折射率的乘积. 采用积分的概念，假设光在折射率为 n 的介质中行进的长度为 $\mathrm{d}s$，则光从 p 点到 q 点的总光程可表示为

$$l = \int_p^q n(s)\,\mathrm{d}s \,, \tag{5.3}$$

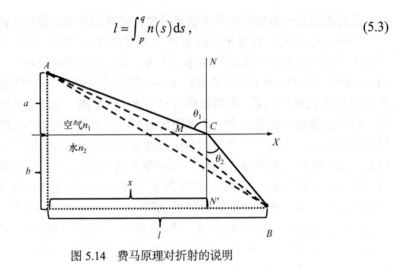

图 5.14　费马原理对折射的说明

显然光程

$$l_{ACB}(x) = l_{AC} + l_{CB} = n_1\left|AC\right| + n_2\left|CB\right| = n_1\sqrt{a^2 + x^2} + n_2\sqrt{b^2 + (l-x)^2} \,, \tag{5.4}$$

光程对变量 x 微分(与对时间微分等效)，并令其为零，则有

$$\frac{\partial l_{ACB}(x)}{\partial x} = n_1\frac{x}{\sqrt{a^2 + x^2}} - n_2\frac{l-x}{\sqrt{b^2 + (l-x)^2}} = n_1\sin\theta_1 - n_2\sin\theta_2 = 0 \,. \tag{5.5}$$

由此得

$$n_1\sin\theta_1 = n_2\sin\theta_2 \,. \tag{5.6}$$

这就是公式(5.2). 显然，光的折射定律也是最短时间原理的必然结果.

建议读者利用类似的思路重新证明光的反射定律.

2) 费马原理的几个有趣结果

费马原理不仅可以用来证明光的反射和折射定律，还可以导致一些有趣的结果.

A. 光的可逆性原理

光的可逆性是指光路的可逆性，也就是说对于光路而言，光从 A 到 B 的话，反过来光可以以不变的路径再从 B 到 A，这是光的一个实验定理. 既然费马原理是光程的极值原理，它可以解释一切的几何定理(比如反射定律、折射定律)，当然也包括光路的可逆性原理了，即光可以沿一条路径行进，也就可以倒转过来行进.

B. 光束的介质平移

当光束以一定角度从 A 点射向具有一定厚度的玻璃板时，其出射光束与入射光束并不在一条直线上，而是由于光要在玻璃板中走用时最小的路径，从而发生折射，再加上入射角必须等于出射角，这样出射光束与入射光束要发生平移. 光束在任意两个均匀介质之间的类似传输都具有这种平移现象，是最短时间原理的必然结果.

C. "夕阳无限好"

"夕阳无限好，只是近黄昏"，该诗句形容傍晚的太阳虽然很美，但好景不长，当然也用来比喻人步入晚年的意境. 不过这里的描写指的却是，当我们看见落日时，它其实已经在地平线以下了，虽然看起来很美，却不是真实的太阳(图 5.15)! 如何理解这个"非真实的太阳"？

图 5.15　"夕阳无限好，只是近黄昏"

我们知道，地球大气高处稀薄、底部稠密. 光在真空中传播比在空气中快，因而如果太阳光不沿地平线行进，而从地平线以上以较陡的倾斜度通过稠密区，以尽量减少光在其中行进得慢的这一区域中路程的话，它就能较快地到达观测点. 因此对于观测者来说，当太阳要落到地平线以下时，其实它已经落到地平线以下好些时候了. 我们前面介绍的"海市蜃楼"当然也可以从这个角度进行解释.

5. 光的传播速度

1) 光速的认识

前面我们经常提到光在不同介质中的传播速度，即光速，它是最重要的物理常数之一. 人们对光速的认识经历了一个曲折的过程，这个过程甚至伴随着物理学发生深刻的革命. 17 世纪以前，天文学家和物理学家都认为光速是无限大的，宇宙恒星发出的光都是瞬时到达地球的. 17 世纪中叶，胡克在研究光的波动理论时认为光速的大小是有限的,光在同一种均匀介质中沿各个方向传播的速度相等. 19 世纪中叶,法拉第、韦伯等物理学家揭示了光和电磁现象之间的联系,并通过实验测量确定了光在水和空气中的传播速度不同,为光的电磁理论提供了证据.

一般来说,描述物体的运动速度需要选择参考系. 19 世纪后期,为了解决光速的参考系问题,爱因斯坦受经典力学的影响,也设想了一种被称为"以太"的"物质",它是静止的、无质量的、均匀地充满在整个宇宙中,光速就是以这种"以太"为参考系的. 后来的理论发展和实验结果都证明,"以太"是不存在的,爱因斯坦也大胆抛弃了"以太"学说,认为光速不变是基本的原理,即光速在任何参考系中都是一样的,并以此为出发点之一创立了狭义相对论.

2) 光速的测量

光是一种电磁波,因而光速也可认为是光波或电磁波在真空或介质中的传播速度. 真空中的光速是目前所发现的自然界物体运动的最大速度. 众所周知,在真空中光的传播速度是 3×10^8 m/s,那么这么快的速度是怎么测量出来的呢?

光速的测定经历了多个阶段,测值也越来越精确,以下分别做一简单介绍.

A. 伽利略举灯间隔法

伽利略是第一个怀疑光速是无限大的科学家. 为了搞清楚光速到底是多大,伽利略设计了一个实验,他让两个人分别站在相距 1.6 km 的两座山上,每个人拿一个遮蔽着的灯. 第一个人先举起灯,同时记下时间. 当第二个人看到第一个人的灯时立即举起自己的灯,也记下时间. 从第一个人举起灯到他看到第二个人的灯的时间间隔就是光传播 1.6 km 的时间. 为了减小误差,伽利略反反复复举灯. 显然,因为光速如此之快,以至于这个实验根本不可能测量出光速. 伽利略也承认,通过这个实验他没有测出光速,也没有判断出光速是有限的还是无限的. 不过伽利略说:"即便光速是有限的,也一定快到不可思议." 伽利略的实验揭开了人类历史上对光速进行研究的序幕.

B. 卫星蚀法

1676 年丹麦天文学家罗默(O. Romer)通过卫星蚀法测量了光速. 由于任何周期性的变化过程都可当作时钟,罗默所用的时钟是木星每隔一定周期所出现的一次卫星蚀,这是非常遥远而相当准确的"时钟". 罗默在长期的天文观测中注意到,地球背离木星运动比迎向木星运动所用的时间要长一些,他用光的传播速度的有限性来解释这个现象:光从木星的卫星发出,当地球离开木星运动时,光必须追上地球,因而从地面上观察木星的两次卫星蚀相隔的时间,要比实际相隔的时间长一些;而当地球迎向木星运动时,这个时间就短一些(图 5.16). 罗默为了取得可靠的结果,当时的观察曾在整年中连续地进行,并通过观察从卫星蚀的时间变化和地球轨道直径求出了光速. 由于当时只知道地球轨道半径的近似值,故求出的光速只有 214300 km/s. 这个光速值尽管离光速的准确值相差甚远, 但他却是测定光速历史上的第一个记录. 后来人们用照相方法测量木星卫星蚀的时间, 并在地球轨道半径测量准确度提高后, 用罗默法求得的光速为(299840 ± 60)km/s.

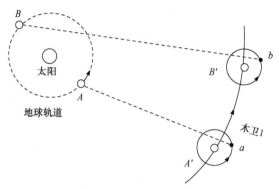

图 5.16　卫星蚀法测光速

C. 菲佐旋转齿轮和傅科旋转镜法

1849 年, 法国科学家菲佐第一次在地面上设计实验装置来测定光速. 他将一个点光源放在一个镀了银的半透镜的上方, 并引导一束光穿过齿轮的一个齿缝射到一面镜子上, 然后光会被反射回来, 并通过半透镜后面观察(图 5.17). 如果齿轮是不转的, 那么被反射回来的光原路返回, 仍然通过那个齿缝被看到. 此时开始转动齿轮, 并增加转速到一个特定的速度, 此时光返回的时候齿缝刚好转过去, 光被挡住; 当齿轮的转速继续加快, 快到一定程度时, 光返回的时候恰好又穿过下一个齿缝. 这样只要知道齿轮的转速、齿数以及眼睛距离镜子的距离, 就能计算出光速. 通过这种方法, 菲佐测得的光速是 315000 km/s. 由于齿轮有一定的宽度, 用这种方法很难精确地测出光速, 不过离光速的真相已经咫尺之遥了.

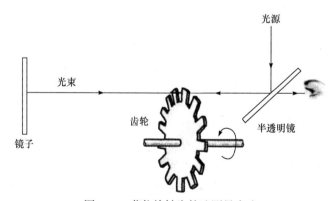

图 5.17　菲佐旋转齿轮法测量光速

　　1850 年，傅科又使用旋转镜法得到了更加精确的测量值. 他设计了一面旋转的镜子，让镜子用一定的速度转动，使它在光线发出并且从一面静止的镜子反射回来的这段时间里，刚好旋转一圈. 这样，能够准确地测得光线来回所用的时间，就可以算出光的速度. 经过多次实验，傅科测得的光速平均值等于 2.98×10^8 m/s. 值得一提的是，傅科还在整个装置充入了水，测定了光在水中的速度. 他发现光在水中的速度与空气中的速度之比近似等于 3/4，正好等于水和空气的折射率之比.

　　D. 空腔共振法

　　光波是电磁波谱中的一小部分，当代人们对电磁波谱中的每一种电磁波都进行了精密的测量. 1950 年，英国科学家埃森(L. Essen)提出了用空腔共振法来测量光速. 这种方法的原理是，让微波通过空腔并调整微波频率，让其与空腔发生共振. 根据空腔的长度可以求出共振腔的波长，再把共振腔的波长换算成光在真空中的波长，由波长和频率可计算出光速. 当代计算出的最精确的光速都是通过波长和频率求得的. 1958 年所给出的精确值是(299792.5 ± 0.1)km/s，1972 年所给出的目前真空中光速的最佳数值是(299792457.4 ± 0.1)m/s.

　　E. 激光测速法

　　1970 年美国国家标准学会和美国国立物理实验室最先运用激光测定光速. 这个方法的原理是同时测定激光的波长和频率来确定光速 ($c = \nu\lambda$)，由于激光的波长和频率的测量精确度已大大提高，所得的光速值比以前已有最精密的实验方法在精度上提高了约 100 倍.

　　除了以上介绍的几种方法外，光速还有许多其他十分精确的测定方法. 根据 1975 年第十五届国际计量大会的决议，现代真空中光速的准确值是 $c =$ 299792.458 km/s. 2019 年 5 月 20 日，根据第 26 届国际计量大会的决定，米的定义更新为：当真空光速 c 以 m/s 为单位表达时，选取固定数值 1/299792.458 来定义米，实际上数值与 1983 年的定义比较并没有变化. 这样，光速已成为定义值. 作为狭义相对论基本原理之一的光速不变原理也是与光速定义为一固定值相一致的. 不过迄今仍有人还在检验在更高的精确度下光速究竟是否恒定，这也可以理解，因为相对论作为一种理论，本身也需要发展.

5.2.2　光波的传播——波动光学

　　波动光学是用波动理论研究光的传播及光与物质相互作用的光学分支，是光学中非常重要的组成部分，内容包括光的干涉、光的衍射、光的偏振等. 在理论方面，波动光学的研究成果使人们对光的本性的认识得到了深化；在应用领域，波动光学的发展为精密测量提供了先进仪器和技术手段，构成了应用光学的主要内容.

1. 光的干涉和衍射

人们早就发现，当光在传播过程中遇到障碍物或小孔时，光将偏离直线传播的路径而绕到障碍物后面传播. 这种现象用光的直线传播是没法解释的，而光的波动性则很容易对其进行解释，也就是说，就像声波和水波一样，光作为一种波也能发生干涉和衍射现象.

1) 光的干涉

同一波源的光波在空间被分开后，在某个空间区域内再次叠加所发生的光强分布呈现明暗相间的现象称为**光的干涉**. 1807 年，杨在其《自然哲学讲义》里第一次描述了他的双缝干涉实验：把一支蜡烛放在一张开了一小孔的纸前面，这样就形成了一个点光源. 然后在纸后面再放一张纸，不同的是第二张纸上开了两道平行的狭缝. 从小孔中射出的光穿过两道狭缝投到屏幕上，就会形成一系列明暗交替的条纹，这就是现在众人皆知的双缝干涉条纹(图 5.18). 干涉现象既可表现为光场强度在空间作相对稳定的明暗相间的条纹分布，也可表现为当干涉装置的某一参量随时间改变时，在某一固定点处接收到的光强按一定规律作强弱交替的变化.

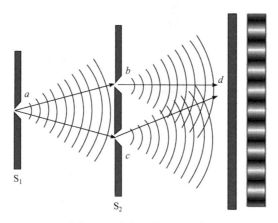

图 5.18　光的双缝干涉现象

如果我们把光看作一种波，并用波函数来描写其运动状态，则很容易对光波的干涉现象进行理论解释，我们在本书第 2 章的量子力学部分已经对其进行了介绍. 需要指出的是，发生明显的光的干涉现象必须具有一定的条件，只有两列光波的频率相同、相位差恒定、振动方向一致的相干光源，才能产生光的干涉. 由两个普通独立光源发出的光，不可能具有相同的频率，更不可能存在固定的相差，因此不能产生稳定的干涉现象.

在物理学史上，光的干涉现象的发现对于由光的微粒说到光的波动说的演进起了不可磨灭的作用. 杨在提出了干涉原理并做出了双缝实验验证后，还对薄膜干涉形成的彩色作出了解释. 1816 年，英国物理学家阿拉果(D. F. J. Arago)和法国物理学家菲涅耳一起研究了偏振光的干涉现象，推动了菲涅耳给出光是横波的假设，使得光的波动说进入一个新的时期. 在现代科技中，光的干涉已经广泛地用于精密计量、天文观测、光弹性应力分析、光学精密加工中的自动控制等许多领域.

2) 光的衍射

光在传播过程中，当其遇到障碍物或小孔时，将偏离直线传播的路径而绕到障碍物后面传播的现象叫**光的衍射**. 意大利物理学家和天文学家格里马尔迪(F. M. Grimaldi)在 17 世纪首先精确地描述了光的衍射现象：他让一束光通过两个(前后排列的)狭缝后投射到一个空白屏幕上，发现投射到该表面上的光带比进入第一道缝时的光束略微宽些，从而认为这束光在狭缝边缘向外有所弯曲，并把这个现象称为衍射. 这显然是光线绕过障碍物的一种情况，对于波而言，这种情况是存在的，而粒子则不然，因此格里马尔迪认为光是一种波现象. 常见的衍射现象包括**单缝衍射**(图 5.19(b))、**圆孔衍射**、**圆板衍射**等.

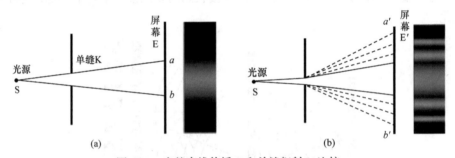

图 5.19 光的直线传播(a)和单缝衍射(b)比较

在衍射现象被发现 150 年以后，法国物理学家菲涅耳于 19 世纪最早阐明了这一现象，即**惠更斯-菲涅耳原理**. 该原理说，在光场中任取一个包围光源的波面，该波面上每点均是新的次波源，它们向四周发射次波；波场中任一场点的扰动都是所有次波源所贡献的次级扰动的相干叠加. 按照惠更斯-菲涅耳原理，既然波面上的每一点都可以看作子波的波源，位于狭缝的点也是子波的波源，正是这些次波源在障碍物后的相干叠加才导致了衍射现象的发生. 衍射一般分为两类，一类是**狭缝衍射**，包括**单缝衍射**、**双缝衍射**和**多缝衍射**，比如光栅；另一类是**小孔衍射**，比如**泊松亮斑**.

任何障碍物都可以使光发生衍射现象，但发生明显衍射现象的条件是"苛刻"的. 由于光的波长很短，只有十分之几微米，通常物体都比它大得多，但是当光射向一个针孔、一条狭缝、一根细丝时，可以清楚地看到光的衍射. 用单色光照射时效果好一些，如果用复色光，则看到的衍射图案是彩色的. 当孔或障碍物的尺寸远大于光波的波长时，光可看成沿直线传播(图 5.19(a))；在孔或障碍物的大小可以跟波长相比，甚至比波长还要小时，衍射就十分明显(图 5.19(b)). 由于可见光波长范围为 400~770 nm，所以日常生活中很少见到明显的光的衍射现象.

在现代光学乃至现代物理学和科学技术中，光的衍射得到了越来越广泛的应用. 其应用大致可分为以下五个方面：①用于光谱分析，如衍射光栅光谱仪；②衍射图样对精细结构有一种相当敏感的"放大"作用，故而利用图样分析结构，如 X 射线结构学；③在相干光成像系统中，引进两次衍射成像概念，由此发展成为空间滤波技术和光学信息处理；④ 衍射再现波阵面，这是全息术原理中的重要一步；⑤X 射线的衍射可用于测定晶体的结构，这是确定晶体结构的重要方法.

2. 光的偏振

光的干涉和衍射现象揭示了光的波动性，但还不能由此确定光是纵波还是横波. 光的波动方式这个困扰科学家多年的问题的解决则要归功于偏振光的发现.

1) 光的偏振现象

1669 年，丹麦科学家巴塞林那斯(E. Bartholinus)注意到，当一块很大的冰洲石放在书上时，透过冰洲石所看到的每个字都变成了两个. 对这种非常奇特的现象他没法予以解释，便记录下来供后人研究. 十年之后，惠更斯看到了这一记录并通过研究发现，这种现象是由于一束光入射冰洲石后被分为两束光所引起的. 他还发现，这两束光一束遵从折射定律，称为**寻常光**；另一束光不遵从折射定律，称为**非常光**. 他把这种光通过晶体后一分为二的现象称为**光的双折射**(图 5.20). 惠更斯后的一百多年里，双折射现象没有再引起人们的研究兴趣. 到了 1808 年的一天晚上，法国工程师马吕斯(E. L. Malus)在家中通过冰洲石观看落日从巴黎卢森堡宫的玻璃窗反射的像，无意中发现当把冰洲石转到某一位置时，两个像变成了

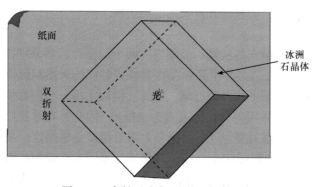

图 5.20　冰洲石(方解石)的双折射现象

一个. 这可是个新现象, 并令其激动不已! 当天晚上就用其他光源做实验也看到了类似的现象. 另外还发现, 当透过冰洲石的烛光以 36°投射到水面时, 一个烛像就消失了, 而在其他角度, 两个像都出现, 并且随着冰洲石的转动, 两个像的明亮程度也交替发生变化. 马吕斯把这种光强随方向变化的现象称为**光的偏振化**, 这种光叫**偏振光**.

2) 偏振现象的解释

两年后的 1810 年,马吕斯的发现传到正在复兴光的波动说的杨和菲涅耳等科学家那里, 当他们试图把光作为一种纵波来对其进行解释时, 发现光的波动说无法容纳这一现象. 六年之后, 杨发现, 如果假定光是横波, 则可以对马吕斯的发现做出很圆满的解释. 他认为, 作为横波的光会以两种互相垂直的振动方式透过冰洲石并分为两束, 当以 36°投射到玻璃或者水面上时, 一种振动方式的光全部成为透射光, 另一种则成为反射光, 因此只能看到一个像. 而当以其他入射角投射时, 两种振动方式都有透射和反射, 所以会看到两个像. 由于两束光的透射和反射都与角度有关, 所以当转动冰洲石时, 两个像的亮度也随之交替变化. 光是横波的假设到了一百年后的 1932 年才被实验直接证明. 这一年, 还是哈佛大学的学生, 后来成为美国著名发明家的兰德(E. Land), 为了解决晚上驾车安全的问题, 他受冰洲石双折射现象的启发, 利用自制的偏振片成功地从普通光中分离出在任意方向振动的偏振光, 从而证明了光波确实是一种横波.

从上面的分析可知, 光的偏振化是光在传播方向上不对称性的体现, 是横波区别于其他纵波的一个最明显的标志, 也是光的波动性的又一例证. 自然光是一种非偏振光, 因为在垂直于传播方向的平面内包含一切可能方向的横振动, 且平均来说任一方向上具有相同的振幅, 这种横振动在传播方向上具有对称性. 而失去这种对称性的光统称为偏振光.

3) 偏振现象的应用

光是横波和光具有偏振性的发现在科学上具有极其重要的意义. 它不但丰富了光的波动说的内容, 而且具有重要的应用价值.

A. 偏光太阳镜

任何一种利用偏振光的装置一般都需要两个偏振片, 并分别担任起偏镜与检偏镜的任务. 实际上在自然界里到处存在着各式各样的天然起偏镜, 比如空气分子、尘埃、烟雾, 地面上的各种玻璃、沥青、混凝土等, 它们都能由于反射、折射、双折射与散射等作用将自然光改变为偏振光. 因此, 有时我们只要在仪器中装一块作检偏用的偏振片就够了. 而偏振太阳眼镜就是根据这个简单原理设计而成的. 它的外形跟普通眼镜完全一样, 只是镜片是用人造偏振片做的, 而且其偏振轴都被装在垂直方向, 因而能将水平方向偏振的光过滤掉. 所以戴上这种眼镜后, 除非直接对视光源, 一般不受从柏油路、人行道、湖面、冰雪或玻璃窗等表面上反射出来的、主要沿水平方向振动的那些炫光的影响.

B. 立体图片和立体电影

人的视觉之所以能分辨远近, 是靠两只眼睛感觉的差距. 人的两眼分开约 5 cm, 因而看任何一样东西两眼的角度都不会相同. 虽然差距不大, 但看到的景物经视网膜传到大脑, 这微小的差距就会被大脑感知, 从而产生远近、高低的深度并带来立体感. 根据这一原理, 如果把同一景象用两只眼睛视角的差别制造出两个影像, 然后让两只眼睛各看到自己一边的影像, 透过视网膜就可以使大脑产生景深的立体感了, 这种立体演示原理称为 "偏光原理". 立体图片就是利用这个原理, 在水平方向生成一系列重复的图案, 当这些图案在两只眼睛中重合时, 就看到了立体的影像.

立体电影的制作方法也非常类似, 较为广泛采用的方法是偏光眼镜法. 它以人眼观察景物的方法, 利用两台并列安置的电影摄影机, 分别代表人的左、右眼, 同时拍摄出两条略带水平视差的电影画面. 放映时, 将两条电影影片分别装入左、右电影放映机, 并在放映镜头前分别装置两个偏振轴互成 90° 的偏振镜. 两台放映机须同步运转, 同时将画面投放在银幕上, 形成左、右像双影. 当观众带上特制的偏光眼镜时, 由于左、右两片偏光镜的偏振轴互相垂直, 并与放映镜头前的偏振轴相一致, 致使观众的左眼只能看到左像、右眼只能看到右像, 通过双眼会聚功能将左、右像叠加在视网膜上, 由大脑神经产生三维立体的视觉效果, 展现出一幅幅连贯的立体画面, 使观众感到景物扑面而来或进入银幕深处, 能产生强烈的 "身临其境" 感(图 5.21).

图 5.21 偏光眼镜及立体电影效果
(美国,《特工小子 3》, 2003)

C. 偏振光显微镜

偏振光显微镜是地质工作者用来鉴定矿石、研究晶体光学性质的一种重要工具. 这种显微镜的主要构造与一般的显微镜相同, 由一架普通显微镜在物镜上下分别添装一个起偏镜改装而成. 当这两个偏振镜的偏振轴互相垂直时, 从目镜中看下去, 整个视场是黑暗无光的. 但是如果在载物台上放一些矿石的薄晶片, 当透过上偏振镜的偏振光遇到晶体而折射时，目镜中所看见的不再是黑的了，而是一些悦目的彩环. 由于各种晶体的折射或双折射性质各不相同，可以根据它们各自形成的彩环性质(颜色、形状等)很精确地鉴别矿石的种类，从而探究晶体的内部结构及成分等特性.

以上我们从几何光学和波动光学两个角度对光的传播及其规律进行了简单的描述. 从中可以看出，对光的传播及其规律的认识过程实际上也是对光的本性的认识过程，在这个过程中微粒说和波动说的论战此起彼伏，促进着人们对光的本性及其传播规律的认识越来越接近其本质. 现在光的波粒二象性已经深入人心，光在传播过程中的一些现象已经被圆满解释. 然而科学技术在发展，对光的传播及其规律的认识也在不断深入，将来肯定还有一些新的现象出现并有待人们去认识和思考，即使像光速不变原理这个目前大家普遍认可的相对论根基，也可能随着理论的发展不再成立——这正是科技发展的魅力所在!

除了几何光学和波动光学，经典光学的另一部分内容是量子光学. 下面我们将通过介绍激光这种新型光源来了解量子光学的相关内容.

5.3　新型光源——激光

到目前为止，我们所讨论的都是光在传播过程中的一些问题，包括对光的本性的认识以及光的传播规律. 那么光到底是怎么产生的? 在过去的数百年里科学家为回答这个问题做出了不懈的努力。到了 19 世纪后半叶和 20 世纪初，电磁场理论和量子力学基本框架建立之后，人们才知道了该如何回答这个问题，并于 20 世纪 60 年代产生了人造光源——激光(图 5.22).

图 5.22　新型光源——激光

5.3.1 激光是怎么产生的——激光产生原理

我们已经知道，光是一种电磁波. 在物理学中，任何波长范围内的电磁波都叫作光. 我们认识的伽马射线、X 射线、紫外线、可见光、红外线、微波以及无线电波等都可以称为光. 激光作为一种新型光源，其发光原理也要从电磁波的产生说起.

1. 物质的发光过程

在自然界中，任何物质的发光都需要经过两个过程，即受激吸收过程和自发辐射过程.

1) 受激吸收过程

当物质受到外来能量(如光能、热能、电能等)的作用时，原子中的电子就会吸收外来能量(比如一个光子的能量 $h\nu$)，从低能轨道跃迁到高能轨道上去，或者说处于低能态的粒子会吸收外来能量跃迁至高能态，如图 5.23 所示. 由于吸收过程是在外来光子的激发下产生的，所以称之为"**受激吸收**"，其特点是：必须有外来光子(或其他方式的能量) "刺激"，而且这个外来光子的能量必须满足共振条件

$$h\nu = E_n - E_1 \quad (n = 2, 3, \cdots), \tag{5.7}$$

式中 E_1 是粒子的基态能级，E_n 是粒子吸收能量后所处的较高能级，h 是普朗克常量，ν 是光子的频率.

2) 自发辐射过程

被激发到高能级上的粒子是不稳定的，它在高能级上只能停留一个极为短暂的时间，然后立即向低能级跃迁. 这个过程是在没有外界作用的情况下完全自发地进行的，所以称之为"**自发跃迁**". 如果粒子在自发跃迁过程中释放的能量 $\Delta E = E_n - E_1$ 全部转变为热能并传给其他粒子，这种跃迁叫作"**无辐射跃迁**"，当然就不会产生光子；而如果释放的能量 $\Delta E = E_n - E_1$ 是以电磁波的形式辐射出来，就产生了光. 自发辐射过程放出的光子的频率由跃迁前后两个能级之间的能量差来决定，即

$$\nu = \frac{E_n - E_1}{h} \quad (n = 2, 3, \cdots). \tag{5.8}$$

可见两个能级之间的能量差越大，自发辐射过程所放出的光子频率就越高(图 5.24). 自发辐射光极为常见，普通光源的发光就包含受激吸收与自发辐射过程. 前者是粒子由于吸收外界能量而被激发至高能态，后者则是高能态粒子自发地跃迁回低能态并同时辐射光子. 当外界不断地提供能量时，粒子就会不断地由受激吸收到自发辐射，循环不止地进行下去. 每循环一次，就放出一个光子，光就这样产生

了. 以电灯为例: 接通电源后, 电流流经灯泡中的发光物质——钨丝, 钨丝被灼热, 使钨原子跃迁至高能态, 然后又自发跃迁回低能态并同时辐射出光子, 于是灯泡就亮了.

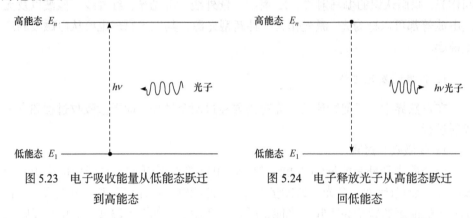

图 5.23　电子吸收能量从低能态跃迁　　　　图 5.24　电子释放光子从高能态跃迁
　　　　　　到高能态　　　　　　　　　　　　　　　　　　回低能态

　　由以上讨论可知自发辐射的特点: 由于物质(发光体)中每个粒子都独立地被激发到高能态和跃迁回低能态, 彼此之间没有任何联系, 所以各个粒子在自发辐射过程中产生的光子没有统一的步调, 不仅辐射光子的时间有先有后, 波长有长有短, 而且传播方向也不一致. 自发辐射光就是由这样许许多多杂乱无章的光子组成的, 所以我们通常见到的光是包含许多种波长成分(即多种颜色)、射向四面八方的杂散光. 阳光、灯光、火光等普通光都属于自发辐射光.

　　2. 激光的产生过程

　　在日常生活和科研实践中, 人们往往需要颜色较为单一、方向性好甚至强度也比较大的光源. 随着物质结构理论的发展和科学技术的进步, 满足这种要求的一种新型光源——激光应运而生. 它一问世就获得了异乎寻常的飞快发展, 不仅使古老的光学及其技术获得了新生, 而且导致了诸多新兴产业的出现(陈家璧 等, 2019).

　　1) 受激辐射"激"出激光

　　处于高能态的粒子在向低能态跃迁时并非只能以自发方式进行, 它也可以在外界因素的诱发和刺激下向低能态跃迁并向外辐射光子. 由于后者是被"激"出来的, 所以该过程就叫作**受激辐射**过程, 其特点是: 必须有外来的光子"刺激", 而且只有当外来光子的频率也符合式(5.7)时, 处于高能级 E_n 的粒子才会在这个外来光子的刺激下向低能级 E_1 跃迁, 同时辐射出一个频率、传播方向、振动方向与外来光子完全相同的光子. 简单地说, 输入一个外来光子, 输出的则是性质与外来光子一模一样的两个光子, 其中的一个光子是外来光子本身, 而另一个

则是在受激辐射过程中被外来光子"激"出来的. 这样, 一个光子激发一个粒子
产生受激辐射, 得到两个完全相同的光子, 这就是"**光放大**". 这两个光子再去
激发两个粒子产生受激辐射, 就可以得到完全相同的 4 个光子…… 如此连锁反
应, 完全相同的光子数目便会越来越多. 可见受激辐射过程也就是光放大过程. 在
受激辐射过程中产生并被放大了的光, 便是**激光**. 在英文中, 激光用 Laser 来表达,
是英文 Light Amplification by Stimulated Emission of Radiation(受激辐射光放大)的
缩写.

激光与普通光既有相同之处, 也有明显的不同. 相同的地方表现在, 两种光
在本质上没有区别, 既是电磁波又是粒子流, 具有波粒二象性. 不同之处表现在,
普通光是一种杂乱无章的混合光, 而激光则是频率、方向、相位都极其一致的"纯"
光. 根据光学理论, 两束光相干的条件是同频率、同振动方向、相位相同或相位
差恒定, 显然受激辐射所产生的激光是相干光, 而普通光是非相干光.

2) 粒子数反转

由上面的介绍可以看出, 激光的产生离不开受激辐射. 受激辐射的概念早在
1917 年就由爱因斯坦提出, 为什么激光器直到 1960 年才问世? 这里面既涉及技
术问题, 也涉及激光产生所需要的条件.

实际上, 普通光源中粒子产生受激辐射的概率极小. 当频率一定的光射入工
作物质时, 受激辐射和受激吸收两种过程同时存在, 受激辐射使光子数增加, 受
激吸收却使光子数减少. 物质处于热平衡态时, 粒子在各能级上遵循平衡态下粒
子的玻尔兹曼分布律 $n = n_0 \mathrm{e}^{-E_n/(kT)}$, 即处在较低能级 E_1 的粒子数必大于处在较高
能级 E_n 的粒子数. 这样光穿过工作物质时, 光的能量只会减弱不会加强. 要想使
受激辐射占优势, 必须使处在高能级 E_n 的粒子数大于处在低能级 E_1 的粒子数. 这
种分布正好与平衡态时的粒子分布相反, 称为粒子数反转分布, 简称**粒子数反转**.
如何从技术上实现粒子数反转是**产生激光的必要条件**(图 5.25).

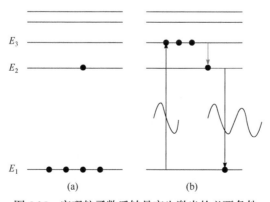

图 5.25　实现粒子数反转是产生激光的必要条件

要想实现粒子数反转，首先必须消耗一定的能量把大量粒子从低能级"搬运"到高能级，这种过程在激光理论上叫作**泵浦**或**激励**。由于其作用原理同水泵抽水类似，所以把能使大量粒子从低能态抽运到高能态的激励装置通称为"**光泵**"．然而由于粒子都甘居低能态，通过光泵抽运到高能态的粒子又会很快自发跃迁回低能态．为了维持粒子数反转，激励不仅要快，而且要强有力．激励作用总是通过消耗一定的能量来实现，产生受激辐射所需要的最小激励能量定义为激光器的**阈值**，它是描述激光器整体性能的一个重要参数．

3) 工作物质

在大千世界里，各种各样的物质都是由分子、原子、电子等微观粒子组成的．如果有了强大的激励，是否都能在物质中实现粒子数反转而产生激光呢？显然不行．激励只是一个外部条件，激光的产生还取决于合适的工作物质，即激光器的工作介质，这是激光产生的内因．前面介绍辐射跃迁时工作物质选的是二能级系统，然而二能级系统由于玻尔兹曼分布律的约束，无论如何加大激励能量，都不可能实现粒子数反转．实际上目前所有已实现的激光辐射都是三或四能级系统．下面以红宝石激光器为例，介绍三能级系统如何实现粒子数反转．

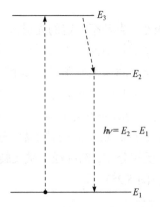

图 5.26　三能级系统的粒子数反转

如图 5.26 所示，E_1、E_2 和 E_3 三个能级中，E_1 是初态能级，E_3 是较高激发态能级，属于非稳态，E_2 是中间能级也是**亚稳态能级**．外界激发作用将会把粒子从 E_1 抽运到 E_3，由于粒子在 E_3 上的寿命很短(约为10^{-9} s)，会很快通过无辐射跃迁转移到 E_2．E_2 是亚稳态，寿命较长(约10^{-3} s)，允许粒子久留．随着 E_1 上的粒子不断地被抽运到 E_3，又很快转移到 E_2．既然 E_2 允许粒子久留，那么从 E_2 到 E_1 的自发辐射跃迁概率就很小，于是粒子就在 E_2 上积聚起来，从而实现 E_2 对 E_1 能级的粒子数反转．这个系统便能对诱发光子能量 $h\nu = E_2 - E_1$ 的光进行光放大．显然 E_2 能级好像一个水塔上的蓄水池，能够贮存大量的粒子．只有亚稳态能级才具有这种能力，但并不是所有的发光物质都具有亚稳态结构，这就是有些物质可以"激"出激光，而有些物质却"激"不出来的道理．所以，具备亚稳态能级结构是对产生激光的工作物质的起码要求．

4) 光学谐振腔

人们在实验中发现，虽然有些工作物质可以产生受激辐射，但该辐射非常微弱，在有限的工作物质长度内根本形不成可供人们使用的激光．于是人们想到了用放大的方法来解决这个问题，光学谐振腔就出现了．

如图 5.27 所示, 将工作物质放在两个面对面的反射镜之间就可以构成一个**光学谐振腔**. 这两个反射镜可以是平面, 也可以是球面, 其中一个要求是反射率为 100% 的全反射镜, 另一个是部分反射镜. 比如反射率为 95% 时, 5% 的光投射出去供人们使用. 这种光学谐振腔又叫**激光振荡器**. 当外界强光激励置于两镜间的激光介质时, 就在亚稳态能级和稳态能级之间实现了粒子数反转. 当处于亚稳态能级的粒子自发地跃迁到低能级时将自发辐射光子, 但这种发射是无规律的, 射向四面八方, 其中一部分可以诱发亚稳态上的粒子产生受激辐射. 而且从图中也可以看出, 凡非腔轴方向的自发辐射, 尽管可以诱发亚稳态上的粒子产生光放大, 但腔侧面是敞开的, 终将逸出腔外, 因而产生激光的作用不大. 唯独沿腔轴方向的自发辐射才起作用, 即每当它碰到镜面便被反射沿原路折回, 又重新通过介质不断诱发亚稳态上的粒子产生受激辐射, 实现光放大. 由于受激辐射光在腔镜间往返运行, 介质被反复利用, 腔轴方向受激辐射光就越来越强, 其中一部分从部分反射镜端射出, 这就是激光.

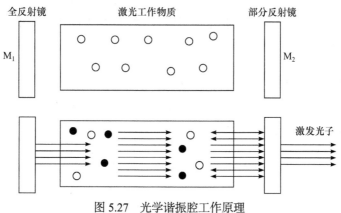

图 5.27　光学谐振腔工作原理

5.3.2　激光为何被青睐——激光的特点

从 5.3.1 节的介绍可以发现, 激光的产生对工作物质和外部条件有严格的要求, 但光的性能也是很高的. 激光自 20 世纪 60 年代问世以后, 正是因其所具有的**单色性好、相干性高、方向性强、亮度大**等特点, 不仅其技术本身获得了异乎寻常的发展, 而且很快在日常生活和现代科技中得到了广泛的应用(陈鹤鸣, 2019).

1. 单色性好

普通光源发射的光子, 在频率上是各不相同的, 所以包含有各种颜色. 而激光是原子在发生受激辐射时释放出来的光, 激发光子与受激辐射过程中被"激"出来的光子几乎完全相同, 被放大的光的频率组成范围非常狭窄, 或者说, 受激辐射光单色性非常好，激光的颜色非常纯. 以输出红光的氦氖激光器为例，其光的波长分布范围可以窄到 2×10^{-9} nm，是氖灯发射的红光波长分布范围的万分之二. 由此可见，激光器的单色性远远超过任何一种单色光源.

激光的颜色取决于激光的波长，而波长取决于发出激光的工作物质. 刺激红宝石就能产生深玫瑰色的激光束，比如在医学领域它可用于皮肤病的治疗和外科手术. 公认最贵重的气体之一的氩气能够产生蓝绿色的激光束，它有诸多用途，如用于激光印刷，在显微眼科手术中也是不可缺少的. 半导体产生的激光能发出红外光，因此我们的眼睛看不见，但它的能量恰好能"解读"激光唱片，并能用于光纤通信. 有的激光器还可调节输出激光的波长.

2. 相干性高

作为受激辐射光的激光，由于是频率、方向、相位都极其一致的"纯"光，再加之谐振腔的选模作用，使激光束横截面上各点间有固定的相位关系，显然受激辐射所产生的激光是相干光，而自发辐射产生的普通光是非相干光. 激光为我们提供了最好的相干光源，其相干性可以分为空间相干性和时间相干性两种，分别表示空间不同位置光波场某些特性之间的相干性和空间点在不同时刻光波场之间的相干性. 正是由于激光器的问世，才促使相干技术获得飞跃发展，并在信息储存、现代通信、激光加工和国防科技等领域有着广泛的应用.

在信息存储方面，我们所知道的全息术就是利用光的干涉，将物体上发射的某种特定的光波用干涉条纹进行记录从而形成一种可以记录物体全部信息的图像. 而**激光全息**则是利用激光相干性非常好的特点，引入适当的相干参考光，记录物体的振幅信息和相位信息. 利用激光全息技术在感光板上得到的不是物体的像，而是物光与参考光的干涉条纹，其明暗对比度、形状和疏密程度反映了物光波的振幅和相位分布. 经过显影、定影处理后的全息图相当于一块复杂的光栅，只有在适当的光波照明下才能重建原来的物光波，并得到三维立体的实像(图 5.28). 需要指出的是，全息图上每一点都记录了所有的物光信息，无论是磨损还是残破，只要得到一小块全息图，就能把原来的物体真实再现出来，这是全息图的内涵所在.

近年来，激光在信息安全方面的优势使其越来越多地应用于自由空间光通信中，但是光束在大气中传输时容易受到微小粒子、气溶胶、温度梯度引起折射率随机变化等因素的影响，使得激光束的光强分布、相位分布在时间和空间上出现随机起伏、波前扭曲变形、光强闪烁、光束弯曲和偏移等现象. 而部分相干光束在湍流大气中传输就能够更好地克服湍流等大气方面带来的负面影响. 对激光相位的调控可以产生光阱从而形成光镊，实现对原子分子的调控，而激光的部分相干性可以用来避免热效应问题，保护生物细胞不受损失. 对激光束相干度大小的调控，同样也可以实现光束整形，产生空心、平顶、阵列等光强分布，从而在激光加工、激光武器等领域中有重要的应用前景.

图 5.28　激光三维全息投影所带来的视觉

3. 方向性强

通过激光的产生过程，我们能够发现激光器发射的激光，天生就是朝一个方向射出，光束的发散度极小，大约只有 0.001 rad，接近平行. 激光射出 20 km，光斑直径只有 20～30 cm. 地球离月球的距离约 3.8×10^5 km，1962 年人类第一次使用激光照射月球，在月球表面形成的光斑还不到 2 km.

激光的强方向性可以用在激光雷达中. 激光雷达是在激光测距向多功能发展的情况下出现的，它不仅可以精确测距，还可以精确测速、精确跟踪、警戒防撞、控制飞船对接等. 激光束本来发散就很小，经发射望远镜后光束发散角可小到千分之一度，这样的光不仅能集中射得远，而且能进一步提高雷达的分辨能力. 比如，波束发散度为 1° 的机载微波雷达，从 1500 m 的上空照射到地面形成直径约为 26 m 的圆，此圆内的地形起伏很难分辨；而使用激光雷达在同样高度时，地面光斑直径只有十几厘米，因此能分辨出地形的细节. 激光的强方向性还用来激光制导，控制和导引武器准确命中目标. 激光制导武器主要包括激光制导导弹、激光制导炸弹和激光制导炮弹(图 5.29)，就如同给这些武器安上了激光"眼睛"，使它们抗电磁干扰能力极强，命中率极高，指哪打哪，百发百中.

4. 亮度大

由于激光的发射能力强和能量的高度集中，所以亮度很高，它比普通光源高出一千多倍，是人类目前制造的最亮的光源. 亮度是衡量一个光源质量的重要指标，若将中等强度的激光束经过会聚，可在焦点处产生几千到几万度的高温. 激光的高亮度或高能量是激光最被青睐的特点之一，使其在激光医疗、激光加工和国防科技方面得到了广泛的应用.

图 5.29　激光制导炮弹

　　在医疗方面, 激光亮度是保证激光临床治疗有效且可贵的基本特征之一. 比如, 可以用激光治疗视网膜脱落: 在外部用"很强"的光线照射眼睛, 利用眼球内水晶体的聚焦作用, 将光能集中在视网膜的微小点上, 靠它的热效应使组织凝结, 将脱落的视网膜溶接到眼底上; 还可以用红外激光手术刀进行外科手术等. 在机械加工方面, 激光的聚焦作用及其高能量还可以使其应用于激光加工工业, 比如利用激光来焊接加工高熔点、高硬度材料, 来切割具有不同难易程度的布、木材、陶瓷、钢板、铝板、复合材料等, 还可利用激光在不同硬度、脆性材料上进行打孔, 其速度、效率、可靠性和经济效益是一般打孔技术难以比拟的. 在国防科技方面, 可以利用激光器能量集中、速度快、精度高、传输距离远、抗干扰性强及能重复使用等特点, 制造热破坏、力学破坏和辐射破坏都很强的激光武器, 来有效摧毁敌方目标或使之失效. 激光武器经过近四十年的研究, 已经日趋成熟并将在今后战场上发挥越来越重要的作用. 或许未来的空战就使用激光武器相互攻击, 一旦被瞄准就意味着被摧毁!

本 章 小 结

　　本章我们认识了光的本性, 并通过对光的传播特点和激光这种新型光源的介绍, 简单了解了几何光学、波动光学和量子光学的相关内容, 前两者属于经典光学范畴, 后者属于现代光学范畴. 光学既是物理学中最古老的一个基础学科, 又是当前科学研究中最活跃的前沿阵地, 具有强大的生命力和不可估量的前途. 光学的发展为生产技术提供了许多精密、快速、生动的实验手段和重要的理论依据; 而生产技术的发展, 又反过来不断向光学提出许多要求解决的新课题, 并为进一步深入研究光学准备了物质条件. 光学在各门具体科学中的广泛应用也催生了一门新的学科——应用光学的诞生. 相关知识在后续课程的学习中会逐渐了解.

参 考 文 献

陈鹤鸣, 2019. 激光原理及应用[M]. 4 版. 北京: 电子工业出版社.

陈家璧, 彭润玲, 2019. 激光原理及应用[M]. 4 版. 北京: 电子工业出版社.

葛惟昆, 2021. 走进《光学》, 学习光学[J]. 物理与工程, 31(2): 128-130.

蒋长荣, 刘树勇, 2005. 爱因斯坦和光电效应[J]. 首都师范大学学报(自然科学版), 26(4): 32-37.

乔际平, 刘甲珉, 1991. 重要物理概念规律的形成与发展[M]. 石家庄: 河北教育出版社.

姚启钧, 2014. 光学教程[M]. 5 版. 北京: 高等教育出版社.

章志鸣, 沈元华, 陈惠芬, 2009. 光学[M]. 3 版. 北京: 高等教育出版社.

复习思考题

(1) 简述光的波动说和微粒说的建立过程.

(2) 光的波动说和微粒说的论战过程给人们带来哪些启示?

(3) 什么是光电效应? 如何用光的量子理论解释光电效应?

(4) 如何理解光的波粒二象性?

(5) 试利用费马原理证明光的反射定律.

(6) 光速的测量和确定给人们哪些物理启示?

(7) 从光的直线传播到光的单缝衍射, 试分析其中所隐含的辩证思想.

(8) 什么是偏振现象? 简述其应用.

(9) 简述一般物质的发光过程.

(10) 激光的产生过程包括哪几部分?

(11) 激光的特点是什么? 各有哪些应用?

第 6 章
从微观到宏观的桥梁

内容摘要 千姿百态的物理世界本质上是微观物理运动的宏观表现. 物质从微观到宏观, 结构不同, 运动规律不同, 物质的表现形态也不同. 本章我们从原子的核式结构模型出发, 介绍原子和分子的能级结构, 在此基础上简介凝聚态物理和半导体物理的基本内容, 进而分析材料物理中的超导电性现象.

我们周围的这个大千世界是物质的世界, 构成这个世界的亿万种物质其存在形态和性质各不相同, 比如它们有气态、液态、固态之分, 有软硬、颜色之别, 有的能燃烧, 有的能生长…… 这种丰富多彩的物理世界不仅与构成物质的粒子之间的相互作用有关, 更与物质内部的结构有关. 构成物质的粒子之间的相互作用会对物质的结构产生影响, 并使物质的物理和化学性质发生变化, 从而使不同的物质具有不同的表现形式, 这是我们这个世界丰富多彩、生机勃勃的根本原因.

本章我们将从物质的微观结构出发, 简要介绍原子物理、分子物理、凝聚态物理及半导体物理的基本内容. 透过物质的微观结构, 了解宏观物体的结构和运动规律, 从而架起联系微观和宏观世界的桥梁.

6.1 打开微观世界的金钥匙——原子物理学

说起原子物理, 大家一定会联想起原子弹的爆炸. 不错, 原子弹的爆炸原理确实是原子物理(确切地说是原子核物理)研究的内容. 其他诸如核能的开发及利用、放射性治疗等与人们日常生活密切相关的知识都是原子核物理研究的内容. 但原子核物理仅仅是原子物理内容的一部分, 这从原子的结构上能清晰地看出来. 实际上, 原子物理学是研究原子核、原子、分子等微观粒子的结构、性质及其运动规律的一门基础学科(张延惠 等, 2009). 它既是普通物理学的重要内容, 又是近代物理课程的组成部分, 并随着科学技术的发展而不断得到充实和拓展. 这里我们从原子的核式结构模型出发先来认识一下什么是原子.

6.1.1 原子什么样——原子结构模型

"原子"一词来源于古希腊哲学家德漠克利特(Democritus)等对物质构成的描述. 他们认为, 物质由许多极小的微粒构成, 这种微粒称为原子. 同时代的亚里士多德则持相反的观点, 认为物质是连续的, 可以无限地分割下去, 同我国古代哲学家庄子提出的"一尺之捶, 日取其半, 万世不竭"思想如出一辙. 随着实验技术的发展, 1808 年, 英国的科学家道尔顿提出化学中的原子论: 一切物质都是由大量分立的原子组成的, 原子是最基本的物质单元, 宇宙间千变万化的各种不同物质都是由不同元素的原子搭配组合而成的. 那么原子到底可不可分, 如果可分的话, 它又是由什么组成的呢? 下面我们先从实验的角度来揭示其秘密.

1. 几种重要的射线

粒子常常被用来描述微小物质的单元, 物理学家对粒子的定义是从粒子与周围物质的关系开始的. 1897 年, 英国物理学家 J. J. 汤姆孙在研究阴极射线时, 通过加磁场、电场, 发现阴极射线在磁场和电场中发生偏转, 而且可判断带负电. 他当时通过已有的理论进行计算, 并测定了该带电粒子的荷质比, 成为第一个发现电子的人(比较有趣的是, J. J. 汤姆孙因证明"电子是粒子"获得了 1906 年的诺贝尔物理学奖, 而他的儿子 G. P. 汤姆孙证明了"电子是波", 获得了 1937 年的诺贝尔物理学奖). 而在早期(1898 年)的放射性研究中, 英国物理学家卢瑟福已经发现放射性物质所发出的射线实际属于不同的种类, 他把带正电的命名为**α射线**, 带负电的命名为**β射线**, 把那些不受磁场影响的电磁波称为**γ射线**. 进一步的研究表明, α 射线中的粒子(α 粒子)实际上就是氦粒子 He^{2+} (氦原子核), β 射线中的粒子就是电子, 而γ射线中的粒子是光子.

2. α粒子散射实验

为了搞清原子的结构到底是什么样的, 从 1904 年到 1906 年年间, 卢瑟福做了许多α射线通过不同厚度的空气、云母片和金属箔(如铝箔)的实验. 英国物理学家布拉格(W. H. Bragg)在 1904—1905 年也做了这样的实验. 他发现, 在此实验中α射线速度减慢, 而且径迹偏斜(即发生散射现象). 1906 年冬, 卢瑟福还认识到α粒子在某一临界速度以上时能打入原子内部, 由它的散射和所引起的原子内电场的反应可以探索原子内部结构. 而且他还预见到可能会出现较大角度的散射. 1909—1911 年间, 在卢瑟福指导下盖革也进行了**α粒子散射实验**研究, 发现α粒子射入金属箔时散射角与材料的厚度和原子量有关; 又发现大多数粒子散射角度很小, 只有少数α粒子偏角很大(图 6.1). 卢瑟福敏锐地认识到精确地观察大角度α粒子散射对于了解原子内部的电场和结构非常重要. 在卢瑟福的指导下, 盖革和青年研究生马斯登(E. Marsden)于 1909 年 3 月用镭作放射源,进行α粒子穿射金属箔(先后用了金箔和铝箔)的实验,精心测量极少的大角度散射粒子. 结果发现约有 1/8000 的入射α粒子发生大角度偏转,偏转角平均为 90°,其中有的甚至反弹回来.

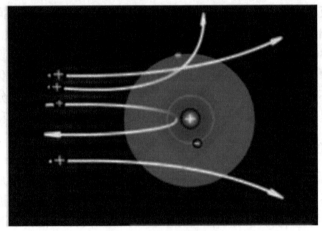

图 6.1　α粒子散射实验

3. 原子的核式结构模型

α粒子的这种反常的散射现象,使卢瑟福十分惊讶,虽然他事前对大角度散射做过一些推测. 多年以后,他在 1925 年的一次讲演中曾讲到 1909 年 3 月这次实验后的心情. 他说:"如果将一张金叶放在一束α射线的径迹上,某些射线进入金的原子并被散射,那只是所期望的. 但是,一种明显而未料想到的观察是,一些快速的α粒子的速度和能量之大,那是一张极其惊人的结果——正像一个炮手将一颗炮强射在一张纸上,而由于某种其他原因弹头再弹回来一样." 在卢瑟福的指导下,盖革和马斯登对实验进行总结并写成论文,交英国皇家学会发表. 卢瑟福认为:绝大部分α粒子能直接穿过金箔,说明原子一定是中空的,极少数的α粒子能被金箔偏转,有的还被直接弹了回来,那就说明原子中存在着很小的带正电的核. 通过对电荷、质量和偏转角度等的运算,1911 年卢瑟福提出了原子结构的**行星模型**,即原子是由带正电的质量很集中的很小的原子核和在它周围运动着的带负电的电子组成的(图 6.2),就

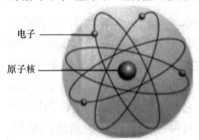

电子 ————

原子核 ————

图 6.2　卢瑟福原子核式结构模型

像行星绕太阳运转一样的一个体系. 这就是原子的**核式结构模型**(郭奕玲 等,2005).

6.1.2　光谱如何形成——氢原子的能级及电子跃迁

1. 经典电磁理论所带来的矛盾

卢瑟福的原子核模型说明，原子由原子核和电子组成. 原子核集中了原子的绝大部分质量，但线度很小，约为原子的万分之一，原子核居于原子的中央，电子围绕它运动. 原子核带正电，数值上与全部电子携带的负电量相等. 这个模型成功地解释了 α 粒子的散射实验. 然而，按照牛顿力学和经典电磁场理论，当电子绕原子核做变加速运动时，变化的电流会在电子周围形成一个变化的电场. 由麦克斯韦电磁场理论可知，不断变化的电场会向周围辐射出电磁波，所以电子绕核运动的能量会随着电磁波的辐射而逐渐衰减. 由于电子能量的逐步减少，其绕核运动的速度也不断减少，电子做圆周运动所需要的向心力也减少，电子最终将会落在原子核上，从而得出原子必然是一个不稳定的系统的结论. 另外，辐射电磁波的频率应等于电子绕核转动的频率，且随着电子能量的损失，其转动频率将发生变化，辐射电磁波的频率也应是不断变化的. 但以上这些情况显然与实际情况是不相符的. 因为事实上，电子可以在原子核的周围处于无辐射状态，原子光谱不是连续光谱，而是分立的线状光谱. 这种矛盾表明：从宏观现象总结出来的经典电磁理论不适用于原子这样小的物体产生的微观现象. 为了解决这个矛盾，物理学家们提出了很多有意义的假设，其中玻尔的定态假设就是一个具有革命性的模型假设.

2. 玻尔的氢原子理论

1) 能级和跃迁

早在 19 世纪 50 年代初，人们就对氢原子的光谱有了一定的认识，并在随后的几十年，逐渐观测到了氢原子的一系列光谱线系. 19 世纪 20 年代初，人们综合巴尔末(J. J. Balmer)、莱曼(L. Lyman)、帕邢(F. Paschen)、布拉开(F. S. Brackett)和普丰德(A. H. Pfund)所给出的观测，给出了一个能够描述所有结果的公式，称为广义巴尔末公式或里德伯公式，即

$$\tilde{\nu} = T(m) - T(n), \tag{6.1}$$

其中 $T(m)$ 或 $T(n)$ 称为光谱项，且 $T(m) = R / m^2$，$T(n) = R / n^2$，R 称为里德伯常量.

由上面的光谱公式可以发现，光谱线是线状的、分立的. 在此基础上人们猜测，原子内部的能量也是不连续的，而这种不连续的能量称为原子的能级，用 E_m 或 E_n 来表示. 而将原子从一个能级变化到另一个能级的过程称作跃迁.

2) 玻尔的基本假设

1913 年, 丹麦物理学家玻尔在卢瑟福原子的核式模型基础上, 结合普朗克**量子假设**和原子光谱的分立性, 提出了三个假设.

(1) **定态假设**　原子只能处于一系列不连续的能量状态中, 在这些状态中原子是稳定的, 电子虽然绕核运动, 但并不向外辐射能量, 这些状态叫**定态**.

(2) **跃迁假设**　当原子从一个能量为 E_n 的定态跃迁到另一个能量为 E_m 的定态时, 就要发射或吸收一个频率为 ν_{mn} 的光子, 且

$$h\nu_{mn} = |E_m - E_n|,\tag{6.2}$$

此公式又叫玻尔的**频率条件**. 当 $E_m > E_n$ 时, 原子从较低能级向较高能级跃迁, 它会吸收光子, 吸收光子的频率就是 $\nu_{mn} = |E_m - E_n| / h$; 而当 $E_m < E_n$ 时, 原子从较高能级向较低能级跃迁, 它会辐射光子, 辐射光子的频率公式同上.

(3) **量子化假设**　电子以速度 v 在半径为 r 的圆周上绕核运动时, 只有电子的角动量 L 等于 $h / (2\pi)$ 的整数倍的那些轨道才是稳定的, 即

$$L = mvr = \frac{nh}{2\pi} \quad (n = 1, 2, 3, \cdots),\tag{6.3}$$

其中 n 为主量子数. 式(6.3)称作量子化条件.

3) 氢原子的能级

由式(6.1)可知, 氢原子辐射光谱的波长取决于两光谱项之差, 而式(6.2)则揭示出氢原子辐射光的频率取决于两能级之差, 那么能级与光谱项之间会有什么关系吗?

最先给出氢原子能级表达式的就是玻尔. 他在吸取前人思想的基础上, 通过大胆的假设, 推导出氢原子的能级应该满足

$$E_n = -\frac{Rhc}{n^2} \quad (n = 1, 2, 3, \cdots),\tag{6.4}$$

其中 c 是光速, R 是里德伯常量, 对于氢原子来说, 其理论值 $R = 1.0973731 \times 10^7 \, \text{m}^{-1}$. 上式表明, 氢原子的能量是不连续的, 只能取一些定值, 也就是说氢原子的能量是量子化的, 故式(6.4)分母中的 n 也被称为能量量子数.

对于氢原子来说, 如果 $n = 1$ 的能级 E_1 称作基态能级, 则氢原子能级公式可以统一写为

$$E_n = \frac{E_1}{n^2} \quad (n = 1, 2, 3, \cdots).\tag{6.5}$$

实验和计算都给出，$E_1 = -13.6\,\text{eV}$（图 6.3）.

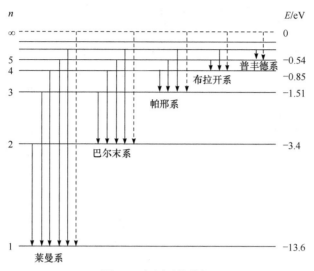

图 6.3 氢原子的能级

4) 氢原子光谱

将式(6.1)和式(6.5)所表达的跃迁光谱和定态能量用图 6.3 表示出来. 每一条横线代表一个能级，它与电子在一定轨道上的运动相对应. 随着 n 的增大，能级越来越高；当 $n \to \infty$ 时，$E_n \to 0$. 相邻能级的间距也随 n 的增加而减小；当 $n \to \infty$ 时，$\Delta E \to 0$. 当电子在这些能级间跃迁时，发出单色光；跃迁间距越大，发光波长越短. 这说明电子在不同能级间的跃迁所发的光谱线会落在不同的光谱区域（图 6.4）：当电子在诸多 $n \geqslant 2$ 的能级跃迁到 $n=1$ 的能级时，发出的谱线落在莱曼系；当电子从诸多 $n \geqslant 3$ 的能级跃迁到 $n=2$ 的能级时，发出的谱线落在巴尔末系. 以此类推，可得帕邢系、布拉开系等. 由于相邻能级的间隔随 n 增大而减小，所以每一个线系中相邻谱线的间隔朝着短波方向递减.

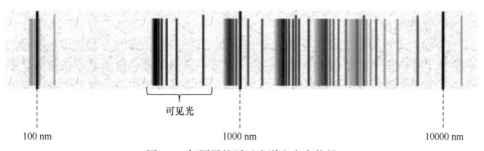

图 6.4 氢原子的跃迁光谱和定态能量

5) 玻尔氢原子理论的意义和困难

玻尔理论成功地解释了原子的稳定性、大小及氢原子光谱的规律性，为人们认识微观世界和建立近代量子理论打下了基础. 具体说，该理论的成功主要表现在三个方面：①正确地指出原子能级的存在(原子能量量子化)；②正确地给出了定态和角动量量子化的概念；③正确地解释了氢原子及类氢离子的光谱(由于篇幅所限，后者我们没有介绍，详见原子物理教材)(张延惠 等，2009).

然而玻尔理论毕竟是在经典思想的基础上提出来的，必然会在解释一些微观现象时遇到一定的困难，具体表现在：①无法解释比氢原子更复杂的原子，更谈不上分子了；②不能给出谱线的强度及相邻谱线之间的宽度；③在解释核外电子的运动时引入了量子化的观念，但同时又应用了"轨道"等经典概念和有关向心力、牛顿第二定律等牛顿力学的规律，实际上牛顿力学在微观领域是不适用的.

20 世纪初诞生了量子力学. 在量子力学中，玻尔理论中的电子轨道只不过是电子出现机会最多的地方. 量子力学以全新的观念阐明了微观世界的基本规律，在涉及微观运动的各个领域都获得了巨大的成功，当然对原子分子能级及光谱的解释就更不成问题了，我们在前面介绍的量子知识只能说是量子力学理论体系的冰山一角.

3. 电子的自旋及氢原子光谱的精细结构

我们前面介绍了自然界中最简单的原子——氢原子的核式结构模型. 并通过玻尔的氢原子的能级公式给出了氢原子光谱. 但是随着实验手段的提高，人们发现，氢原子的光谱线(比如从 $n=3$ 能级到 $n=2$ 能级跃迁产生的 H_α 谱线，波长为 656.3 nm)并不是简单的一条，而是由若干条彼此靠得很近的谱线形成的复杂的**精细结构**(图 6.5). 随后的光谱实验观测发现，上述光谱的精细结构不仅存在于氢原子光谱中，也存在于碱金属原子光谱中，从而也促使人们进一步思考光谱的精细结构产生的原因，这个过程也直接导致了电子自旋的发现.

1) 电子的内禀属性——自旋

A. 塞曼效应

1896 年荷兰物理学家塞曼(P. Zeeman)发现，把产生光谱的光源置于足够强的磁场中，磁场作用于发光体使光谱发生变化，一条谱线即会分裂成三条偏振化的谱线，这种现象称为**正常塞曼效应**. 1916 年，索末菲企图用玻尔模型解释塞曼效应，他受"开普勒椭圆"的启发，将玻尔提出的圆形轨道推广到椭圆轨道模型，为了描述氢原子在外加电磁场作用下的行为而提出了**空间量子化**的概念(Weinert，1995). 索末菲认为"原子中电子的轨道只能假设在空间取某些分立的方向，比如，电子轨道的法线只能取 3 个方向：平行、反平行和垂直于磁场". 索末菲的空间量子化理论碰巧能解释正常塞曼效应中钠原子(类氢原子)光谱线一分为三的现象.

1918 年，玻尔在索末菲的空间量子化基础上又指出，"电子轨道的法线垂直于磁
场应是禁戒的，因为电子轨道的平面如包含磁场方向，电子的运动会不稳定"。索
末菲和玻尔对于空间量子化的假设在统一中又有了分歧，人们在相互借鉴与发展
的基础上形成了我们后来所说的**玻尔-索末菲理论**，并给出了玻尔磁矩的概念
$\mu_{\mathrm{B}} = eh / (4\pi m_{\mathrm{e}})$。然而 1897 年 12 月，英国的科学家普雷斯顿(T. Preston)在观测
弱磁场中的锌和镉原子的光谱线时，发现谱线有时并非分裂成三条，而且谱线间
距也不一样，这种现象被称为**反常塞曼效应**。索末菲的空间量子论假设无法对这
种反常塞曼效应给出合理的解释，使得人们对于空间量子化是否真实存在产生了
疑问，甚至有人认为空间量子化不可能存在。这种不确定性迫切需要一个实验去
给予检验。

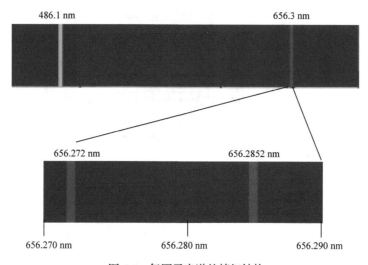

图 6.5　氢原子光谱的精细结构

B. 施特恩-格拉赫实验

空间量子化理论的验证，最终是和一个关键的人及一个关键的实验方法联系
在一起。这个人就是德国的物理学家施特恩(O. Stern)，这个方法就是**分子束方法**。
分子束方法是研究原子内部结构和运作机理的重要方法，它是由法国科学家丢努
瓦耶(L. Dunoyer)最早提出，并由施特恩传承、改造、发展，在 1920 年已经相当
成熟。这一年，德国的科学家格拉赫(W. Gerlach)来到法兰克福大学实验物理研究
所，而当时施特恩是法兰克福大学理论物理研究所玻恩教授的助教。1921 年初，
施特恩找到格拉赫，表示想和他一起用分子束方法验证"空间量子化"是否正确。
共同的信念，使他们一拍即合。在 1921 年初至 1922 年 2 月，从实验原理的设计
到仪器调试，经过一年艰苦的工作他们成功地完成了**施特恩-格拉赫实验**。该实验

结果认为，当电炉孔发射出的银原子束经过准直后进入不均匀磁场中偏转时，会在聚光板上留下拓宽的斑点，得到银原子内部的磁矩实际上是接近一个玻尔磁矩并在 z 方向有两个取值，其数值刚好符合玻尔-索末菲理论推出的银原子内部磁矩(图 6.6). 施特恩-格拉赫实验明确地"证明"了空间量子化是一个存在的物理事实，但是对于一些问题仍然无法给出满意的答案，例如**反常塞曼效应**以及原子在磁场中到底怎样具体取向等. 这些新问题预示着施特恩-格拉赫实验还有未解开的谜. 直到 1925 年，荷兰的乌伦贝克(G. E. Uhlenbeck)和古德斯米特(S. A. Goudsmit)提出电子自旋的假说，才彻底将这些问题解决.

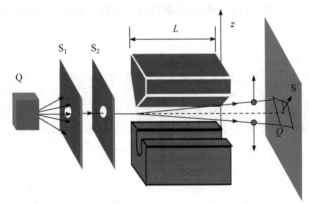

图 6.6　施特恩-格拉赫实验分析示意图

C. 自旋概念的提出

施特恩-格拉赫实验对于解释反常塞曼效应并没有起到什么作用，当时物理先哲们对反常塞曼效应提出的许多假设都显得徒劳. 1925 年 1 月，奥地利物理学家泡利(W. Pauli)提出不相容原理(见后面的"电子的核外排布"部分)，这使得解释反常塞曼效应有了一丝希望. 这时，美国的物理学家克罗尼格(R. L. Kronig)认为，"可以把电子的第四个自由度看成是电子具有固有的角动量,电子围绕自己的轴在做自转". 但因泡利的反对，克罗尼格很快就放弃了自己的想法. 半年后，乌伦贝克和古德斯米特受到泡利不相容原理的启发，提出电子具有自旋运动，并具有与**电子自旋**相联系的**自旋磁矩**，同年 11 月，两人的论文因及时被他们的导师——奥地利物理学家埃伦菲斯特(P. Ehrenfest)寄出而被幸运地发表. 他们认为，银原子的角动量磁矩由电子轨道角动量磁矩、电子自旋磁矩和原子核磁矩合成. 由于原子核的磁矩很小，可以忽略不计，当轨道角动量量子数为 0 时，实际上银原子的角动量磁矩就可以认为是电子的自旋磁矩. 既然银原子的角动量磁矩有两个取值，一个合理的猜测是银原子中外层电子具有的自旋角动量 s 等于 1/2，它在 z 方向的取值是 ±1/2,因而说施特恩-格拉赫实验结果可直接归因于电子的自旋(Weinert，1995).

经量子力学的不断完善，人们认识到**自旋是电子的内禀属性**，所以自旋角动量也称**内禀角动量**. 如果说施特恩-格拉赫实验原理是建立在旧量子理论的基础上，是对经典力学的否定，是量子力学的理论引导，那么塞曼效应与反常塞曼效应则应该是量子力学的事实体现，反常塞曼效应不断鞭策着施特恩-格拉赫实验结果逐渐趋于正确的理论解释. **塞曼效应、反常塞曼效应以及施特恩-格拉赫实验均是电子自旋实际存在的直接证据**.

2) 氢原子光谱的精细结构

由前所述，实验手段的提高使人们有机会观测到了**氢原子光谱的精细结构**，但对该能级结构的解释颇费科学家们的心血. 索末菲在将玻尔的氢原子圆轨道推广到椭圆轨道后，根据电子的角动量守恒，认为电子在椭圆轨道上运动的速率时刻在改变，加之其值很大，必须考虑相对论效应对能量的影响(有关相对论的内容将在第 7 章介绍). 电子自旋的发现也让人们认识到，自旋磁矩是电子的固有磁矩，而电子本身又处在其轨道运动产生的磁场中，自旋磁矩与磁场的相互作用必然对整个原子的能量产生影响，这就是**自旋与轨道的相互作用能量**.

1928 年，狄拉克创立了相对论量子力学，并精确计算出相对论效应引起的能量变化 ΔE_r 及自旋与轨道运动相互作用引起的能量变化 ΔE_ls

$$\Delta E_\mathrm{r} = -\frac{hcR\alpha^2}{n^3}\left(\frac{1}{l+1/2} - \frac{3}{4n}\right)，\tag{6.6}$$

$$\Delta E_\mathrm{ls} = -\frac{hcR\alpha^2}{n^3}\frac{j(j+1)-l(l+1)-s(s+1)}{2l(l+1)(l+1/2)}，\tag{6.7}$$

其中 n 为主量子数，l 为电子的轨道角动量量子数，s 为自旋量子数，$j=l\pm1/2$ 是总角动量量子数，α 为精细结构常数. 这样，氢原子的能量应该是玻尔能量 E_n 与上述两项能量之和，即

$$E = E_n + \Delta E_\mathrm{r} + \Delta E_\mathrm{ls} = -\frac{hcR}{n^2} - \frac{hcR\alpha^2}{n^3}\left(\frac{1}{j+1/2} - \frac{3}{4n}\right).\tag{6.8}$$

该式说明，考虑了相对论效应及自旋与轨道相互作用，氢原子的能量不仅与主量子数 n 有关，还和轨道角动量量子数 l 及原子的总角动量量子数 j 有关. 由于 $l\pm1/2$，其能级是双层的.

现在综合考虑上述两种效应对能级精细结构进行解释，并以 $n=2,3$ 为例进行简单说明. 按照式(6.8)，当 $n=2$ 时，$l=0,1$. 当 $l=0$ 时无自旋与轨道相互作用项，$j=1/2$；当 $l=1$ 时，$j=3/2,1/2$，分裂成 3 个能级. 当 $n=3$ 时，$l=0,1,2$. 当 $l=0$

时无自旋与轨道相互作用项，$j=1/2$；当 $l=1$ 时，$j=3/2,1/2$；当 $l=2$ 时，$j=3/2,5/2$，分裂成 5 个能级. 考虑到这些情况后，再根据选择定则，可知原来 $n=3$ 向 $n=2$ 的一个玻尔跃迁实际上包含了 7 种跃迁，且由于 j 相同的能级相同，实际上应含有 5 种不同的波长成分. 也就是说，从 $n=3$ 能级到 $n=2$ 能级跃迁产生的 H_α 谱线应有 5 种精细结构成分(如图 6.7).

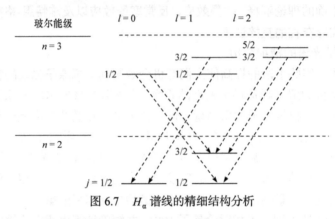

图 6.7　H_α 谱线的精细结构分析

　　以上是考虑到电子具有自旋后对氢原子的精细结构进行的分析. 实际上，如果考虑到原子核也具有自旋，而且该自旋与核外电子的角动量发生相互作用也会对能量有贡献，则会导致**原子光谱的超精细结构**发生. 不仅氢原子的光谱具有精细结构和超精细结构，碱金属原子的能级和谱线也具有类似的情况，而且不管原子光谱多么复杂，它基本上还是线状光谱. 由于篇幅所限，这里不再详细介绍.

　　3) 电子的核外排布

　　对于氢原子，作为单电子原子，电子所处的状态只由能级决定. 然而对于多电子原子，电子在核外的排布则要受到泡利不相容原理和能量最低原理的约束.

　　泡利不相容原理　以氦原子的两个电子为例. 实验表明，这两个电子的自旋反平行，其主量子数、轨道量子数、磁量子数和自旋磁量子数也不完全相同. 也就是说，在同一个原子中，不可能有两个电子具有完全相同的量子数. 泡利根据大量实验事实，概括成一个不局限于原子体系的量子力学基本原理，即在同一个量子体系中，不可能有两个电子处在完全相同的量子态. 这就是**泡利不相容原理**. 而像电子这样，自旋为半奇数的、遵循泡利不相容原理的粒子称为**费米子**，如质子、中子等；而自旋为 0 或正整数的、不遵循泡利不相容原理的粒子称为**玻色子**，如光子、π介子、α粒子等.

　　当电子在核外排布时，在不违背泡利不相容原理的前提下，核外电子总是先占据能量最低的轨道. 只有当能量最低的轨道占满后，电子才依次进入能量较高的轨道，也就是尽可能使体系的能量最低(图 6.8). 这就是所谓的**能量最低原理**. 因为能量最低的状态比较稳定,故自然变化进行的方向都是使能量降低. 电子的排布对原子是如此, 对分子也是如此.

6.1.3　原子能如何而来——原子核的性质

原子核, 简称 "核", 是原子的核心部分, 原子的质量几乎全部集中在原子核中. 各种原子核统称为**核素**. 迄今为止, 已发现的稳定核素有 265 种, 60 种天然放射性核素, 人工合成有 2400 种核素.

1. 原子核的结构

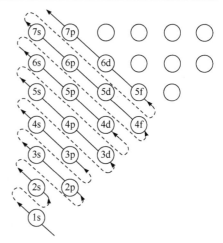

图 6.8　电子的填充遵循能量最低原理

原子核是原子的中心部分,它由质子和中子组成, 并统称**核子**. 中子不带电, 质子带正电, 因而原子核带正电, 其电量为 Ze, Z 称为核电荷数, 它就是核内的质子数, 也是该原子的原子序数, 质子数决定了元素的种类. 各种元素的原子核中所含的质子和中子数都不相同, 因而核电荷数是原子核的重要特征之一.

尽管原子核是由质子和中子组成的, 但实验表明, 任何一个原子核的质量都小于组成它的质子和中子的质量之和. 这种质量减小值称为**质量亏损**, 而亏损的质量实际上变成了能量, 其大小可由狭义相对论(第 7 章将会介绍)中的质能关系 $\Delta E = \Delta mc^2$ 给出, 这里 Δm 就是质量亏损量. 也就是说, 当核子结合成原子核时, 因有质量亏损, 则必有相应的能量释放出来. 同样, 如果将原子核拆散成自由核子, 则必须由外界供给原子核同样大小的能量.

我们把将核子结合成原子核所释放出的能量或将原子核拆散成单个核子需要吸收的能量称为原子核的**结合能**. 原子核的结合能是很大的, 并且各种原子核的结合能都不相同. 为讨论问题方便, 我们把原子核的结合能与其核子数之比称为核子的**平均结合能**, 也叫**比结合能**. 显然, 比结合能反映了原子核的稳定程度, 其值越大说明核子结合得越牢固,原子核越稳定. 图 6.9 给出了各种核素的比结合能随核子数(质量数)A 变化的曲线. 通过该图, 利用比结合能的概念可知, 获得原子核的能量可有两个途径: 一是比结合能略小的重核分裂成比结合能较大的中等质量的核; 二是比结合能小的轻核聚合成比结合能大的核.

2. 原子核的性质

原子核有一些重要的性质, 并决定其具有重要的意义.

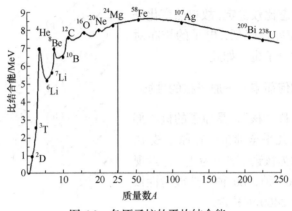

图 6.9　各原子核的平均结合能

1) 高密度、高能量和稳定性

原子核极小，直径在 $10^{-15}\sim 10^{-14}$ m，体积只占原子体积的几千亿分之一，但原子核的**密度**却极大，约为 10^{14} g/cm³，在极小的原子核里却集中了 99.96% 以上原子的质量；原子核的**能量**极大. 构成原子核的质子和中子之间存在着巨大的吸引力，能克服质子之间所带正电荷的斥力而结合成原子核，使原子在化学反应中原子核不发生分裂. 当一些原子核发生裂变(原子核分裂为两个或更多的核)或聚变(轻原子核相遇时结合成为重核)时，会释放出巨大的原子核能，即**原子能**，这也是核能发电的原理. 原子核有的稳定，有的不稳定，不稳定的原子核能放出射线，并衰变成另一种元素的原子核. 原子核的稳定性是靠核内的质子和中子之间的相互作用来维系的，即二者需要一定的配比关系.

2) 同位素

同一种元素，即有相同的原子序数而质量数不同的原子或原子核，互称为**同位素**. 同位素之间的共同特点是核内质子数和核外电子数相同，因而是同一元素，在化学元素周期表内占同一位置. 同位素之间的根本差别在于原子核内具有不同数目的中子，因而具有不同的质量数. 比如，氢原子有三种同位素(图 6.10)，即 ${}_1^1\mathrm{H}$(H)、

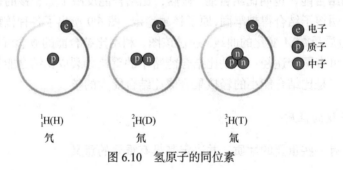

图 6.10　氢原子的同位素

^2_1H(D)、^3_1H(T)，核内质子数都是 1，但中子数分别为 0、1 和 2，故质量数分别为 1、2 和 3. 现已知绝大多数元素有同位素，迄今已发现 489 种天然同位素，加上人工方法制造的已超过 2000 种，某些元素有许多种同位素.

3) 放射衰变

在已发现的两千多种核素中，绝大多数都是不稳定的，它们会自发地蜕变，变为另一种核素，同时放出各种射线，这种现象称为**放射性衰变**.

放射性核素放出的射线主要有三种(图 6.11)：**α射线**，由氦原子核($^4_2He^{2+}$)组成，它对物质的电离作用最强，但穿透物质的能力最弱；**β射线**，是高速电子流(e^-)，电离作用较弱，贯穿本领较大，另外还有所谓 $β^+$ 衰变放出电量为 $+e$ 的正电子流；**γ射线**，是波长很短的电磁波，贯穿本领最大，电离作用最小. 令射线穿过磁场，则γ射线不偏振，α射线和β射线将向相反的方向偏转. 除了α、β和γ三种射线外，有的核素还放出含有质子或中子等粒子的射线.

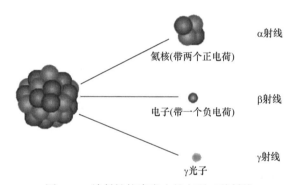

图 6.11 放射性核素发出的主要三种射线

元素的放射性有许多应用. 由于放射性原子所放出的射线容易用仪器探测到，因此可以利用放射性原子作为显示踪迹的工具. 该方法在农业、工业、医疗卫生以及其他科学研究中有广泛的应用. 放射性也可以用来推算地质年代. 例如，^{238}U 在岩石中经一系列的衰变，最后成为 ^{206}Pb，如果知道现在岩石中 ^{238}U 和 ^{206}Pb 的丰度，利用已知的衰变常数，就可推算地球的年龄. 同样道理，在考古工作中利用放射性元素的半衰期，也可以算出古生物体死亡的年代. 然而，放射性对人类的生存也有危害作用，比如某些放射源处理不当会对周围环境造成污染，放射性对人体和动物存在某种损害作用，甚至损伤遗传物质，等等.

3. 裂变和聚变

原子核通常是稳定的，但在一定的条件下也会发生变化. 我们经常提到的就是原子核的裂变和聚变.

1) 裂变

重核受到激发分裂为几个中等质量原子核的现象称为原子核的**裂变**. 比如,
在中子 n 的轰击下, 铀核($^{235}_{92}$U)会分裂成两个或多个质量较小的原子核(图 6.12),
并由于**质量亏损**释放巨大的能量. 这个现象叫作铀核裂变, 用方程式表示为

$$^{235}_{92}\text{U} + \text{n} \longrightarrow {}^{236}_{92}\text{U} \to \text{X} + \text{Y} + m\text{n}, \tag{6.9}$$

m 的平均值为 2.47. 裂变产生的碎块可以有许多组合方式, 碎块的质量范围在
75~160. 中子进入 $^{235}_{92}$U 引起的裂变可以分裂为 $^{141}_{56}$Ba 和 $^{92}_{36}$Kr, 也可分裂为 $^{136}_{54}$Xe
和 $^{90}_{38}$Sr 以及其他 60 多种可能性. 分裂后的碎片也是不稳定的, 它们还要经历衰变
过程才稳定下来.

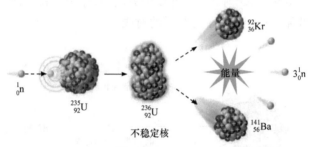

图 6.12　铀核($^{235}_{92}$U)分裂成质量较小的原子核

由于重核的核子平均结合能比中等质量的原子核小, 所以重核裂变要放出能
量, 这个能量称为**裂变能**. 原子弹就是利用重核裂变产生巨大能量的原理而制造
的大规模杀伤性武器, 而各国和平利用核能所建造的一系列核电站也是利用了核
反应堆裂变所提供的能量.

2) 聚变

质量小的原子, 主要是氕或氘, 在超高温或高压的条件下, 相互之间会发生
原子核互相聚合作用, 生成新的质量较重的原子核, 也会产生质量亏损, 从而释
放巨大的能量, 这种现象就叫原子核的**聚变**(图 6.13). 从原子核的平均结合能考
虑, $^4_2$He 的平均结合能处在峰值, 比它轻的核其平均结合能小得多, 所以这些轻
核聚合成较重的核 $^4_2$He 时要放出能量, 其反应式可以写为如下的形式:

$$6^2_1\text{H} \longrightarrow 2^4_2\text{He} + 2^1_1\text{H} + 2^1_0\text{n} + 43.15\,\text{MeV}. \tag{6.10}$$

共用了 6 个氘核, 释放能量 43.15 MeV, 平均每个氘核放出 7.2 MeV, 每个核子释
放的能量为 3.6 MeV, 是 ^{235}U 裂变时每个核子放出能量的 4 倍. 由此可见轻核聚变
比重核裂变可以释放更大的能量. 氢弹就是利用核聚变制造的大规模杀伤性武器.

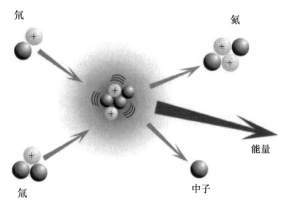

图 6.13 氘核和氚核的聚变反应放出能量

聚变材料非常丰富. 海水中含有氘, 它和氢的比例约为 1/6000, 地球表面海水的存量为 10^{21} kg 数量级, 每克氘发生聚变可放出 10^{11} J 的能量. 若海水中的氘全部聚变, 则放出的能量约为 10^{31} J. 这个能量可以供地球上的人类用几百亿年, 而铀、钍等裂变材料据目前探明的储量大约只能用几百年. 另外, 轻核聚变的产物基本上是非放射性的, 因此不会导致环境污染, 所以轻核聚变是一种理想的能源.

4. 原子核与原子实

前面我们介绍了构成原子的原子核及核外电子, 核外电子又是由价电子和内壳层电子组成的. 实际上在原子物理学中, 为了研究问题的方便, 常常把原子核及除价电子以外的其他内层电子构成的部分称作**原子实**. 例如, 钠 Na 的核外电子排布为 1s2s2p3s, 其中第 1、2 壳层电子与原子核组成原子实(图 6.14), 它与惰性气体元素氖 Ne(1s2s2p)的结构相同, 因而钠的核外电子排布也可写作[Ne]3s; 钾(K)的核外电子排布为 1s2s2p3s3p4s, 也可写作[Ar]4s.

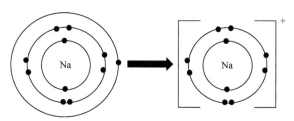

图 6.14 钠原子(Na(2, 8, 1))和钠原子实(Na$^+$(2, 8))

显然原子核和原子实既有联系也有明显的区别. 首先, 原子核和原子实两者都包含正电荷且都是原子的组成部分, 但原子核不包括负电荷而原子实一般包括负电荷, 且负电荷数总是小于正电荷数; 从电特性的等效角度看, 原子实是一个等效的原子核，而真正的原子核又是一个特殊的原子实. 比如，氢原子的原子核对核外电子来说就是一个特殊的原子实(不包括负电荷)；原子核不仅具有衰变现象(包括人工的)，还能产生裂变(重核)和聚变(轻核)，从而获得巨大的原子能，而原子实作为一个等效的原子核，具有一种特殊的现象——原子实的极化，其极化的强弱程度与原子实外的价电子轨道形成的形状和能量大小有密切联系.

原子实的概念在原子分子物理和凝聚态物理中经常用到.

6.2　揭示物质形成的奥秘——分子物理学

分子物理学是研究分子的结构、性质及分子间的相互作用，并以此为基础研究气体、液体、固体的物理性质，特别是与热现象有关的物理性质的一个物理学分支. 分子物理学与物理学的其他分支如原子物理学、凝聚态物理学、物理力学，以及物理化学、化学动力学、量子化学等都有密切的联系. 我们首先从分子与原子间的关系开始介绍.

6.2.1　原子如何形成分子——化学键

纯净物分子内或晶体内相邻两个或多个原子(或离子)间强烈的相互作用力统称为**化学键**. 化学键有 4 种类型，即离子键、共价键、金属键和范德瓦尔斯键.

1. 离子键

当一个原子的价电子转移到另外一个原子时，形成正负离子，离子之间由于静电库仑力而结合成分子，即形成**离子键**. 离子键成键的本质是正负离子间的静电作用，包括正负离子间的静电吸引作用和电子与电子之间、原子核与原子核之间的静电排斥作用. 离子键存在于大多数强碱、盐及金属氧化物中，例如，氯和钠以离子键结合成氯化钠时，电负性大的氯会从电负性小的钠抢走一个电子，之后氯会以 −1 价的方式存在，而钠则以 +1 价的方式存在，两者再以库仑静电力因正负相吸而结合在一起(图 6.15)，因此也有人说离子键是金属与非金属结合用的键结方式.

2. 共价键

共价键形成的分子，其每个原子的价电子不再属于某个原子，而属于整个分子. 这种分子内的相互作用称为**共价键**. 共价键是原子间通过共用电子对(电子云重叠)而形成的相互作用. 形成重叠电子云的电子在所有成键的原子周围运动. 一个原子有几个未成对电子，便可以和几个自旋方向相反的电子配对成键，共价键饱和性的产生是由于电子云重叠(电子配对)时仍然遵循泡利不相容原理. 氢分子是最简单的共价键分子，O_2、N_2、CO 都是共价键分子. 水分子(H_2O)中 H 原子和 O 原子之间存在极性共价键，为共价化合物(图 6.16)，水分子内部是靠 O—H 共价键结合起来的，破坏它需要较高的能量.

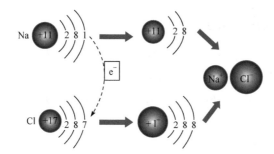

图 6.15　NaCl 离子键的形成过程

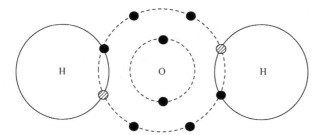

图 6.16　水分子共价键的形成过程

3. 金属键

金属键是化学键的一种，主要在金属中存在. 金属中的原子核与它周围束缚电子构成的离子好像浸没在自由电子"气"中. 这种自由电子可在整个金属中漫游，在固体中结合成晶体. 由自由电子及排列成晶格状的金属离子之间的静电吸引力组合而构成**金属键**. 由于电子的自由运动，金属键没有固定的方向，因而是非极性键. 金属键有金属的很多特性，例如，一般金属的熔点、沸点随金属键的强度而升高，其强弱通常与金属离子半径成逆相关，与金属内部自由电子密度成正相关(可粗略看成与原子外围电子数成正相关). 气体分子中没有金属键存在.

4. 范德瓦尔斯键

范德瓦尔斯键作为一种瞬时的电偶极矩的感应作用，往往产生于原来具有稳固电子结构的原子或分子之间. 对原来就具有稳定电子结构的分子，例如具有满壳层结构的惰性气体分子，或价电子已用于形成共价键的饱和分子，在低温下组成晶体时，粒子间有一定的吸引力，但这个吸引力是很微弱的. 它们的结合，就是由于分子间的范德瓦尔斯力的作用，即称之为范德瓦尔斯键或**分子键**. 分子晶体的结合很弱，导致硬度低、熔点低、易于挥发，多为透明的绝缘体. 与共价键、离子键、金属键相比，范德瓦尔斯键要弱得多，因此也称**弱力**.

6.2.2　分子如何运动——分子的运动和能量

同原子一样，分子也有其内部结构，而且结构更复杂，因而分子的运动形式也比较复杂. 分子除了有热运动外，还有分子的内部的运动，包括电子运动、分子振动和分子转动. 我们先从经典力学的观点出发来分析各种运动形式及其具有的能量.

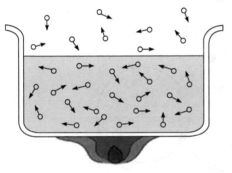

图 6.17　分子的热运动

1. 分子的运动

1) 热运动(平动)

分子的**热运动**跟物体的温度有关，物体的温度越高，其分子的运动越快，无规则运动程度越剧烈(图 6.17). 分子的热运动通常又叫分子的**平动**. 在三维空间中，任何平动都可以投影到 XYZ 三个坐标轴上，因而分子的平动自由度是 3. 分子的平动可以看作是分子的外部运动，在研究分子的内部运动时可以不考虑.

2) 电子运动

既然分子是由原子组成的，原子中又包含电子，因而电子运动是分子内部运动的重要组成部分. 由于电子的质量远小于核的质量(约为氢核质量的 1/1836)，因此电子的运动速度远大于核的运动速度，故当考虑电子的运动时，可以认为原子核固定不动，就像一个乒乓球去碰撞一个铅球，碰撞后铅球几乎不动，而乒乓球以原速率弹回. 电子的状态也有基态和激发态之分，在一定条件下电子在基态和激发态之间也会发生**电子跃迁**.

3) 分子振动

分子振动是指分子内原子间进行的周期性来回运动(图 6.18)，主要振动形式可以包括键长、键角及二面角的增减等，取决于组成分子的原子的个数 N. 由于每个原子都存在 XYZ 三个坐标，则分子的振动自由度为 $3N-5$(线性分子)或者 $3N-6$(非线性分子).

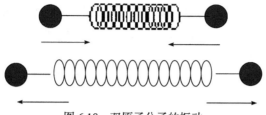

图 6.18 双原子分子的振动

4) 分子转动

指分子整体绕一个轴旋转(图 6.19). 显然, 在三维空间中, 转动也都可以投影到绕 XYZ 三个轴的旋转. 然而, 对于单原子分子, 不存在转动——质点无法绕质心转动; 对于线型分子(比如 CO 或者 CO_2), 绕键轴的转动也是无法判定的, 因此只有两个转动自由度.

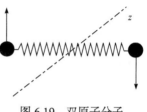

图 6.19 双原子分子
的转动示意图

2. 分子的能量

既然分子是由原子组成的, 原子又是由原子核及核外电子组成的, 那么分子内部的能量必然包括以下几部分:

1) 电子的运动能量 E_e

分子的大小 a 约为 1 Å, 价电子在分子范围内运动, 其坐标不确定度为 a. 根据量子力学不确定度关系, 价电子动量的不确定度约为 $\hbar/a$, 因此电子运动的能量

$$E_e = \frac{P^2}{2m} \sim \frac{\hbar^2}{ma^2} \sim 10 \, \text{eV}, \tag{6.11}$$

其中 m 为价电子的质量. 这一能量对应的价电子跃迁的频率处于光谱的可见区和紫外区.

2) 核的振动能量 E_v

可以利用经典理论估计核的振动能大小. 如果分子内电子和原子核的相对运动可以看作经典谐振子, 且力常数为 k, 原子核振动频率为 $\omega_N = \sqrt{k/M}$, 其中 M 为核的质量, 则核振动的能量 $E_v = \hbar\omega_N = \hbar\sqrt{k/M}$; 电子运动的角频率 $\omega_e = \sqrt{k/m}$, 电子能量 $E_e = \hbar\omega_e = \hbar\sqrt{k/m}$, 因此核的低振动模式能量可近似表示为

$$E_v \approx \sqrt{\frac{m}{M}} E_e. \tag{6.12}$$

以氢原子为例，核的质量约为电子质量的 1836 倍，故氢原子核(质子)的振动能量约为 0.2 eV. 这一能量对应的分子振动跃迁的频率处于近红外区域.

3) 分子的转动能量 E_r

假设分子的转动惯量用 $I = Ma^2$ 来表示，由于角动量 L 的量级为 $\hbar$，则分子的转动能量可以按照公式

$$E_r = \frac{L^2}{2I} \sim \frac{\hbar^2}{2Ma^2} \tag{6.13}$$

估算，大约为电子运动能量 E_e 的万分之一，对应分子转动跃迁频率处于远红外或微波区域.

按照以上分析，分子的总能量 E 应等于上述三种能量之和，即

$$E = E_e + E_v + E_r. \tag{6.14}$$

6.2.3 如何了解分子结构——分子能级和光谱

1. 分子能级

实际上按照量子力学的观点，**分子的能量都是量子化的**，也就是一个个分立的能级. 当我们要通过光谱来研究分子的内部结构时,就必须考虑分子的能级. 如前所述，分子内部的运动包括电子运动、分子的振动和转动，也就有相应的电子能级、振动能级和转动能级. 显然分子的能级比原子的能级复杂，由此决定分子比原子具有丰富得多的光谱.

量子力学中处理分子的能级问题，首先要分析分子内电子和核的受力及运动情况，在此基础上给出分子体系的哈密顿算符，通过求解薛定谔方程来给出分子的能级. 由于基础所限，暂且不做详细介绍. 需要指出的是，前面用经典方法所估算的电子运动、核的振动及分子的转动能量数量级同量子结果是一致的，只是经典计算所给出的能量是连续的，而量子计算所给出的是能级，而且在同一电子能级上有若干个振动能级，每个振动能级上有若干个转动能级(图 6.20). 正是这种复杂的能级结构才导致了分子光谱的复杂性.

2. 分子光谱

通过上面的讨论可知，分子的内部运动包括分子内电子的运动、分子的振动和转动，它们的能量都是量子化的，从而有各自的能级. 当分子由较低能级向较高能级跃迁时会吸收光，而当分子由较高能级向较低能级跃迁时会发射光. **分子光谱**就是对分子吸收或发射的光进行分光所得到的光谱，它是分子内部运动的反映.

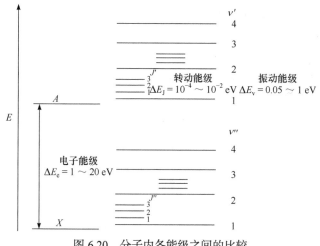

图 6.20　分子内各能级之间的比较

1) 分子光谱的种类

分子光谱的分类方法有很多. 按照分子能级之间跃迁方向, 可以将分子光谱分为发射光谱、吸收光谱、拉曼光谱和化学发光光谱.

(1) **发射光谱**　发射光谱是指样品本身产生的光谱. 样品本身被激发, 然后回到基态, 发射出特征光谱. 发射光谱一般没有光源, 如果有光源那也是作为波长确认之用. 在测定时该光源也肯定处于关闭状态.

(2) **吸收光谱**　吸收光谱是光源发射的光谱被样品吸收了一部分后剩下的那部分光谱. 吸收光谱都有光源, 测定时光源始终工作, 并且光源、样品、检测器在一直线上. 如果不在一直线上, 则可能是**荧光或磷光光谱**.

(3) **拉曼光谱**　印度科学家拉曼(C. V. Raman)发现, 当用强的单色光源照射某物质样品时, 由于分子的散射, 在垂直入射光的方向会有三种不同频率的散射光从样品中发射出来. 其中一条谱线的频率与入射光频率 ν_0 相同; 另两条谱线则对称地分布在 ν_0 两侧, 频率为 $\nu_0 \pm \Delta\nu$, $\Delta\nu$ 的大小由样品分子的转动或振动光谱性质决定. 此种现象被称为**拉曼效应**, 所产生的光谱称拉曼光谱(图 6.21), 这是一种散射光谱.

(4) **化学发光光谱**　当物质参与化学反应时也可能会伴随着光辐射现象, 比如 A、B 两种物质发生化学反应产生 C 物质, 反应释放的能量被 C 物质的分子吸收并跃迁至激发态 C^*, 处于激发态的 C^* 再回到基态的过程中产生光辐射, 由此形成的光谱称为化学发光光谱. 化学发光光谱在物质的分析测定中应用较为广泛.

按照不同分子能级之间的跃迁, 可将分子光谱分为纯转动光谱、振动-转动光谱带和电子光谱带. **纯转动光谱**由分子转动能级之间的跃迁产生, 分布在远红外波段, 通常主要观测吸收光谱; **振动-转动光谱带**由不同振动能级上的各转动能级之间跃迁产生，是一些密集的谱线，分布在近红外波段，通常也主要观测吸收光谱；**电子光谱带** 由不同电子态上不同振动和不同转动能级之间的跃迁产生，可分成许多带，分布在可见或紫外波段，可观测发射光谱. 非极性分子由于不存在电偶极矩，没有转动光谱和振动-转动光谱带，只有极性分子才有这类光谱带(G. 赫兹堡，1983).

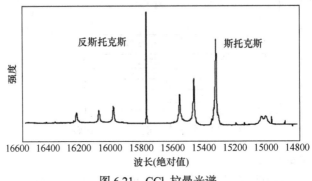

图 6.21　CCl_4 拉曼光谱

2) 分子光谱的特点

通过上面的介绍可以发现，分子光谱，甚至是最简单的双原子分子的光谱，要比原子光谱复杂得多. 这是由于分子是由原子按照一定的结构组成的，除了电子相对于原子核的运动之外，电子和电子之间、核与核之间又有着复杂的相互作用，而且还有组成分子的原子的原子核之间相对位移引起的分子的振动和转动，因此分子光谱显得更为复杂. 相对于原子光谱来说,分子光谱有自身的特点. 如果可以把原子光谱看成是**线状光谱**的话，那么分子光谱则是**带状光谱**(图 6.22). 利用高分辨率光谱仪观察时，每条谱带实际上是由许多紧挨着的谱线组成. 这些带状光谱实际上是分子在其电子能级及振动和转动能级间跃迁时产生出来的，波长范

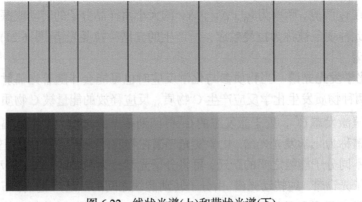

图 6.22　线状光谱(上)和带状光谱(下)

围分布较广, 在远紫外、紫外、可见、红外和远红外区都能发现. 通过对分子光谱的研究可深入了解分子的结构, 因而分子光谱分析法是较为精确的鉴别物质及确定其化学组成和相对含量的方法.

6.3　材料科学的基础——凝聚态物理学

凝聚态物理是从微观角度出发, 研究由大量粒子(原子、分子、离子、电子)组成的凝聚态的结构、动力学过程及其与宏观物理性质之间的联系的一门学科. 其研究对象除晶体、非晶体与准晶体等固相物质外, 还包括稠密气体、液体以及介于液态和固态之间的各类居间凝聚相, 例如液氦、液晶等. 由于新材料和器件的突破与凝聚态物理研究的对象密切相关, 凝聚态物理学的研究成果在很大程度上可以为材料科学的发展提供支持.

下面以晶体作为研究对象, 讨论凝聚态物理的研究方法(黄昆 等, 1988).

6.3.1　有关晶体的描述——晶体、晶格和一维晶格

1. 晶体

晶体是由原子、分子或离子按一定的空间结构排列组成的固体, 具有规则的外形. 我们常见的晶体有金刚石晶体、食盐(NaCl)晶体、雪花晶体等. 金刚石晶体是由碳原子构成的正四面体结构; 用放大镜仔细观察食盐颗粒的形状, 可以发现食盐晶体实际上是由离子 Na^+ 和 Cl^- 组成的立方体结构; 而对于雪花晶体, 人们通常认为它是规则的六边形结构(图 6.23), 但科学家们发现, 雪花晶体的形状包

图 6.23　雪花晶体的形状

括柱状晶体、平面晶体(传统意义上六边形雪花的组成成分) 和不规则雪花粒子，具体产生何种形状则依赖于温度和湿度.

晶体除拥有整齐规则的几何外形外，它还具有以下几个**特点**：

(1) **固定的熔点**，即在熔化过程中，温度始终保持不变；

(2) 单晶体有**各向异性**的特点，即沿不同方向，原子排列的周期性和疏密程度不尽相同，由此导致晶体在不同方向的物理化学特性也不同；

(3) X 射线在晶体中会被周期性排列的原子或电子散射，会发生有规律的**衍射**；

(4) 晶体相对应的晶面角相等，称为**晶面角守恒**.

晶体的分布非常广泛. 自然界的固态物质中绝大多数是晶体，气体、液体和非晶物质在一定的合适条件下也可以转变成晶体.

2. 晶格和一维晶格

如前所述，晶体是由原子、分子或离子按一定的空间结构排列组成的固体，其结构具有一定的周期性. 我们把表示原子、分子或离子在晶体中排列规律的空间格架叫作**晶格**，它给出了晶体(图 6.24(a))的几何特征. 图 6.24(b)给出的是三维晶格.

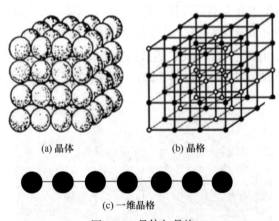

(a) 晶体　　　　　　　(b) 晶格

(c) 一维晶格

图 6.24　晶体与晶格

在凝聚态物理学中，人们往往是从**一维晶格**的振动入手来研究晶体的结构及其运动规律的. 一维晶格即一维原子链(图 6.24(c))，它的振动既简单可解，又能全面地表现出晶格振动的基本特点. 利用经典的谐振模型，可以方便地求出各原子的振动规律(比如振动波矢、振动频率等).

6.3.2　有关晶体的研究——能带理论

固体是由原子组成的，原子又包括原子实和最外层电子，它们都处于不断的运动状态. 如果我们在研究时既考虑原子核(或原子实)的振动，又考虑电子的运动，那么问题的求解将相当麻烦. 为了使问题简化，我们首先假定固体中的原子实固定不动，并按照一定的规律作周期性排列，然后进一步认为每个电子都是在固定的原子实周期势场及其他电子的平均势场中运动，这就把整个问题简化为单电子问题. 利用量子力学理论，可以方便地求出孤立原子每个壳层上电子能量的分立值，也就是电子的能级.

1. 能带

晶体中大量的原子集合在一起，而且原子之间距离很近，致使离原子较远的壳层发生交叠. 这种交叠使电子不再局限于某个原子上，有可能转移到相邻原子的相似壳层上去，也可能从相邻原子运动到更远的原子壳层上去，这种现象称为**电子的共有化**. 共有化使本来处于同一能量状态的电子产生微小的能量差异，使之具有一定的能量范围. 一定能量范围内的许多能级(彼此相隔很近)形成一条带，我们称之为**能带**(图 6.25)(谢希德 等，1998).

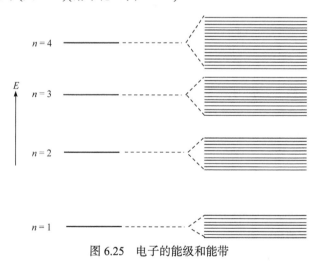

图 6.25　电子的能级和能带

2. 满带、价带、禁带和导带

在电子的所有能带中，允许被电子占据的能带称作**允许带**；各能级都填满的允许带称为**满带**(E_f)；原子中最外层的电子称为价电子，与价电子能级相对应的能带称为**价带**(E_v)，实际上它是能量最高的满带(图 6.26)；允许带之间的范围是不允许电子占据的，此范围称为**禁带**(E_i)，它是能带之间的间隙. 能量最高的价带到能量更高的下一个空能带之间有一个较窄的禁带，有一些电子有机会跃迁到下一个能带，而且电子跃迁到这个能带之后可以运动，故该能带称为**导带**(E_c)，显然导带是价带以上能量最低的允许带.

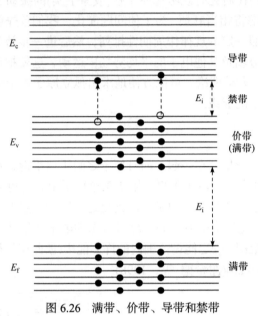

图 6.26　满带、价带、导带和禁带

3. 费米能级

　　就一个由费米子组成的微观体系而言，每个费米子都处在各自的量子态上.现在假设把所有的费米子从这些量子态上移开，之后再把这些费米子按照泡利不相容原理和能量最低原理填充在各个可供占据的量子态上，并且这种填充过程中每个费米子都占据最低的可供占据的量子态，那么最后一个费米子占据的量子态对应的能级即可粗略地理解为**费米能级**. 我们已经知道，电子是费米子(质子、中子也是)，而且按照泡利不相容原理，每个电子能级上面能够放自旋相反的两个电子. 对于金属，在绝对零度下，电子占据的最高能级就是费米能级(图 6.27).

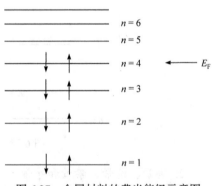

图 6.27　金属材料的费米能级示意图

　　在后面将要介绍的半导体理论中，由于费米能级不是真正的能级，即不一定是允许的单电子能级，所以它像束缚态能级一样，可以处于能带的任何位置，当然也可处在禁带之中.

6.3.3　无线电基础——半导体

半导体是指常温下其导电性能介于导体与绝缘体之间的材料. 无论从科技或是经济发展的角度来看, 半导体的重要性都是毋庸置疑的. 现今大部分的电子产品, 如计算机、手机当中的核心单元都和半导体有着极为密切的关联. 常见的半导体材料有硅、锗、砷化镓等.

下面我们就借助能带理论来区分导体、绝缘体和半导体(曾树荣, 2007).

1. 导体

我们在初中阶段就学过, 能够导电的物体就是导体. 常见的导体有金属、潮湿的木材、普通的水等. 这些材料之所以能导电, 是因为有自由移动的电荷. 现在我们借助于能带理论来分析一下, 金属等材料为何能够导电.

对一材料, 如果费米能级在一能带的中央(图 6.28), 则该能带就被部分填充. 由于能带中的能级间距是非常小的, 这时只需无穷小的能量就可以把电子激发到空的能级上, 从而形成定向电流. 我们就将这样的材料称作**导体**. 由此可以发现, 金属等材料之所以能够导电, 是因为这种材料的费米能级在能带的中央!

2. 绝缘体和半导体

我们来看另外两种材料. 一种材料中, 某一能带刚好被填满(价带), 它与上面的空带相隔一个较大的禁带, 这时只有大于这个禁带宽度的能量才能把电子激发到空带上, 这种禁带较宽的物质称为**绝缘体**(图 6.29(a)); 如果禁带相对较窄, 价带上的电子给它较小的能量就能将其激发到空带上, 这种禁带较窄的物质就是**半导体**(图 6.29(b)). 一般来说在室温下, 绝缘体的禁带宽度约在 6 eV, 如金刚石的禁带宽度为 6~7 eV; 而半导体的禁带宽度在 0.1~1.5 eV, 如锗的禁带宽度为 0.67 eV, 硅的禁带宽度为 1.12 eV, 而砷化镓的禁带宽度为 1.43 eV.

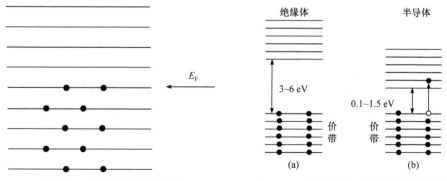

图 6.28　能带中的费米能级　　　　图 6.29　能带理论解释半导体和绝缘体

半导体在国防科技和日常生活中都有很大的价值. 为了发挥其导电特性并提高其导电能力，需要增加自由电子或空穴的数目，为此常常采用掺杂的方法.

3. 掺杂

我们知道，金属导电是靠原子的最外层电子. 由于金属晶格对最外层电子的束缚能力较弱，故这些电子就成为自由电子，从而容易导电. 但对半导体来说，以硅(Si)为例，作为Ⅵ族元素，晶体内每个原子有四个价电子，它们分别与近邻的四个原子的一个价电子形成共价键(图 6.30)，这些价电子都处在价带中. 在常温下，它们之中的极少数会被激发到能隙以上的导带中，从而形成内禀电子-空穴对，所以导电能力很弱. 为提高半导体的导电能力，通常在半导体中掺入微量的有用杂质，制成**掺杂半导体**. 比如掺入 5 价的磷(P)元素，由于 P 外层有五个电子，拿出四个来和 Si 成键，多余的一个就成了自由电子(多数载流子)，导电能力就强了；同样掺入 3 价的元素也是类似情况，不过导电的就是空穴(多数载流子)了，相当于正离子导电. 相应地，我们有 N 型半导体和 P 型半导体.

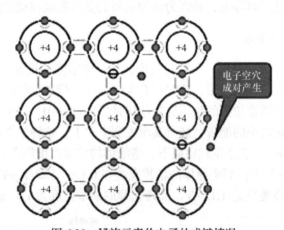

图 6.30　Ⅵ族元素价电子的成键情况

N 型半导体和 P 型半导体　像在半导体材料硅或锗晶体中掺入 5 价元素磷，就构成 **N 型半导体**(图 6.31(a)). 此时，自由电子数远多于空穴数，这些自由电子是多数载流子，而空穴是少数载流子，导电能力主要靠自由电子. 而在半导体材料硅或锗晶体中掺入 3 价元素硼，就构成 **P 型半导体**(图 6.31(b))，因为此时空穴是多数载流子，而电子是少数载流子，导电能力主要靠空穴.

4. PN 结

如果在一块本征半导体的两边掺入不同的元素，使一边为 P 型，另一边为 N

型,则在两部分的接触面就会形成一个特殊的薄层,
称为 **PN 结**. PN 结是采用不同的掺杂工艺,通过扩散作
用,将 P 型半导体与 N 型半导体在同一块半导体(通常
是硅或锗)基片上制作而成的,它是构成二极管、三极管
及可控硅等许多半导体器件的基础.

1) PN 结的结构

图 6.32 所示是一块两边掺入不同元素的半导体. 由
于 P 型区和 N 型区两边的载流子性质及浓度均不相同,
P 型区的空穴浓度大,而 N 型区的电子浓度大,于是在
交界面处产生了扩散运动. P 型区的空穴向 N 型区扩散,
因失去空穴而带负电;而 N 型区的电子向 P 型区扩散,
因失去电子而带正电,这样在 P 区和 N 区的交界处就形

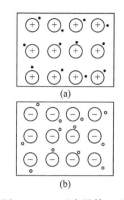

图 6.31　N 型半导体(a)和
P 型半导体(b)

成了一个**空间电荷区**,从而构成一个内建电场. PN 结内电场的方向由 N 区指向 P
区,如图 6.32 所示. 在内电场的作用下,电子将从 P 区向 N 区做漂移运动,空穴
则从 N 区向 P 区做漂移运动. 经过一段时间后,扩散运动与漂移运动达到一种相
对平衡状态,在交界处形成了一定厚度的空间电荷区就是 PN 结,也叫阻挡层、
势垒.

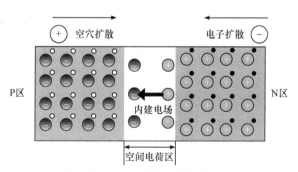

图 6.32　PN 结空间电荷区的形成

2) PN 结的特征

如果将 PN 结加正向电压,即 P 区接正极,N 区接负极(图 6.33(a)),由于外
加电压的电场方向和 PN 结内电场方向相反,在外电场的作用下,内电场将会被
削弱,使得阻挡层变窄,扩散运动因此增强. 这样多数载流子将在外电场力的驱
动下源源不断地通过 PN 结,形成较大的扩散电流,称为**正向电流**. 由此可见 PN
结正向导电时,其电阻是很小的.

如果将 PN 结加反向电压,即 P 区接负极,N 区接正极(图 6.33(b)),由于外
加电压的电场方向和 PN 结内电场方向相同,在外电场的作用下,内电场将会被

加强，使得阻挡层变宽，多数载流子扩散运动减弱，没有正向电流通过 PN 结，只有少数载流子的漂移运动形成了**反向电流**. 由于少数载流子为数很少，故反向电流是很微弱的. 因此，PN 结在反向电压下，其电阻是很大的.

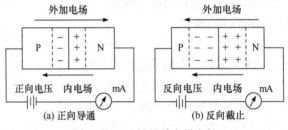

图 6.33　PN 结的单向导电性

由以上分析可以得知：PN 结通过正向电压时可以导电，常称为**导通**；而加反向电压时不导电，常称为**截止**. 这说明 **PN 结具有单向导电性**，这就是 PN 结的特征，该特征是电子技术中许多器件所利用的特性，是半导体二极管和三极管的物质基础.

5.半导体二极管和三极管

在半导体性能被发现后，人们就制成了世界上第一种半导体器件——二极管. 实际上在 PN 结上加上引线并封装起来，就成为一个**二极管**，甚至可以说二极管实际上就是由一个 PN 结构成的，因此二极管工作原理约等于 PN 结的工作原理.

三极管是在二极管的基础上发展起来的. 常见的三极管有 NPN 型和 PNP 型，我们以 NPN 型为例简单介绍一下其工作原理. 以图 6.34 为例，**NPN 型三极管由两个 PN 结组成**，分为三个区，即集电区、基区和发射区. 由三个区各引出的一条线，分别称作集电极(C)、基极(B)和发射极(E)(图 6.34(a)). 我们将三极管接在如图 6.34(b)所示的电路中，把从基极 B 流至发射极 E 的电流叫作基极电流 I_b，从集电极 C 流至发射极 E 的电流叫作集电极电流 I_c. 这两个电流的方向都是流出发射极的，所以发射极 E 上就用一个箭头来表示电流的方向. 由于集电区和发射区掺杂的浓度不一样，基极电流很小的变化，会引起集电极电流很大的变化，且变化满足一定的比例关系：集电极电流的变化量是基极电流变化量的 β 倍(β 一般大于 1，例如几十、几百等). 这就是**三极管的放大作用**.

三极管除了具有电流放大作用外，还具有开关作用. 由于篇幅所限这里不再介绍，详细内容可以参阅相关文献(元增民，2009).

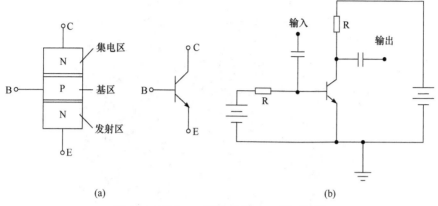

(a)　　　　　　　　　　　　　　　　　(b)

图 6.34　两个 PN 结做成的 NPN 型三极管

6. 集成电路和芯片

二极管和三极管发明后，人们利用其特性，按照预先设计的电路，将其与电阻、电容、电感等电子元件连在一起，从而来实现一定的电路功能．比如，晶体管收音机、电视机以及老式计算机中的电路就是这样设计而成的．然而随着科技和社会的进步，原来的电路技术已经远远不能适应现代科技对仪器设备的小型化、精密化和多功能化发展的需要，这样集成电路和芯片技术就应运而生(来新泉，2008).

1) 集成电路

集成电路(integrated circuit)是一种微型电子器件或部件．人们采用一定的工艺，把一个电路中所需的晶体管、电阻、电容和电感等元件及布线互连在一起，制作在一小块或几小块半导体晶片或介质基片上，然后封装在一个管壳内，成为具有所需电路功能的微型结构，其中所有元件在结构上已组成一个整体，使电子元件向着微小型化、低功耗、智能化和高可靠性方面迈进了一大步．集成电路在电路中用英文缩写字母 IC 来表示．当今半导体工业大多数应用的是基于硅的集成电路，其技术包括芯片制造技术与设计技术，主要体现在加工设备、加工工艺、封装测试、批量生产及设计创新的能力上．

2) 芯片

芯片一般是指集成电路的载体，也是集成电路经设计、制造、封装、测试后的结果，通常是一个可以立即使用的独立的整体，又称微电路、微芯片．而内含集成电路的硅片，体积很小，常常是计算机或其他电子设备的一部分．

"芯片"和"集成电路"两词经常混用．实际上二者是有差别的：集成电路更着重电路的设计和布局布线，芯片更强调电路的集成、生产和封装(图 6.35).

图 6.35　集成电路在实际电路中应用

6.3.4　零电阻材料——超导现象

大家都知道，当电路中有电流通过时会发热、发光等，从而会消耗电能. 人们曾梦想，要是电流通过用电器时不消耗电能或者消耗尽可能少的电能那有多好！超导现象的发现使这个梦想成了现实.

1. 超导电性的发现

超导是指某些物质在一定温度条件下(一般为较低温度)电阻降为零的性质. 1911年荷兰物理学家昂内斯(H. K. Onnes)发现汞在温度降至4.2 K附近时突然进入一种新状态，其电阻小到实际上测不出来. 他把汞的这一新状态称为**超导态**，物质的这种特性称为**超导电性**. 以后又发现许多其他金属也具有超导电性. 人们把低于某一温度出现超导电性的物质称为**超导体**. 超导技术的开发和应用对国民经济、军事技术、科学实验与医疗卫生等具有重大价值.

2. 超导体的特性

1) 完全电导性

超导体的直流电阻率在一定的低温下突然消失，这种现象被称作**零电阻效应**，材料的这种电阻为零的特性就是**完全电导性**，此时的温度就是**临界温度**. 导体没有了电阻，电流流经超导体时就不发生热损耗，电流可以毫无阻力地在导线中形成强大的电流，从而产生超强磁场.

2) 完全抗磁性

1933 年，荷兰的迈斯纳(W. Meissner)和奥森菲尔德(R. Ochsenfeld)共同发现了超导体的另一个极为重要的性质——当金属处在超导状态时，这一超导体内的磁感应强度为零，即把原来存在于体内的磁场排挤出去，人们将这种现象称为"**迈斯纳效应**"(图 6.36). 材料一旦进入超导状态，磁力线就不能穿过超导体，其内部磁通量等于零，这就是**完全抗磁性**.

完全电导性和完全抗磁性是衡量一个材料是否属于**超导体的标准**.

3. 超导现象的解释

为什么超导体在临界温度下会有零电阻效应呢？我们知道，在常温下，金属导体的原子因失去外层电子称为正离子. 正离子按规则排列在晶格的结点上作微小振动，而摆脱了束缚的自由电子无序地充满在正离子周围，形成所谓的电子

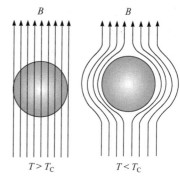

图 6.36　迈斯纳效应

"气". 导体在一定电压的作用下，自由电子做定向运动就成为电流. 自由电子在运动中受到的阻碍称为**电阻**. 随着温度不断地下降，降至临界温度以下时，自由电子将不再完全无序地"单独运动". 由于晶格的振动作用，每两个电子必须"手挽手"地结合成"电子对"，即所谓的"**库珀对**". 温度越低，结成的电子对越多，电子对的结合越牢固，不同电子对之间相互的作用力越弱. 在电压的作用下，这种有秩序的电子对按一定方向畅通无阻地流动起来，从而具有超导性. 当温度升高后，电子对因受热运动的影响而遭到破坏，重新失去了超导性. 这是目前许多科学家对超导现象作出的解释，该理论是 J. Bardeen, L. V. Cooper 和 J. R. Schrieffer 共同发现的，又称 BCS 理论(章立源，2003).

科学家发现汞系化合物超导材料的临界温度可以达到 135 K；如果将汞置于高压条件下，其临界温度将能达到 164 K. 2018 年 12 月，德国科学家团队宣称，他们在 170 GPa 的高压条件下，发现 LaH_{10}(氢化镧)具备超导性能，转变温度高达 250 K(-23℃). 然而对这种超导实现的条件要求有点高，所需压力几乎和地心压力相当！2020 年,美国的科学家发现,光化学转换的 CSH(碳硫氢)在(267 ± 10)GPa 的高压下可以实现的超导温度达到室温(287.7 ± 1.2)K(约 15℃). 这是目前所见的最高超导温度报道(Snider et al.，2020).

4. 超导技术的应用

由于超导材料的神奇特性，人们对超导技术的应用前景非常关注.下面，我们来了解几个超导技术在生活中的实际应用.

1) 悬浮列车技术

普通火车由于车轮与车轨之间存在着摩擦力，最高时速难以超过 300 km. 于

是，人们设想制造一种不靠车轮行驶的列车. 也就是说，列车不在车轨上行走，而是浮在车轨上，只与空气摩擦，这样受到的阻力就减小很多，列车自然也就能跑得更快. 现在这一设想已经实现了. 人们利用超导磁体产生磁场，使它与另一磁场产生斥力，而这种斥力又使列车悬浮起来并且推动列车运行. 这种列车就是"**超导磁悬浮列车**"(图 6.37)，时速可达到 300 km 以上，甚至达到 500 km/h，这个速度都和飞机的速度差不多了. 超导磁悬浮列车的乘客不会感到列车的颠簸，也不会听到车轮与铁轨的撞击声. 它将是陆地上理想而舒适的交通工具.

图 6.37　超导磁悬浮列车

2) 超导与受控核聚变

今天，我们生产和生活使用的能源种类虽然多，但主要还是来源于石油、煤炭、天然气一类的矿物能源. 地球上的矿物能源是非常有限的，属不可再生能源，用一点就少一点. 为了保证未来人类的能源供应，人们正在设法利用核聚变的巨大能量. 要实现这个愿望，必须用强大的磁场把上亿度的高温等离子体约束在一定的区域，这是**受控核聚变**研究的一个重要问题. 超导材料的发现使强大磁场的实现成为可能. 物理学家认为，高温超导体将给未来的研究工作注入新的活力，帮助人们降伏受控核聚变，使之成为人类用之不竭的能源.

3) 磁共振技术

1961 年，科学家制成了世界上第一个磁力很强的**超导磁体**，即保持磁性的超导体. 超导磁体在直流电条件下运行不会损失能量，可以通过强度很大的电流，产生巨大的磁场. 另外它的磁性稳定，空间分布的磁场均匀度高，可以获得需要形态的磁场，并且重量轻、体积也不大，因此得到越来越广泛的应用. 它在电工、医疗、交通、军工和科学实验领域都有重要的现实作用和广阔的发展前景，其中有些已经取得实际效益. 例如，目前采用超导磁体的磁共振成像设备已在世界各地医院中被普遍使用,并成为医院中最受欢迎的临床诊断设备之一(图 6.38). 此外,超导核磁共振谱仪等科学仪器也已经成为商品并应用在各个领域.

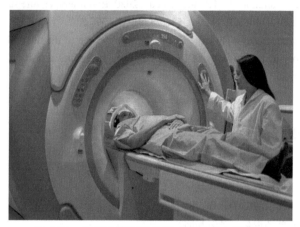

图 6.38　超导磁体在磁共振成像设备中的应用

超导技术除了上述介绍的一些应用之外,它在远距离输电、芯片制造、航天科技等领域也有着广泛的应用前景. 这门方兴未艾的学科正在以其巨大的魔力吸引着越来越多的科学家为之不懈地努力!

本 章 小 结

本章我们主要学习了原子物理、分子物理的基本内容,并在此基础上又了解了凝聚态物理、半导体物理以及超导材料的基本知识. 如果说原子和分子物理学是从微观上去认识物理世界,探索微观粒子的运动规律,那么凝聚态物理学以及在此基础上发展起来的材料物理学则是研究物质宏观物理性质的学科,与人类的实际应用距离更为接近. 总之,这些内容既是大家了解物质的基本结构,进一步学习化学、材料学、生物学及其他自然科学知识的基础,也从一定程度上揭示了日常生活和现代科技中所隐含的物理学秘密,进而搭建了认识自然界从微观到宏观的桥梁.

参 考 文 献

G. 赫兹堡, 1983. 分子光谱与分子结构·第一卷·双原子分子光谱[M]. 北京: 科学出版社.

郭奕玲, 沈慧君, 2005. 物理学史[M]. 北京: 清华大学出版社.

黄昆, 韩汝琦, 1988. 固体物理学[M]. 北京: 高等教育出版社.

来新泉, 2008. 专用集成电路设计基础教程[M]. 陕西: 西安电子科技大学出版社.

谢希德, 陆栋, 1998. 固体能带理论[M]. 上海: 复旦大学出版社.

元增民, 2009. 模拟电子技术[M]. 北京: 中国电力出版社.

曾树荣, 2007. 半导体器件物理基础[M]. 北京: 北京大学出版社.

章立源, 2003. 超导理论[M]. 北京: 科学出版社.

张延惠, 林圣路, 王传奎, 2009. 原子物理教程[M]. 2 版. 济南: 山东大学出版社.

Snider E, Dasenbrock-Gammon N, McBride R, et al., 2020. Room-temperature superconductivity in a carbonaceous sulfur hydride[J]. Nature, 586(7829): 373-377.

Weinert F, 1995. Wrong theory-right experiment: the significance of the Stern-Gerlach experiments. Studies in History and Philosophy of Modern Physics[J]. Studies in History and Philosophy of Modern Physics, 26(1): 75-86.

复习思考题

(1) 简述原子物理学主要研究的内容.

(2) 卢瑟福的α粒子散射实验给人们提供了什么信息?

(3) 原子核和原子分别是由哪些基本粒子组成的?

(4) 简述原子核与原子实的区别和联系.

(5) 如何理解氢原子周围的电子云分布?

(6) 氢原子光谱的精细结构是怎么引起的?

(7) 什么是同位素? 氢原子有哪几种同位素?

(8) 简述泡利不相容原理.

(9) 什么是原子核的放射衰变? α、β和γ射线各是什么物质?

(10) 什么是原子核的裂变和聚变? 发生裂变和聚变时为何会放出能量?

(11) 分子的内部运动有哪几种形式? 哪一种形式能量变化较大?

(12) 简单说明分子光谱是如何产生的, 它与原子光谱有什么区别.

(13) 简述凝聚态物理主要研究什么内容.

(14) 什么是晶体? 它有什么特点?

(15) 什么是晶格? 它与晶体有何联系和区别?

(16) 什么是能带? 试述满带、价带、导带和禁带的区别及联系.

(17) 利用费米能级解释什么是导体.

(18) 利用能带的概念解释什么是半导体和绝缘体.

(19) 什么是 N 型半导体和 P 型半导体?

(20) PN 结的基本特征是什么?

(21) 简述三极管的放大作用.

(22) 什么是集成电路? 它和芯片之间有什么区别?

(23) 什么是超导电性? 衡量一个材料是否是超导体的标准是什么?

(24) 试给出超导技术的几个基本应用.

第 7 章

揭开时空隧道之谜

内容摘要 相对论是关于时空和引力的理论，主要由爱因斯坦创立，根据其研究对象不同可分为狭义相对论和广义相对论. 本章我们从 19 世纪末飘浮在物理学上空的两朵"乌云"出发介绍相对论诞生的背景，在此基础上简单介绍狭义和广义相对论的基本原理，并利用相对论的时空观破解时空隧道之谜.

我们知道，自然界的各种运动都是在一定的空间范围和一定的时间流程中进行的. 空间是与物质的伸张性相联系的，一般来说，物体具有的长度、占有的体积以及向周围的伸缩都是物质的伸张性，即**物质的空间属性**；时间则与物质的持续性紧密相关，客观存在的物质总是运动变化的，必然存在一定的过程及持续性，即**物质的时间属性**. 自人类在地球上出现之日起，就在时间与空间中生存、活动、繁衍、发展，并不断追求对时间与空间的认识和了解，也经常给自己提出：时间到底是什么？空间到底是什么？这确实是一个既简单容易而又复杂困惑的命题.

本章我们将从经典力学大厦上空所飘浮的两朵"乌云"出发，介绍相对论产生的背景，并在两个基本假设基础上引入相对论的基本原理，进而对时间和空间的相对性进行解释，以进一步引导大家破解时空隧道之谜.

7.1 两朵"乌云"之惑——经典力学的缺陷

我们已经知道，人们对事物的认识是一个从无知到有知，从知之较少到知之较多的过程，在这个过程中，充满着肯定、否定、再肯定……无限接近对事物本质的认识. 经典物理学是这样发展起来的，现代物理学的诞生和发展也是这个过程.

7.1.1　物理学大厦的建立——"完美"的经典力热电磁理论

物理学发展到 19 世纪末期，经过几代科学家的努力，已经完成了经典物理学的三次大的综合，形成了以经典力学、经典热力学和统计物理及经典电磁学为代表的三大支柱，并认为达到了相当完美、相当成熟的程度. 在介绍相对论以前，我们有必要再简单地梳理一下经典物理学的发展过程.

1. 经典力学

经典力学作为研究宏观低速运动物体运动规律的学科，凝结了从开普勒、伽利略到牛顿等若干天文和物理学家的心血. 人们为满足生产和生活的需要，通过长期观测，积累了丰富的天文资料. 特别是到了 16 世纪后期，科学家们对行星绕太阳的运动进行了详细、精密的观察，最终在 17 世纪由开普勒从这些观察结果中总结出了行星运动的三大定律. 差不多在同一时期，伽利略进行了落体和抛物体的实验研究，提出了关于机械运动的初步理论. 牛顿深入研究了这些经验规律和初步的现象性理论，发现了宏观低速机械运动的基本规律，并在此基础上把地面上物体的运动和天体运动统一起来，揭示了天上地下一切物体的普遍运动规律，建立了**经典力学体系**，实现了物理学史上的**第一次大综合**. 人们发现，目前所及的一切力学现象原则上都能够从经典力学得到解释，也就是说，牛顿力学以及在此基础上发展起来的分析力学已成为解决力学问题的有效工具.

2. 经典热力学和统计物理

经典热力学和统计物理作为研究热现象及大量粒子组成的宏观物体的性质和行为统计规律的学科，很早就被人们所认识. 首先是对物质冷热概念的把握以及对温度和热量的区分，在此基础上又把物体内部的无序运动与物体存在的内能即热能联系了起来. 特别是焦耳等实验测定热功当量所导致的热力学第一定律，即能量转化和守恒定律的发现，以及在研究热机过程中，卡诺和克劳修斯所提出的热力学第二定律，即宏观非平衡过程的不可逆性的发现，都使人们对热运动的认识达到了更深的层次. 当需要从微观角度出发来解释宏观热现象时，非平衡统计热力学则给出了很好的阐述：对于一个包含大量粒子的宏观系统来说，系统处于无序状态的概率超过处于有序状态的概率，且孤立系统总是从比较有序的状态趋向比较无序的状态，这就是熵的增加. 可以说到 18 世纪末，经过迈耶、焦耳、卡诺、克劳修斯等的研究，**经典热力学和统计物理**正式确立，热与能、热运动的宏观表现和微观机制已经被统一起来，实现了物理学史上的**第二次大综合**. 利用关于物质热运动的宏观规律和分子热运动的微观统计规律，人们对所碰到的热现象几乎都能够给出合理的解释.

3. 经典电磁学

经典电磁学作为研究宏观电磁现象和客观物体电磁性质的学科，其建立和发展也经历了一个漫长的过程. 人们对电磁现象的初步认识可追溯到远古时期，到了 18 世纪，异性电荷、电荷移动形成电流相继被了解，特别是库仑定律的发现加深了对电荷相互作用的认识. 直到 19 世纪前期，奥斯特发现电流可以使周围的小磁针发生偏转，随后安培把二者相互作用力的大小和方向定量表达出来，人们才逐渐认识电生磁的规律. 当试图回答磁能否生电这个不可回避的问题时，科学家们的探索之路却注定不会平坦，其中不乏有菲涅耳、安培、科拉顿、亨利等所付出的努力，但是都没有成功. 直到 1831 年，法拉第经过了多次失败的实验后，在一个偶然的机会发现了磁能生电的法拉第电磁感应定律，才达到了人们的心理预期，也就是说，电和磁存在着密切的联系，并在此基础上产生了电磁场的概念. 麦克斯韦在库仑、安培、法拉第等物理学家研究的基础上，经过深入研究，把电、磁、光统一起来，并预言了电磁波的存在，而且认为光不过是波长在一定范围内的特殊电磁波，从而建立了**经典电磁场理论**，实现了物理学史上**第三次大综合**. 这样，光学、电学和磁学就融为一体.

总之，到了 19 世纪末期，经过一大批物理学家的努力，以经典力学、经典热力学和统计物理、经典电磁学为三大支柱的经典物理大厦已经建成，而且基础牢固，宏伟壮观! 人们利用这些规律去认识周围的世界(图 7.1)，给出的解释是那么清晰、那么让人满意! 在这种形势下，难怪物理学家会感到陶醉，并断言往后物理学会难有作为了. 这种思想当时在物理界不但普遍存在，而且由来已久(曾谨言，2014).

图 7.1　日月同辉现象可以用行星运动规律予以解释

然而正当物理学家们庆贺物理学大厦落成之际，科学实验却发现了许多经典物理学无法解释的现象，并将这些现象归结为飘浮在经典物理学大厦上空的两朵"乌云"．物理学发展的历史表明，正是这两朵小小的"乌云"，终于酿成了一场大风暴．

7.1.2 物理学大厦上空的两朵"乌云"——经典物理学的缺憾

1．"以太"学说

人们知道，水波的传播要有水做媒介，声波的传播要有空气做媒介，它们离开了介质都不能传播．太阳光穿过真空传到地球上(图 7.1)，几十亿光年以外的星系发出的光，也穿过宇宙空间传到地球上．光波为什么能在真空中传播？它的传播介质是什么？物理学家给光找了个传播介质——"以太"．

最早提出"以太"的是古希腊哲学家亚里士多德．他认为物质组成的下界为火、水、土、气四元素；上界即第五元素"以太"．牛顿在发现了万有引力之后，也在思考引力由什么介质传播，而"以太"的概念似乎启发了牛顿，认为"以太"正是宇宙真空中引力的传播介质．后来，物理学家又发展了"以太"说，认为"以太"也是光波的传播介质．光和引力一样，是由"以太"传播的．

为了寻找"以太"的存在，1887 年，美国物理学家迈克耳孙与莫雷合作，在克利夫兰进行了著名的"迈克耳孙-莫雷实验"，即"以太漂移"实验．实验结果证明，不论地球运动的方向同光的射向一致或相反，测出的光速都相同，在地球同设想的"以太"之间没有相对运动，因而根本找不到"以太"或"绝对静止的空间"．由于这个实验在理论上简单易懂，方法上精确可靠，所以实验结果否定"以太"的存在是毋庸置疑的，这同时也是爱因斯坦狭义相对论建立的基础．

2．"紫外灾难"

大家知道，在同样温度下，不同的物体发光亮度和颜色(波长)是不同的．颜色深的物体吸收辐射的本领比较强，比如煤炭对电磁波的吸收率可达到 80%左右．所谓"黑体"就是指能够全部吸收外来的辐射而毫无任何反射和透射，吸收率是 100%的理想物体，它只能以热辐射的形式向外辐射能量．真正的黑体并不存在，但是一个表面开有一个小孔的空腔，则可以看作是一个近似的黑体(图 7.2)．因为通过小孔进入空腔的辐射，在腔里经过多次反射和吸收以后，不会再从小孔透出．

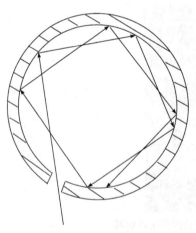

图 7.2　黑体辐射示意图

19 世纪末, 德国物理学家陆末(O. R. Lummer)等通过著名的黑体辐射实验发现, 黑体辐射的能量不是连续的, 它按波长的分布仅与黑体的温度有关. 从经典物理学的角度看来, 这个实验的结果是不可思议的. 为了解释这个实验, 物理学家做了不懈的努力. 例如, 德国物理学家维恩(W. Wien)建立起黑体辐射能量按波长分布的公式, 但这个公式只在波长比较短、温度比较低的时候才和实验事实符合; 英国物理学家瑞利(J. W. Rayleigh)和物理学家、天文学家金斯(J. H. Jeans)认为能量是一种连续变化的物理量, 并建立了在波长比较长、温度比较高的时候和实验事实比较符合的黑体辐射公式. 但是从瑞利-金斯公式推出, 在短波区(紫外光区)随着波长的变短, 辐射强度可以无止境地增加(图 7.3). 按照这个思想, 我们用肉眼看一下炉中的热物质, 眼睛立马会变瞎! 这和实验数据相差十万八千里, 是根本不可能的. 所以这个失败被埃伦费斯特称为 "紫外灾难". 它的失败无可怀疑地表明经典物理学理论在黑体辐射问题上的失败, 所以这也是整个经典物理学的 "灾难".

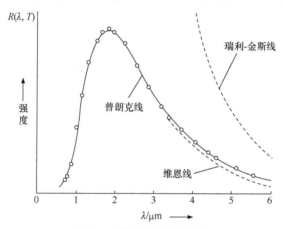

图 7.3　黑体辐射现象的解释

"紫外灾难" 的消除得益于德国物理学家普朗克的工作. 1900 年, 他有机会看到黑体辐射能量密度在红外波段(低频区)的精密测量结果, 并了解到了维恩公式面临的问题. 为了解决这个问题, 普朗克提出了一个大胆的假说, 认为辐射能只能以量子为基本单位的整倍数形式辐射出来. 该假说与当时流行的物理概念完全对立, 但是他却利用这一假说在理论上准确推导了正确的黑体辐射公式. 1905 年, 爱因斯坦利用光量子的概念解释了光电效应实验. 这些理论和实验为量子力学的建立奠定了坚实的基础.

7.2　光速到底变不变——狭义相对论

由前可知, "迈克耳孙-莫雷实验" 的结果宣布了 "以太" 的不存在, 同时也宣告了光的传播并不需要介质, 光速与光源的运动无关. 这迫使人们不得不重新审视牛顿的绝对时空观, 建立新的时空观. 这也是爱因斯坦狭义相对论建立的基础.

7.2.1 同时具有相对性——狭义相对论诞生的基础

1. 牛顿的绝对时空观与牛顿力学

经典力学告诉我们, 牛顿力学主要由牛顿三定律和万有引力定律两部分组成, 它们建立在牛顿的**绝对时空观**之上. 这里所说的 "绝对时间" 是指由于本性而均匀地、与外界无关地、自身地流逝着的时间, 而均匀且各向同性的、与任何事物无关、与时间无关、独立而永恒存在的无限大 "容器" 就是 "绝对空间". 在绝对时空观的概念里, 时间和空间是完全分离的, 具有独立性, 这也是大多数人所接受并当作常识的观点(姚梦真 等, 2020).

在绝对时空观的概念下, 可推出牛顿力学在任何惯性系中都成立. 换言之, 一切惯性系在力学上是完全等价的, 这就是著名的**伽利略相对性原理**. 在经典物理学中, 速度变换满足经典速度变换关系. 狭义相对性原理正是在这一原理的基础上推广而来的. 而麦克斯韦电磁场理论的建立和发展也为相对论的诞生打下了坚实的理论基础.

2. 爱因斯坦的同时的相对性

爱因斯坦中学时代就想到一个问题: 如果能追上一束光, 它看起来会像什么样子的? 按照牛顿力学中的速度叠加定理, 光看起来应该是静止不动的波纹. 爱因斯坦认为, 根据直觉, 光波没有理由静止不动, 这个问题始终萦绕在他的心头, 挥之不去(图 7.4). 洛伦兹和庞加莱(J. H. Poincare)两位科学家实际上也曾为类似问题绞尽脑汁, 然而由于他们俩不愿抛弃 "以太" 这个概念, 更重要的是, 他们都没有认识到(异地)同时的相对性问题, 离一个伟大理论的发现只差最后一步!

图 7.4 爱因斯坦的追光问题

　　机遇总是偏爱有准备的头脑. 1905 年, 这一年爱因斯坦 26 岁, 他在一次和朋友讨论有关光速不变的问题时猛然领悟到这种同时的相对性. 在牛顿力学中, 同时是绝对的, 一个观察者观察到两个事件是同时发生的, 那么任何其他人也认为是同时发生的. 爱因斯坦认识到, 由于光速的有限, **同时具有相对性**. 在一个惯性系中观察到是同时发生的事件, 在另一个相对于它做匀速运动的惯性系中不是同时的. 爱因斯坦对同时的相对性的认识就像抓住了 "拴在牛鼻子上的一根缰绳", 最终促使他在 26 岁时创立了狭义相对论.

7.2.2　光速具有不变性——狭义相对论的两条基本假设

　1. 两个基本概念

　1) 惯性参考系

　　在经典力学部分, 我们介绍了牛顿第一定律, 即惯性定律. 惯性定律成立的参考系就叫作**惯性参考系**, 实际上相对于惯性参考系静止或做匀速直线运动的参考系都是惯性参考系. 比如, 周围的建筑物、匀速行驶的列车等都可以看作惯性参考系.

　2) 非惯性参考系

　　相对于惯性参考系做变速运动的参考系叫**非惯性参考系**. 比如, 加速运动的列车、自由落体的箱子等. 按照非惯性参考系的定义, 显然相对于加速运动的物体做静止或匀速运动的物体并不能当作非惯性参考系.

　　为了描述在非惯性参考系内物体所做的匀加速直线运动, 我们引进惯性力的概念. 比如, 在加速启动的高铁上, 小桌板上的小球会向乘客加速滚动(图 7.5). 对于

图 7.5　以加速运动的车厢为参考系, 牛顿第一定律并不成立

乘客来说，如何解释小球在桌面上的加速运动？假设桌面是光滑的，按照牛顿第二定律，小球在桌面上应该静止才对. 假设列车是以加速度 a 加速向左运动，小球的质量为 m，其加速向右运动只能是由列车的这个加速运动引起，并且加速度为 $-a$. 在乘客看来，小球应该受到一个大小为 ma，方向与列车的加速方向相反的力的作用. 我们称这个力为**惯性力**，用 $F_惫$ 表示，且 $F_惫 = -ma$. 显然，惯性力是为了能在非惯性系里面运用牛顿运动定律来研究问题而引进的力，它不是真正的力.

2. 两条基本假设

爱因斯坦在总结了新的实验事实后，于 1905 年提出了两条相对论的基本假设：

1) 相对性原理

所有惯性参考系都是等价不可分的，或物理规律对于所有惯性参考系都可以表达为相同的形式. 相对性原理最初是由伽利略提出的，当时的适用范围是描述机械运动的力学规律，采用的是绝对时空观，本质上只适用于低速力学现象；爱因斯坦将其推广到包含力学和电磁学的整个经典物理学范围，采用的是相对时空观，本质上既适用于低速力学现象，也适用于高速现象.

2) 光速不变原理

真空中的光速相对于任何惯性参考系沿任一方向恒为 c，且与光源的运动无关. 当然光在不同的介质中传播，其速度是不一样的. 实际上，真空中的光速是目前所发现的自然界物体运动的最大光速，国际上公认的值为 2.99792458×10^8 m/s，一般写为 $c = 3 \times 10^8$ m/s，是最重要的物理常量之一(详见 5.2.1 节).

此外还有一个假设，即**在任何惯性系中，时空是均匀的、各向同性的**.

7.2.3 新的时空观——狭义相对论的运动学和动力学

1. 相对论运动学

运动学揭示时间、空间和运动速度的关系. 按照相对论的两条基本假设，相对论运动学公式与经典力学中的运动学公式应该有着明显的不同.

1) 经典间隔

经典力学中，若某一时刻空间中有两点 $p_1(x_1, y_1, z_1)$ 和 $p_2(x_2, y_2, z_2)$，按照两点间的距离公式，则有**经典间隔**

$$s = \sqrt{(x_2 - x_1)^2 + (y_2 - y_1)^2 + (z_2 - z_1)^2}. \tag{7.1}$$

按照经典力学的思想，不同的观察者在不同的位置看此间隔都是一样的，与参考系的选择无关.

2) 时空间隔及闵氏空间

在相对论力学中，我们没有了"点"的概念，取而代之的是"事件". 假设在某一参考系下发生了两个事件，每一事件都与时间和空间有关系. 事件 1 用 $P_1(x_1,y_1,z_1,t_1)$ 来表示，事件 2 用 $P_2(x_2,y_2,z_2,t_2)$ 来表示，则这两个事件之间的间隔我们称为**时空间隔**，并用 S 来表示(图 7.6)，且

$$S^2 = (x_2 - x_1)^2 + (y_2 - y_1)^2 + (z_2 - z_1)^2 - c^2(t_2 - t_1)^2. \tag{7.2}$$

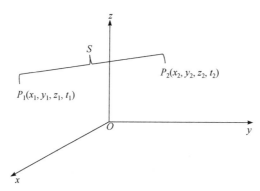

图 7.6　时空间隔的定义

相对论认为，**时空间隔具有不变性**，即两事件的时空间隔不因参考系变换而改变. 时空间隔将时间和空间这两个概念紧密联系在了一起. 如果引进虚数

$$\omega = \mathrm{i}ct \tag{7.3}$$

来代替通常用的时间坐标 t，则可把时空间隔不变性写成

$$S^2 = x'^2 + y'^2 + z'^2 + \omega'^2 = x^2 + y^2 + z^2 + \omega^2, \tag{7.4}$$

其中时间坐标 ω 和空间坐标 x、y、z 在形式上完全对称. 我们把用坐标 (x,y,z,ω) 所描写的空间称为**四维空间**，又叫闵可夫斯基(H. Minkowski)空间，简称**闵氏空间** (王正行，2016).

从爱因斯坦的相对性和光速不变性到闵可夫斯基的四维时空间隔不变性，不是简单的逻辑推演，而是认识的飞跃. 从四维时空间隔不变性出发，可以得到相对论的全部结果. 所以把四维时空间隔不变性作为相对论的基本假设和出发点，用以代替相对性和光速不变性这两条基本假设.

3) 洛伦兹变换

现在讨论同一事件在不同参考系上观察，其四维时空坐标之间的关系.

有两个参考系 Σ 和 Σ'，前者是静止的，后者以速度 v 匀速沿 x 轴正方向运动(图 7.7)，并假设在初始 $t = t' = 0$ 时刻它们是重合的. 在这两个参考系上观察同

一事件 P, 某一时刻在 Σ 参考系上记录的时空坐标为 $P(x, y, z, t)$, 在 Σ' 参考系记录的时空坐标为 $P'(x', y', z', t')$. 我们讨论从惯性参考系 Σ 到 Σ' 的洛伦兹变换.

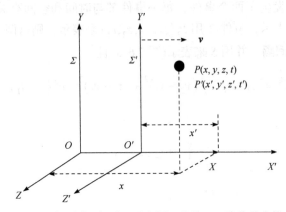

图 7.7　在不同坐标系上观察同一事件——洛伦兹变换

如果采用上面介绍的闵氏空间的坐标写法, 事件 P 的坐标可以写为 $P(x, y, z, \mathrm{i}ct)$, 相应于从原点指向事件 P 的空间-时间**四维矢量**, 其大小就是四维时空间隔

$$S^2 = x^2 + y^2 + z^2 - c^2 t^2.\tag{7.5}$$

从 Σ 到 Σ' 的洛伦兹变换就定义为闵氏空间中 $(x, \mathrm{i}ct)$ 平面绕原点的坐标转动, 其转角(用 ϕ 表示)与 Σ' 相对 Σ 沿 x 轴的速度 v 相对应, 即

$$\tan\phi = \mathrm{i}\beta, \quad \beta = \frac{v}{c}.\tag{7.6}$$

该转动保持四维矢量的大小不变, 写成矩阵的形式就是

$$\begin{pmatrix} x' \\ y' \\ z' \\ \mathrm{i}ct' \end{pmatrix} = \begin{pmatrix} \cos\phi & 0 & 0 & \sin\phi \\ 0 & 1 & 0 & 0 \\ 0 & 0 & 1 & 0 \\ -\sin\phi & 0 & 0 & \cos\phi \end{pmatrix} \begin{pmatrix} x \\ y \\ z \\ \mathrm{i}ct \end{pmatrix}.\tag{7.7}$$

令 $\gamma = \dfrac{1}{\sqrt{1 - \beta^2}}$, 称之为**爱因斯坦时间膨胀因子**, 则上式可写为

$$\begin{pmatrix} x' \\ y' \\ z' \\ ct' \end{pmatrix} = \begin{pmatrix} \gamma & 0 & 0 & -\gamma\beta \\ 0 & 1 & 0 & 0 \\ 0 & 0 & 1 & 0 \\ -\gamma\beta & 0 & 0 & \gamma \end{pmatrix} \begin{pmatrix} x \\ y \\ z \\ ct \end{pmatrix}.\tag{7.8}$$

将该式展开，得

$$
\left.
\begin{aligned}
x' &= \frac{x - vt}{\sqrt{1 - \beta^2}} \\
y' &= y \\
z' &= z \\
t' &= \frac{t - \dfrac{vx}{c^2}}{\sqrt{1 - \beta^2}}
\end{aligned}
\right\}
\tag{7.9}
$$

以上两式展示的是同一物理事件相对两个不同惯性系之间的时空变换方程，被称为**洛伦兹变换**. 它实际上以严谨的数学语言反映了狭义相对论新的时空观，统一了物理学中的宏观低速领域与微观高速领域，为现代物理学的发展提供了广阔的空间.

2. 相对论动力学

1) 相对论动量

描述粒子的动力学性质，需要选择一组合适的力学量，同时也是四维矢量，以保证动力学关系在洛伦兹变换下不变，从而满足爱因斯坦相对性原理和光速不变原理的要求；而且其空间分量在低速近似下应还原为经典力学量，从而能使动力学关系在低速近似下过渡到经典的牛顿力学(图 7.8).

图 7.8　相对论力学到经典力学的过渡

我们以动量为例，把其四维矢量记为 $\left(p_x, p_y, p_z, \mathrm{i}p_0\right)$，相应的洛伦兹变换是

$$
\begin{pmatrix} p_x' \\ p_y' \\ p_z' \\ p_0' \end{pmatrix}
=
\begin{pmatrix}
\gamma & 0 & 0 & -\gamma\beta \\
0 & 1 & 0 & 0 \\
0 & 0 & 1 & 0 \\
-\gamma\beta & 0 & 0 & \gamma
\end{pmatrix}
\begin{pmatrix} p_x \\ p_y \\ p_z \\ p_0 \end{pmatrix}.
\tag{7.10}
$$

引入常数 m_0，并把动量间隔写成

$$
p_x^2 + p_y^2 + p_z^2 - p_0^2 = -m_0^2 c^2.
\tag{7.11}
$$

现在来讨论三个空间分量 $\boldsymbol{p} = \left(p_x, p_y, p_z\right)$，要求它在低速下还原为经典动量，此时 $\boldsymbol{p}^2 = p_x^2 + p_y^2 + p_z^2$，式(7.11)可以写为

$$\boldsymbol{p}^2 - p_0^2 = -m_0^2 c^2 . \tag{7.12}$$

选择参考系 $\varSigma'$ 随粒子运动，则 $p_x' = p_y' = p_z' = 0, p_0' = m_0 c$. 由式(7.10)的逆变换，有

$$\begin{pmatrix} p_x \\ p_y \\ p_z \\ p_0 \end{pmatrix} = \begin{pmatrix} \gamma & 0 & 0 & \gamma\beta \\ 0 & 1 & 0 & 0 \\ 0 & 0 & 1 & 0 \\ \gamma\beta & 0 & 0 & \gamma \end{pmatrix} \begin{pmatrix} p_x' \\ p_y' \\ p_z' \\ p_0' \end{pmatrix} = \begin{pmatrix} \gamma m_0 v \\ 0 \\ 0 \\ \gamma m_0 c \end{pmatrix} . \tag{7.13}$$

显然，

$$\left. \begin{aligned} \boldsymbol{p} &= \gamma m_0 v \\ p_0 &= \gamma m_0 c \end{aligned} \right\} \tag{7.14}$$

由于 $v/c \ll 1$ 时 $\gamma \approx 1$，所以若 m_0 为粒子的经典质量，则 $\boldsymbol{p}$ 在低速近似下称为粒子的经典动量 $m_0 v$. 于是我们称 $\boldsymbol{p}$ 为粒子的**相对论动量**，而把引入的**四维间隔不变量** m_0 称为粒子的**静止质量**. 由于 γ 依赖于粒子的速度，故粒子的相对论动量 $\boldsymbol{p}$ 并不简单地正比于速度 v .

2) 爱因斯坦质能关系

对于动量的时间分量 p_0，将式(7.12)两边对时间求微商，有

$$p_0 \frac{\mathrm{d} p_0}{\mathrm{d} t} = \boldsymbol{p} \cdot \frac{\mathrm{d} \boldsymbol{p}}{\mathrm{d} t} . \tag{7.15}$$

若把 $\mathrm{d}\boldsymbol{p}/\mathrm{d}t$ 定义为粒子受的力，即

$$\boldsymbol{F} = \frac{\mathrm{d} \boldsymbol{p}}{\mathrm{d} t} , \tag{7.16}$$

利用式(7.14)，就有

$$\frac{\mathrm{d}}{\mathrm{d} t}(p_0 c) = \boldsymbol{v} \cdot \boldsymbol{F} . \tag{7.17}$$

上式右边是外力对粒子做功的功率，因而左边应该是粒子能量的变化率，于是我们有

$$E = p_0 c , \tag{7.18}$$

其中 E 是粒子的能量. 考虑(7.14)式，显然有

$$E = \gamma m_0 c^2 = \frac{m_0 c^2}{\sqrt{1-\beta^2}} . \tag{7.19}$$

如果把 γm_0 定义为粒子的**运动质量**，并用 m 来表示，则

$$m = \gamma m_0 = \frac{m_0}{\sqrt{1-\beta^2}} . \tag{7.20}$$

该公式被称为是**相对论的质速关系**(图 7.9)，是德国物理学家考夫曼(W. Kaufmann)在研究 β 射线中电子的荷质比时通过实验发现的. 利用此式，粒子的能量表达式(7.19)可以写为

$$E = mc^2 . \tag{7.21}$$

当粒子静止时，$\gamma = 1$，$m = m_0$，上式成为

$$E_0 = m_0 c^2 . \tag{7.22}$$

式(7.22)就是著名的**爱因斯坦质能关系**，称为粒子的**静质能**，它表明粒子在静止时也具有一定的能量，这个能量正比于粒子的质量，比例常数为光速的平方. 我们在第 6 章介绍原子核的性质时曾使用过这个关系处理质量亏损问题.

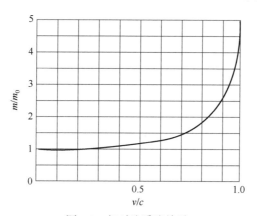

图 7.9 相对论质速关系

从上述质量的定义可以看出，在狭义相对论里，**静止质量是物体动量四维矢量的不变长度的量度**，是联系物体能量与动量的物理量. 而爱因斯坦质能关系进一步表明，**质量是物体静质能的量度**.

3) 相对论动能

可以将式(7.21)所表达的能量看作是粒子的总能量，它等于粒子的动能和静质能之和. 如果动能用 T 来表示，则有

$$E = T + E_0 = T + m_0 c^2 .\tag{7.23}$$

将式(7.21)代入上式，可得物体的**相对论动能**表达式

$$T = E - m_0 c^2 = m_0 c^2 \left[\left(1 - \frac{v^2}{c^2} \right)^{-\frac{1}{2}} - 1 \right] = \frac{1}{2} m_0 v^2 + \frac{3}{8} m_0 \frac{v^4}{c^2} + \cdots .\tag{7.24}$$

因此常用的动能表达式 $E_k = \frac{1}{2} m_0 v^2$ 是相对论动能表达式的零级近似. 由于我们平常所研究的宏观物体速度比光速小得多，完全可以忽略其相对论效应，这种零级近似已经足够精确了.

现在我们利用上述思想讨论一下光子的情况.

光子是没有静止质量的，即 $m_0 = 0$，但它有运动质量. 假设光子的运动质量用 m 表示，速度为 c，则光子的动量 $p = mc$(图 7.10)，相应的能量表达式为

$$E = mc^2 = pc .\tag{7.25}$$

由上式可知光子的运动质量

$$m = \frac{E}{c^2} = \frac{h\nu}{c^2} ,\tag{7.26}$$

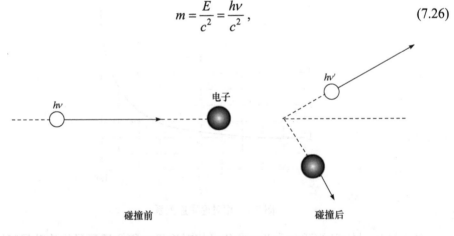

图 7.10　康普顿散射实验证明光子 $h\nu$ 具有动量

其中 ν 是光子的频率. 如果光子的波长用 λ 表示，则

$$E = h\nu, \quad p = \frac{h}{\lambda} .\tag{7.27}$$

3. 时空收缩

长生不老一直是人类的一个梦想. 相对论的提出似乎为人们延缓衰老提供了一个希望. 果真如此吗？我们先介绍一个给人们带来缓老希望的星际旅行故事 (Greene，2007).

说的是一对双胞胎姐妹贝丝和芭比，这年都 30 岁. 贝丝是一位宇航员，而芭比则是一个新闻记者. 贝丝刚接到一项飞行任务，这可能会成为她一生的使命：乘坐宇宙飞船到邻近的一个恒星系统去考察. 芭比会为她工作的报社全程报道这次宇宙旅行. 目的地距离地球 9.6×10^{13} km，大约 10 光年的距离，贝丝乘坐的宇宙飞船以 90% 的光速运行. 照此推算，从地球上出发到回到地球需要 22 年的时间. 在这段时间里，芭比结了婚，生了两个孩子，而且头发都变花白了. 但这段时间对于宇航员贝丝来说却是另外一番情景——当宇宙飞船以极快的速度穿梭于星际时，船舱内的钟表悄悄地放慢了脚步，在贝丝出发之后，飞船上的时间和地球上的相差越来越多了. 成功完成任务之后，贝丝返回了地球. 当两姐妹重逢时，她们都很震惊——贝丝是一位 40 岁的中年女子，而芭比已是 52 岁的妇人了——两姐妹不再像是双胞胎了(图 7.11). 芭比如今已不再年轻，她把贝丝的这次太空旅行看作是年轻时的回忆. 而贝丝则有些茫然：22 年过去了，这个世界发生了很大的变化，对于她来说，相当于经过了 10 年的长途旅行来到了 12 年后的未来.

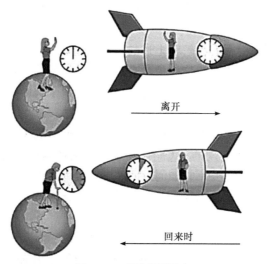

图 7.11 时钟延缓效应

这个梦幻般的故事可以用爱因斯坦的狭义相对论进行解释.

1) 时钟延缓

按照时空间隔的定义,假设运动物体(贝丝)在其相对静止参考系(飞船)上的同一地点发生两事件(离别和重逢),其时间差为 $\Delta\tau$,则此两事件的时空间隔为

$$\Delta S^2 = -c^2\Delta\tau^2. \tag{7.28}$$

在另一参考系(地球)上观察,该物体以速度 v 运动,两事件的空时坐标为 (x_1,t_1) 和 (x_2,t_2) ,观察的时间间隔为 $\Delta t = t_2 - t_1$,两事件时空间隔为

$$\Delta S'^2 = (x_2 - x_1)^2 - c^2(t_2 - t_1)^2 = (\Delta x)^2 - c^2\Delta t^2. \tag{7.29}$$

由时空间隔不变性,有 $\Delta S^2 = \Delta S'^2$,即

$$-c^2\Delta\tau^2 = (\Delta x)^2 - c^2\Delta t^2. \tag{7.30}$$

利用 $\dfrac{|\Delta x|}{\Delta t} = v$,可推知

$$\Delta t = \frac{\Delta\tau}{\sqrt{1-\beta^2}}, \tag{7.31}$$

其中 $\beta = \dfrac{v}{c}$. 显然 $\Delta t > \Delta\tau$,即静止坐标系上耗的时间要长,或者说从静止坐标系上看,运动物体上发生的自然过程比静止物体同样过程时间过得慢了! 这就是运动**时钟延缓效应**.

利用时钟延缓效应很容易解释上述的双胞胎姐妹故事. 然而对这种解释有人也不服气,会问:爱因斯坦的狭义相对论不是说所有的参考系都是同等的吗? 贝丝在飞船中一直是静止的,地球上的芭比也总是相对于她做高速运动,因此贝丝也会以为芭比应该比她还年轻,但是事实却不是这样! 这就是所谓的**双生子佯谬**.如何解释这种佯谬呢? 实际上狭义相对论并不认为所有的参考系都等同,而是认为只是惯性参考系才是等同的. 飞船作为参考系它在运行中肯定会存在变速(包括速度方向的变化)运动,要不它如何返回地球? 也就是说飞船不是一个惯性参考系,谈不上贝丝看芭比比自己年轻,或者说双生子佯谬并不存在.

2) 长度收缩

相对论所导致的另一个不可思议的事情是:物体一旦以光速相对于我们运动,长度会变为零,也就是说,以光速运动的物体可以凭空消失! 那么怎么正确理解相对论光速运动长度为零的现象?

假设有两个参考系 Σ 和 Σ',Σ' 相对于 Σ 以速度 v 沿 x 轴正方向运动(图7.12). 一长度为 l_0 的物体固定在 Σ' 参考系的 x' 轴上,即其在相对静止参考系 Σ' 上测得的

物体长度为 $l_0 = x_2' - x_1'$. 参考系 Σ 相对于
Σ' 是运动的，而在相对运动参考系 Σ 上测
得物体的长度为 $l = x_2 - x_1$. 利用洛伦兹变
换式，有

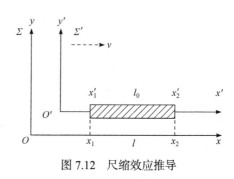

$$l_0 = x_2' - x_1' = \frac{x_2 - vt_2}{\sqrt{1-\beta^2}} - \frac{x_1 - vt_1}{\sqrt{1-\beta^2}} = \frac{l - v\Delta t}{\sqrt{1-\beta^2}}.$$

(7.32)

图 7.12　尺缩效应推导

　　由于在参考系 Σ 上对物体两端的测量
是同时的，故 $\Delta t = t_2 - t_1 = 0$，从而有

$$l = l_0\sqrt{1-\beta^2} = l_0\sqrt{1 - \frac{v^2}{c^2}}.$$

(7.33)

显然，同运动时钟延缓效应一样，运动物体的长度缩短了！如果参考系 Σ' 的速度
$v \to c$，那么很明显 $l \to 0$. 这种效应就是**尺缩效应**(郭硕鸿，2008).

　　时钟延缓效应和尺缩效应都是运动着的物体相互之间的时空关系的反映，并
不是主观感觉的产物！在航空航天中所进行的高精度测量(比如全球卫星定位系统
(GPS)或北斗卫星导航系统)都必须考虑这种**相对论效应**.

7.3　光线会弯曲吗——广义相对论

　　7.2 节我们介绍的狭义相对论是建立在两条基本原理(即相对性原理和光速不
变原理)之上的，并且局限在惯性参考系中进行讨论. 为了更好地描述物理现象，
爱因斯坦将自然定律推广到具有加速度的参考系中，并在等效原理的假设情况下
广泛应用到引力场中，建立了广义相对论，使人们对时空及物理规律的理解上升
到了一个新的高度.

7.3.1　时空会弯曲——广义相对论的诞生

　　1. 狭义相对论的困难

　　狭义相对论发表之后，爱因斯坦很快认识到其中存在的两个问题(赵峥 等，
2010). 一个问题是"**惯性系无法定义**". 在牛顿力学中，惯性系被定义为相对于
绝对空间静止或做匀速直线运动的参考系，但是狭义相对论抛弃了绝对空间，因
此上述定义不再有效. 爱因斯坦曾尝试利用牛顿第一定律来重新定义惯性系，即
一个不受外力的物体在其中保持静止或匀速直线运动状态的参考系为惯性系，但

是"不受外力"意味着一个物体能在惯性系中保持静止或匀速直线运动的状态. 很明显这种定义造成了逻辑上的循环. 可见，惯性系的定义问题是狭义相对论的一个基本困难.

另一个问题是**"万有引力定律不能写成洛伦兹协变的形式"**，也就是说万有引力难以纳入相对论的框架. 当时只知道两种力，一种是电磁力，另一种便是万有引力. 狭义相对论把电磁定律写成了洛伦兹协变的形式，即四维时空的张量方程，但是爱因斯坦做了许多尝试，都不能将万有引力写成洛伦兹协变的形式. 已知的两种基本作用力中有一个就和相对论不相容，这显然是严重的问题.

为了解决上述问题，爱因斯坦提出把狭义相对论从匀速运动推广到加速运动，并把物质、引力及时空联系了起来(图 7.13)，建立了广义相对论.

图 7.13　物质、引力和时空

2. 基本原理的提出

1) 广义协变性原理

爱因斯坦认为，既然惯性系无法定义，不如取消它在相对论中的特殊地位. 在物理学中，定义惯性系是为了体现相对性原理，但是认为惯性系不是最重要的，重要的是表述物理规律普遍性的相对性原理. 于是，他将相对性原理推广到任意参考系，成为广义相对性原理：对于某一坐标下的任何一个方程，都可以按照一定的变换法则(协变法则)，通过一个操作，可以实现在任何线性变换下、在任何坐标系下都普遍成立的形式，即具有**广义协变性**.

上述这种推广虽然避开了定义惯性系的困难，但却遇到了新的问题，即如何处理惯性力. 惯性力在惯性系中是没有的，但是在非惯性系中却是普遍存在的；惯性力也与普通的力不同，它不起源于物质间的相互作用，因而没有反作用力，同时它还与物质的质量成正比. 惯性力的后一个特点使人想到万有引力，引力也是与物体的质量成正比的，这种相似性促使爱因斯坦猜想惯性力与引力有着相同或相近的本质，因而提出了等效原理.

2) 等效原理

惯性力的概念实际上来源于物体做圆周运动时的**惯性离心力**. 当时牛顿为了论证绝对空间的存在，他做了一个理想的水桶实验：装在桶中的水会随着水桶的转动水面由平面逐渐变为凹面，当水桶突然静止时该凹面仍会保持很长的一段时间. 牛顿认为，凹面的存在是水受到惯性离心力的结果，且惯性离心力起源于物体相对于绝对空间的加速. 在牛顿力学中，质量有两种定义，一种称为**引力质量**，另一种称为**惯性质量**，而物体转动时受到的惯性离心力与物体的惯性质量成正比. 牛顿之后，相继有一些高精度实验证明了引力质量和惯性质量的严格相等.

爱因斯坦在反复思考引力质量和惯性质量相等，以及万有引力和惯性力的相似后，再一次产生了思想上的飞跃，这便是爱因斯坦关于升降机的思想实验. 设想一个观测者处在一个封闭的升降机内，得不到升降机外部的任何信息(图 7.14). 当他看到机内的一切物体都自由下落，下落加速度 a 与物体的大小及物质组成无关时(此时他自己也感受到重力 Ma，M 是其自身的质量)，他无法断定自己是处在下列情况的哪一种：①升降机静止在一个引力场强为 a 的星球的表面；②升降机在无引力场的太空中以加速度 a 运动. 同样当观测者感到自己和升降机内的一切物体都处于失重状态时，他也无法断定升降机是在引力场中自由下落还是在无引力场的太空中做惯性运动.

图 7.14 升降机的思想实验

上述这一思想实验把爱因斯坦引向了**等效原理**，进而引向了广义相对论的构思. 他认为，在加速运动的非惯性系中，对所有物体加上一个惯性力，就可以将运动的参考系等效为静止的参考系. 等效原理告诉我们，**引力场中一个自由下落的、无自转的无穷小参考系，等价于在无引力场太空中做惯性运动的无穷小参考**

系. 如果我们把狭义相对论在其中成立的参考系定义为惯性系, 那么在无引力场太空中静止或做匀速直线运动的参考系和在引力场中自由下落且无自转的无穷小参考系都是惯性系. 当然这两种惯性系实际上都不能严格实现.

3. 万有引力及时空弯曲

由前所述, 引力质量和惯性质量是严格相等的, 这暗示人们它们是同一个东西. 等效原理告诉我们, 引力与惯性力本质上相同, 而且当只有引力场与惯性场存在时, 任何质点不论质量大小, 在时空中都会描出同样的曲线. 比如, 在真空中斜抛金球、铁球和木球, 只要抛射的初速度和倾角相同, 这三个球都将在空间描出相同的轨迹. 这就是说, 质点在纯引力和惯性力作用下的运动与其质量无关. 于是爱因斯坦大胆猜测, 引力效应可能是一种几何效应, 万有引力不是一般的力, 而是**时空弯曲**的表现. 由于引力起源于质量, 他认为**时空弯曲起源于物质的存在和运动**.

那么如何把时空几何与运动物质联系起来呢? 爱因斯坦借助于黎曼几何, 克服了原有理论的两个基本困难, 用广义相对性原理代替了狭义相对性原理, 且包容了万有引力, 并将新理论称之为广义相对论. **广义相对论**实际上是一个关于时间、空间和引力的理论. 狭义相对论认为, 时间、空间是一个整体(四维时空), 能量、动量是一个整体(四维动量), 但没有指出时间-空间与能量-动量之间的关系. 广义相对论进一步指出了这一关系, 认为**能量-动量的存在(也就是物质的存在)会使四维时空发生弯曲**! 万有引力并不是真正的力, 而是时空弯曲的表现! 如果物质消失, 时空就回到平直状态.

广义相对论认为, 质点在万有引力作用下的运动(例如地球上的自由落体、行星的绕日运动等)是弯曲时空中的自由运动——惯性运动. 它们在时空中描出的曲线虽然不是直线, 却是直线在弯曲时空中的推广——"测地线", 即两点之间的最短线或最长线. 当时空恢复平直时, 测地线就成为通常的直线. 我们打个比方来说明时空弯曲(图 7.15). 四个人各拉紧床单的一个角, 床单这个二维空间就是平的. 放一个小玻璃球在上面, 如果不去推它, 它就会保持静止或匀速直线运动状态不变(假设床单足够光滑). 如果床单中央放一个铅球(大球), 床单就会凹下去, 这个二维空间就弯曲了. 这时如果再放置一个小玻璃球(小球)在床单上, 它就会滚向中央的大球. 在这个例子中, 大球相当于"地球", 小球好比一个下落的物体. 按照牛顿的观点, 这是由于大球用"万有引力"吸引小球; 按照爱因斯坦的观点, 则是由于大球的存在使空间弯曲了, 并不存在什么"引力", 小球落向大球乃是弯曲空间中的自由(惯性)运动. 这时, 如果给小球一个横向速度, 它就会绕大球转起来, 此时可把大球看作太阳, 小球比作行星. 按照牛顿的观点, 这时由于小球受到大球的"引力", 不能跑向远方, 只能环绕大球运动; 按照爱因斯坦的观点, 小球并未受到任何力, 只是弯曲空间中做自由(惯性)运动而已.

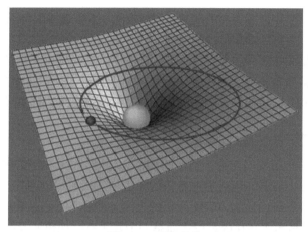

图 7.15 时空弯曲

对上述比喻应该加以解释的是, 上面说的只是 "空间" 的弯曲, 而广义相对论说的则是四维 "时空" 的弯曲. 太阳的存在使四维时空弯曲了, 行星绕日运动就是在弯曲时空中的惯性运动(图 7.16), 而行星轨道是四维时空中的测地线(注意不是三维时空中的测地线), 根本就不存在什么万有引力. **物质从经典意义上产生的引力场, 实际上对应的是物质所决定的时间和空间的几何结构**. 如果将这种时空几何比喻成物理客体所对应的 "表演舞台" 的话, 广义相对论告诉我们, 没有任何物质分布的自由空间是一个平直的时空 "舞台", 而对于有物质分布的周围, 是一个弯曲的时空 "舞台".

图 7.16 行星绕日运动

7.3.2　连接宇宙的时空细管——时空隧道

在自然界中存在许多奇异的现象，例如极光、卡塔通博闪电(发生在委内瑞拉卡塔通博地区，由雷云堆积形成的电弧长达 5000 m 的闪电)，这些超自然现象在现代科学史上是无法解释清楚的. 而最近这些年人们特别感兴趣的另一种现象，即**时空隧道**，虽然看不见、摸不着，但在科学上来讲却是客观存在的. 有的学者认为，"时空隧道"可能与宇宙中的"黑洞"有关. 那么我们先看看什么是"黑洞".

1. 黑洞理论

通过前面的介绍我们知道，物质的存在会产生引力. 在宇宙中就有一个奇怪的天体，它的引力极强，就连速度最快的光也休想从它那里逃脱，所以一个远方的观测者无法接收到由该物体表面发出的光线，即看不见它，我们把它叫作"**黑洞**". 黑洞并不是实实在在的星球，而是一个几乎空空如也的天区.

1) 黑洞的产生

宇宙中有众多恒星，它们寿命有长有短. 当一颗恒星衰老时，它的热核反应耗尽了中心的燃料(氢)，由中心产生的能量已经不多了，因而没有足够的力量来承担起外壳巨大的重量. 在外壳的重压之下，核心开始坍缩，直到最后形成体积小、密度大的星体，重新有能力与压力平衡. 质量小一些的恒星主要演化成**白矮星**，质量比较大的恒星则有可能形成**中子星**. 根据科学家的计算，中子星的总质量不能大于三倍的太阳质量. 如果超过了这个值，将再没有什么力能与自身重力相抗衡了，从而引发另一次大坍缩. 根据科学家的猜想，物质将不可阻挡地向着中心点进军，直至成为一个体积趋于零、密度趋向无穷大的"点". 而它的半径一旦收缩到一定程度，巨大的引力就使得即使光也无法向外射出，从而切断了恒星与外界的一切联系——"黑洞"诞生了！

2) 如何探测和发现黑洞

现代物理中的黑洞理论建立在广义相对论的基础上(赵峥 等，2010). 虽然黑洞本身不能发出任何光线，我们无法直接观测它，但它对于周围物体、天体的巨大引力依然存在，可以通过测量它对周围天体的作用和影响来间接观测或推测它的存在. 比如，恒星在被吸入黑洞时会在黑洞周围形成**吸积气盘**，盘中气体剧烈摩擦并发热，进而发射出强大的 X 射线，形成天空中的 X 射线源. 通过对这类 X 射线源的搜索观测，可以间接发现黑洞并对之进行研究.

英国剑桥大学的著名物理学家霍金(S. W. Hawking)，被称为"宇宙之王"，是黑洞研究最著名的科学家. 1974 年他发表了《黑洞在爆炸吗？》一文，这是 20 世纪引力物理在爱因斯坦之后的最伟大论文. 在论文中，他把量子理论效应引进了黑洞研究，证明了从黑洞视界附近会蒸发出各种粒子，这种粒子的谱犹如来自黑体的辐射. 随着黑洞质量降低, 温度就会升高, 最终导致黑洞的爆炸. 1988 年, 霍金在他出版的一本很畅销的科普著作《时间简史》中对黑洞也做了比较科普的介绍(许明贤和吴忠超译, 2001). 黑洞理论是科学史上非常罕见的例子, 它首先在数学形式上被详尽地研究, 后来才在天文学的许多观测上证实了它的普遍存在.

百余年前, 爱因斯坦的广义相对论率先对黑洞作出预言, 从此成为许多科幻电影的灵感源泉. 现实中天文学界也不时通过宇宙观测, 利用一些间接证据证实了黑洞的存在, 但人类始终没有真正 "看到" 过黑洞. 2019 年 4 月, 天文学家公布了人类史上首张黑洞照片(图 7.17). 这颗黑洞就是 M87 星系中心的超大质量黑洞, 它的质量是太阳的 65 亿倍, 距离地球 5500 万光年. 而通过对黑洞的观测和数据分析, 科学家们发现, 所观测到的黑洞阴影和相对论所预言的几乎完全一致, 令人不禁再次感叹爱因斯坦的伟大. 我国的科学家也没有缺席这次黑洞照片的 "拍摄" 过程, 他们在前期的望远镜观测、后期的数据处理和理论结果分析等方面做出了中国贡献.

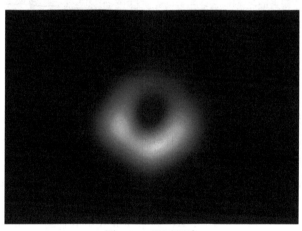

图 7.17 黑洞照片

2. "虫洞" 理论

1) "虫洞" 和 "时空隧道"

"虫洞" 其实是个比喻, 最初是把宇宙比作苹果, 就如苹果里有虫子, 它从苹果表面的一面爬到另一面要经很长的距离; 而如果把苹果蛀了洞, 比如从一侧蛀到另一侧, 那小虫子爬起来就近了. 宇宙也是一样, 从一个时空到另一个时空是要许多光年的, 但如果时空弯曲, 形成苹果里的虫子洞, 那么就可以很容易做到时空穿梭. 也就是说, "**虫洞**" 是宇宙中的隧道, 它能扭曲空间, 可以让原本相隔亿万公里的地方近在咫尺. 有人说黑洞就是 "虫洞" 的入口, 如果真是这样, 确实值得进去试一试.

　　1930 年，爱因斯坦提出了"虫洞"理论. 他认为是连接宇宙遥远区域间的时空细管，又称"时空隧道"(图 7.18). 20 世纪 50 年代，已有科学家对"虫洞"作过研究，由于当时历史条件所限，一些物理学家认为，理论上也许可以使用"虫洞"，但"虫洞"的引力过大，会毁灭所有进入的东西，因此不可能用在宇宙航行上.

图 7.18　"虫洞"

　　2)"虫洞"和"负能量"

　　随着科学技术的发展，新的研究发现，"虫洞"的超强力场可以通过"**负质量**"来中和，达到稳定"虫洞"能量场的作用. 科学家认为，相对于产生能量的"正物质"，"反物质"也拥有"负质量"，可以吸去周围所有能量. 像"虫洞"一样，"负质量"也曾被认为只存在于理论之中. 不过，目前世界上的许多实验室已经成功地证明了"负质量"能存在于现实世界，并且通过航天器在太空中捕捉到了微量的"负质量". 据美国华盛顿大学物理系研究人员的计算，"负质量"可以用来控制"虫洞". 他们指出，"负质量"能扩大原本细小的"虫洞"，使它们足以让太空飞船穿过(Visser，1996). 他们的研究结果引起了各国航天部门的极大兴趣，许多国家已考虑拨款资助"虫洞"研究，希望"虫洞"能实际用在太空航行上.

　　超弦理论的奠基人、美国纽约市立大学的加莱道雄(K. Michio)则认为，如果平行宇宙确实存在，那么多个宇宙之间一定是以某种方式排列着的. 假设一杯水的水面和杯底有两个平行的宇宙，我们可以通过产生漩涡来让水面和杯底连通. 同理，若我们以某种方式使时空产生漩涡，那么有相当大的可能能够建立起通向其他平行宇宙的通道. 搅动时空看似不可能做到，但随着人类的科技发展，有朝一日我们会有能力控制恒星，那时我们便可以将恒星排列成圆形并使它们共同在圆上旋转来构造"**时空漩涡**"(加来道雄，2018).

本 章 小 结

　　本章我们介绍了狭义相对论和广义相对论. 爱因斯坦的相对论使宇宙学摆脱了纯粹猜想的思辨, 进入了现代科学领域, 可以说相对论是 20 世纪最伟大科学家的最伟大发现, 它让人类重新审视时间与空间. 狭义相对论业已成为解释越来越多高能物理现象的一种最基本的理论工具, 而广义相对论则成了许多天文概念的理论基础. 相对论和量子力学是现代物理学的两大基本支柱, 特别是相对论的提出推动物理学发展到一个更新的高度. 相对论的内容既博大精深、又令人神往. 但由于知识基础的局限性, 我们暂且介绍这些. 有兴趣的读者可以参阅后附的一些文献, 以解知识需求之渴.

参 考 文 献

郭硕鸿, 2008. 电动力学[M]. 3 版. 北京: 高等教育出版社.

加来道雄, 2018. 超空间[M]. 重庆: 重庆出版社.

史蒂芬·霍金, 2001. 时间简史[M]. 许明贤, 吴忠超, 译, 2 版. 长沙: 湖南科学技术出版社.

王正行, 2016. 近代物理学[M]. 2 版. 北京: 北京大学出版社.

姚梦真, 冯杰, 蔡志东, 2020. 狭义相对论诞生的历史背景及其核心与启示[J]. 物理通报, (12): 2-8, 12.

曾谨言, 2014. 量子力学教程[M]. 3 版. 北京: 科学出版社.

赵峥, 刘文彪, 2010. 广义相对论基础[M]. 北京: 清华大学出版社.

Greene B R, 2007. 宇宙的琴弦[M]. 李泳, 译, 3 版. 长沙: 湖南科学技术出版社.

Visser M, 1996. Lorentzian wormholes: from Einstein to Hawking [J]. New York: American Institute of Physics Press.

复习思考题

(1) 经典物理学的三大支柱是什么? 试分别给出两个有代表性的物理学家.

(2) 19 世纪末经典物理学大厦上空飘浮的两朵“乌云”分别是指什么?

(3) 什么是惯性参考系和非惯性参考系?

(4) 试给出狭义相对论的两条基本假设.

(5) 两事件分别用 $P_1(x_1, y_1, z_1, t_1)$ 和 $P_2(x_2, y_2, z_2, t_2)$ 来表示, 试给出这两事件的经典间隔和时空间隔的表达式.

(6) 什么叫时空间隔不变性?

(7) 什么叫运动时钟延缓效应?

(8) 假设相对静止坐标系上测得的物体长度为 $l_0 = x_2' - x_1'$, 而在相对运动坐标系(相对速度为 v)上测得的物体长度为 $l = x_2 - x_1$. 试利用洛伦兹变换证明 $l = l_0 \sqrt{1 - v^2/c^2}$, 并用其解释尺缩效应.

(9) 试利用相对论能量关系证明常用的动能表达式是相对论动能表达式的零级近似.

(10) 试根据狭义相对论写出坐标的四维表达形式.

(11) 广义相对论的两条基本原理分别是什么?

(12) 按照广义相对论, 弯曲时空是由什么引起的?

附录 A 常用物理常量表*

常量名称	符号	数值	单位	相对标准不确定值
真空中光速	c	299792458	m/s	精确
真空磁导率	μ_0	$4\pi=12.566370614\cdots$	$10^{-7}\text{N}/\text{A}^2$	精确
真空电容率	ε_0	$8.854187817\cdots$	$10^{-12}\text{F}/\text{m}$	精确
万有引力常量	G	6.67408(31)	$10^{-11}\text{N}\cdot\text{m}^2/\text{kg}^2$	4.7×10^{-5}
摩尔气体常量	R	8.3144598(48)	J/(mol·K)	5.7×10^{-7}
阿伏伽德罗常量	N_A	6.022140857(74)	$10^{23}/\text{mol}$	1.2×10^{-8}
玻尔兹曼常量	k_B	1.38064852(79)	$10^{-23}\text{J}/\text{K}$	5.7×10^{-7}
基本电荷	e	1.6021766208(98)	10^{-19}C	6.1×10^{-9}
电子质量	m_e	9.10938356(11)	10^{-31}kg	1.2×10^{-8}
电子的荷质比	e/m_e	1.758820024(11)	$10^{11}\text{C}/\text{kg}$	6.2×10^{-9}
经典电子半径	r_e	2.8179403227(19)	10^{-15}m	6.8×10^{-10}
原子质量单位	m_u	1.660539040(20)	10^{-27}kg	1.2×10^{-8}
质子质量	m_p	1.672621898(21)	10^{-27}kg	1.2×10^{-8}
中子质量	m_n	1.674927471(21)	10^{-27}kg	1.2×10^{-8}
玻尔半径	a_0	0.52917721067(12)	10^{-10}m	2.3×10^{-10}
玻尔磁子	μ_B	927.4009994(57)	$10^{-26}\text{J}/\text{T}$	6.2×10^{-9}
普朗克常量	h	6.626070040(81)	$10^{-34}\text{J}\cdot\text{s}$	1.2×10^{-8}
里德伯常量	R_∞	10973731.568508(65)	m^{-1}	5.9×10^{-12}
精细结构常数	α	7.2973525664(17)	10^{-3}	2.3×10^{-10}

*表中的数据为国际科学联合会理事会科学技术数据委员会(CODATA)2014年的国际推荐值.

附录 B　导论教学内容安排

1. 学时安排

第 1 章 物理世界的奥妙 2 学时.

主要介绍我们所研究的物理世界是个什么样子,学习物理学的重要意义,如何学好物理学,以及该课程的教学安排等.

第 2 章 物体运动的奥秘 8 学时.

从我们身边的物理现象(从宏观到微观)和科技实践出发,介绍经典力学、理论力学和量子力学主要学习的内容.

第 3 章 世界冷暖之谜 4 学时.

从我们的日常生产和生活实际出发,介绍与热有关的物理现象,包括热力学温标、热力学定律、统计物理学和物性学的基本内容.

第 4 章 能量转化之奇 6 学时.

从人类生活和现代科技出发,介绍电磁现象和本质,包括电荷、电流、静电场、恒定磁场、电磁场及电磁学发展简史.

第 5 章 照亮人类的光 6 学时.

从我们日常生活中光的现象出发,在对光的本性有所了解的基础上,先后介绍几何光学和波动光学及量子光学的相关知识.

第 6 章 从微观到宏观的桥梁 6 学时.

从现代战争中的非常规武器和新材料及新能源的开发与利用出发,介绍原子物理学、分子物理学及凝聚态物理学,为真正揭示物质形成的奥秘打下基础.

第 7 章 揭开时空隧道之谜 4 学时.

从大家比较感兴趣的"时空隧道"话题出发,由经典物理学大厦上空飘浮的"乌云"引入爱因斯坦的狭义相对论,进而介绍广义相对论以及"黑洞"学说.

2. 活动安排

为配合"物理学导论"课程的学习,结合相应的教学内容,特安排两次影视观摩学习课.

观摩影视 1 《**万物与虚无**》.

从我们远不可及的深层宇宙空间到我们肉眼看不见的微观物理世界,以生动形象的画面介绍我们周围的物理世界. 本片是由备受赞誉的《神秘的混沌理论》团队打造, 宇宙的诞生, 真空的属性, 奥秘尽在其中, 本片是不可错过的科学解读. 吉姆·阿尔·哈利教授在这上、下两部组成的英国广播公司(BBC)制作的纪录片中探讨了最深刻的两个问题: 万物是什么? 虚无是什么? 为了找到这两个问题的答案, 吉姆教授深入到看似虚无却暗含惊人科学的理论背后, 研究了宇宙的真正大小和形状. 看完此片, 你将对那些不可思议的现象有一个正确的认识.

观摩影视 2 《神秘的混沌理论》

以通俗的语言和形象的画面讲述了宇宙中混沌理论不可预测的美丽. 其中关于宇宙的多样性与多变性, 让观众觉得这个宇宙真是神奇, 并认识到宇宙这个整体存在太多不寻常的现象, 有可能一件微乎其微的事就会改变整个宇宙的动向. 尽管这个过程力量无穷, 但它却有固有的不可预测性, 未来将会发生什么却是不为人知的. 本片让复杂艰深的理论通俗易懂, 让观众有兴趣看完, 然后带着全新的观点重新看待这个世界. 宇宙间所有的复杂性、所有的多样性, 都源于一些简单而毫无目的的法则不断繁衍的结果.